新时代市政基础设施规划方法与实践丛书

U0202424

无废城市建设规划方法与实践

深圳市城市规划设计研究院

唐圣钧 关 键 丁 年 李 蕾 主编

中国城市出版社

图书在版编目(CIP)数据

无废城市建设规划方法与实践 / 深圳市城市规划设计研究院等主编. — 北京：中国城市出版社，2022.11

（新时代市政基础设施规划方法与实践丛书）

ISBN 978-7-5074-3551-1

Ⅰ. ①无… Ⅱ. ①深… Ⅲ. ①城市－固体废物处理－研究 Ⅳ. ①X705

中国版本图书馆 CIP 数据核字（2022）第 216486 号

本书是作者团队在深圳市从事无废城市试点建设的经验总结。深圳市作为全国第一批无废城市试点建设城市之一，代表了国内超大城市的实践，并顺利通过三年试点建设验收评估，总结出的经验和创新亮点具有前瞻性和借鉴性，实施成效喜人。本书分为基本理论篇、先进经验篇、规划方法篇、实践案例篇，梳理了无废城市规划体系，分析了无废城市规划的产生背景，总结借鉴了先进国家和地区的成功做法，提出了适用于我国开展无废城市规划的工作内容、编制程序及通用方法。同时选取了多个国内的典型规划实践案例，为无废城市规划编制提供了专业、全面、具有广泛代表性的建议和经验。

本书不但涉及知识面广、资料翔实、内容丰富，而且集系统性、先进性、实用性和可读性于一体，可供无废城市规划、研究、建设领域的科研人员、规划设计人员、实施人员以及相关行政部门和企业人员参考，也可作为相关专业大专院校的教学参考用书和城乡规划建设领域的培训参考书。

责任编辑：朱晓瑜
责任校对：姜小莲
校对整理：李辰馨

新时代市政基础设施规划方法与实践丛书

无废城市建设规划方法与实践

深圳市城市规划设计研究院
唐圣钧　关　键　丁　年　李　蕾　主编

*

中国城市出版社出版、发行（北京海淀三里河路 9 号）

各地新华书店、建筑书店经销

北京红光制版公司制版

建工社（河北）印刷有限公司印刷

*

开本：787 毫米×1092 毫米　1/16　印张：18　字数：425 千字
2024 年 4 月第一版　　2024 年 4 月第一次印刷
定价：**70.00 元**
ISBN 978-7-5074-3551-1
　　　（904508）

版权所有　翻印必究

如有内容及印装质量问题，请联系本社读者服务中心退换
电话：(010) 58337283　QQ：2885381756
（地址：北京海淀三里河路 9 号中国建筑工业出版社 604 室　邮政编码：100037）

丛书编委会

主　　任：司马晓

副主任：黄卫东　杜　雁　单　樑　俞　露

　　　　李启军　丁　年　刘应明

委　员：陈永海　任心欣　李　峰　唐圣钧

　　　　王　健　韩刚团　孙志超　杜　兵

　　　　张　亮

编　写　组

策　　划：司马晓　俞　露

主　　编：唐圣钧　关　键　丁　年　李　蕾

参编人员：刘应明　尹丽丹　杨　帆　张婷婷

　　　　　田婵娟　石天华　李　峰　陈雅雯

丛书序言

  城市作为美丽而充满魅力的生活空间，是人类文明的支柱，是社会集体成就的最终体现。改革开放以来，我国经历了人类历史上规模最大、速度最快的城镇化进程，城市作为人口大规模集聚、经济社会系统极端复杂、多元文化交融碰撞、建筑物密集以及各类基础设施互联互通的地方，同时也是人类建立的结构最为复杂的系统。2021年3月，《中华人民共和国国民经济和社会发展第十四个五年规划和2035年远景目标纲要》对外公布，强调新发展理念下的系统观、安全观、减碳与生态观，将"两新一重"（新型城镇化、新型基础设施和重大交通、水利、能源等工程）放在十分突出的位置。

  市政基础设施是新型城镇化的物质基础，是城市社会经济发展、人居环境改善、公共服务提升和城市安全运转的基本保障，是城市发展的骨架。城市工作要树立系统思维，在推进市政基础设施领域建设和发展方面也应体现"系统性"。同时，我国也正处在国土空间格局优化和治理转型时期，针对自然资源约束趋紧、区域发展格局不协调及国土开发保护中"多规合一"等矛盾，2019年起，国家全面启动了国土空间规划体系改革，推进以高质量发展为目标、生态文明为导向的空间治理能力建设。科学编制市政基础设施系统规划，对于构建布局合理、设施配套、功能完备、安全高效的城市市政基础设施体系，扎实推进新型城镇化，提升基础设施空间治理能力具有重要意义。

  深圳市城市规划设计研究院（以下简称"深规院"）市政规划研究团队是一支勤于思索、善于总结和勇于创新的技术团队，2016年6月～2020年6月，短短四年时间内，出版了《新型市政基础设施规划与管理丛书》（共包含5个分册）及《城市基础设施规划方法创新与实践系列丛书》（共包含8个分册）两套丛书，出版后受到行业的广泛关注和业界人士的高度评价，创造了一个"深圳奇迹"。书中探讨的综合管廊、海绵城市、低碳生态、新型能源、内涝防治、综合环卫等诸多领域，均是新发展理念下国家重点推进的建设领域，为国内市政基础设施规划建设提供了宝贵的经验参考。本套丛书较前两套丛书而言，更加注重城市发展的系统性、安全性，紧跟新时代背景下的新趋势和新要求，在海绵城市系统化全域推进、无废城市建设、环境园规划、厂网河城一体化流域治理、市政基础设施空间规划、城市水系统规划等方面，进一步探讨新时代背景下相关市政工程规划的技术方法与实践案例，为推进市政基础设施精细化规划和管理贡献智慧和经验。

  党的十九大报告指出："中国特色社会主义进入了新时代。"新时代赋予新任务，新征程要有新作为。未来城市将是生产生活生态空间相宜、自然经济社会人文相融的复合人居系统，是物质空间、虚拟空间和社会空间的融合。新时代背景下的城市规划师理应认清新局面、把握新形势、适应新需求，顺应、包容、引导互联网、5G、新能源等技术进步，塑造更加高效、低碳、环境友好的生产生活方式，推动城市形态向着更加宜居、生态的方向演进。

上善若水，大爱无疆，分享就是一种博爱和奉献。本套丛书与前面两套丛书一样，是基于作者们多年工作实践和研究成果，经过系统总结和必要创新，通过公开出版发行，实现了研究成果向社会开放和共享，我想，这也是这套丛书出版的重要价值所在。希望深规院市政规划研究团队继续秉持创新、协调、绿色、开放、共享的新发展理念，推动基础设施规划更好地服务于城市可持续发展，为打造美丽城市、建设美丽中国贡献更多智慧和力量！

中国工程院院士、深圳大学土木与交通工程学院院长　陈湘生

2021 年仲秋于深圳大学

丛书前言

当前，我们正经历百年未有之大变局，国际关系格局、地缘形势正悄然发生重大变化，加之疫情过后全球经济复苏缓慢、极端气候频发等因素，将深刻影响城市发展趋势和人们的生活。城市这个开放的复杂巨系统面临的不确定性因素和未知风险也不断增加。在各种突如其来的自然和人为灾害面前，城市往往表现出极大的脆弱性，而这正逐渐成为制约城市生存和可持续发展的瓶颈问题，同时也赋予了城市基础设施更加重大的使命。如何提高城市系统面对不确定性因素的抵御力、恢复力和适应力，提升城市规划的预见性和引导性，已成为当前国际城市规划领域研究的热点和焦点问题。

从生态城市、低碳城市、绿色城市、海绵城市到智慧城市，一系列的城市建设新理念层出不穷。近年来，"韧性城市"强势来袭，已成为新时代城市发展的重要主题。建设韧性城市是一项新的课题，其主要内涵是指城市或城市系统能够化解和抵御外界的冲击，保持其主要特征和功能不受明显影响的能力。良好的基础设施规划、建设和管理是城市安全的基本保障。坚持以人为本、统筹规划、综合协调、开放共享的理念，提升城市基础设施管理和服务的智能化、精细化水平，不断提升市民对美好城市的获得感。

2016年6月，深规院受中国建筑工业出版社邀请，组织编写了《新型市政基础设施规划与管理丛书》。该套丛书共5册，涉及综合管廊、海绵城市、电动汽车充电设施、新能源以及低碳生态市政设施等诸多新兴领域，均是当时我国提出的新发展理念或者重点推进的建设领域，于2018年9月全部完成出版发行。2019年6月，深规院再次受中国建筑工业出版社邀请，组织编写了《城市基础设施规划方法创新与实践系列丛书》，本套丛书共8册，系统探讨了市政详规、通信基础设施、非常规水资源、城市内涝防治、消防工程、综合环卫、城市物理环境、城市雨水径流污染治理等专项规划的技术方法，于2020年6月全部完成出版发行。在短短四年之内，深规院市政规划研究团队共出版了13本书籍，部分书籍至今已进行了多次重印出版，受到了业界人士的高度评价，树立了深规院在市政基础设施规划研究领域的技术品牌。

深规院是一个与深圳共同成长的规划设计机构，1990年成立至今，在深圳以及国内外200多个城市或地区完成了近4000个项目，有幸完整地跟踪了中国快速城镇化过程中的典型实践。市政规划研究院作为其下属最大的专业技术部门，拥有近150名专业技术人员，是国内实力雄厚的城市基础设施规划研究专业团队之一，一直深耕于城市基础设施规划和研究领域。近年来，深规院市政规划研究团队紧跟国家政策导向和技术潮流，深度参与了海绵城市建设系统化方案、无废城市、环境园、治水提质以及国土空间等规划研究工作。

在海绵城市规划研究方面，陆续在深圳、东莞、佛山、中山、湛江、马鞍山等多个城市主编了海绵城市系统化方案，同时，作为技术统筹单位为深圳市光明区海绵城市试点建设提供 6 年的全过程技术服务，全方位地参与光明区系统化全域推进海绵城市建设工作，助力光明区获得第二批国家海绵城市建设试点绩效考核第一名的成绩；在综合环卫设施规划方面，主持编制的《深圳市环境卫生设施系统布局规划（2006—2020）》获得了 2009 年度广东省优秀城乡规划设计项目一等奖及全国优秀城乡规划设计项目表扬奖，在国内率先提出"环境园"规划理念。其后陆续主编了深圳市多个环境园详细规划，2020 年主编了《深圳市"无废城市"建设试点实施方案研究》，对无废城市建设指标体系、政策体系、标准体系进行了系统和深度研究；自 2017 年以来，深规院市政规划研究团队深度参与了深圳市治水提质工作，主持了《深圳河湾流域水质稳定达标方案与跟踪评价》《河道截污工程初雨水（面源污染）精细收集与调度研究及示范项目》《深圳市"污水零直排区"创建工作指引》等重要课题，作为牵头单位主持《高密度建成区黑臭水体"厂网河（湖）城"系统治理关键技术与示范》课题，获得 2019 年度广东省技术发明奖二等奖；在市政基础设施空间规划方面，主编了近 30 个市政详细规划，在该类规划中，重点研究了市政基础设施用地落实途径，同时承担了深圳市多个区的水务设施空间规划、《深圳市市政基础设施与岩洞联合布局可行性研究服务项目》以及《龙华区城市建成区桥下空间开发利用方式研究》，在国内率先研究了高密度建设区市政基础设施空间规划方法；在水系规划方面，先后承担了深圳市前海合作区、大鹏新区、海洋新城、香蜜湖片区以及扬州市生态科技城、中山市中心城区、西安市西咸新区沣西新城等重点片区的水系规划，其中主持编制的《前海合作区水系专项规划》，获 2013 年度全国优秀城乡规划设计二等奖。

鉴于以上成绩和实践，2021 年 4 月，在中国建筑工业出版社（中国城市出版社）再次邀请和支持下，由司马晓、俞露、丁年、刘应明整体策划和统筹协调，组织了深规院具有丰富经验的专家和工程师启动编写《新时代市政基础设施规划方法与实践丛书》。该丛书共 6 册，包括《系统化全域推进海绵城市建设的"光明实践"》《无废城市建设规划方法与实践》《环境园规划方法与实践》《厂网河城一体化流域治理规划方法与实践》《市政基础设施空间布局规划方法与实践》以及《城市水系统规划方法与实践》。本套丛书紧跟城市发展新理念、新趋势和新要求，结合规划实践，在总结经验的基础上，系统介绍了新时代下相关市政工程规划的新方法，期望对现行的市政工程规划体系以及技术标准进行有益补充和必要创新，为从事城市基础设施规划、设计、建设以及管理人员提供亟待解决问题的技术方法和具有实践意义的规划案例。

本套丛书在编写过程中，得到了住房和城乡建设部、自然资源部、广东省住房和城乡建设厅、广东省自然资源厅、深圳市规划和自然资源局、深圳市生态环境局、深圳市水务局、深圳市城市管理和综合执法局等相关部门领导的大力支持和关心，得到了各有关方面专家、学者和同行的热心指导和无私奉献，在此一并表示感谢。

感谢陈湘生院士为我们第三套丛书写序，陈院士是我国城市基础设施领域的著名专家，曾担任过深圳地铁集团有限公司副总经理、总工程师兼技术委员会主任，现为深圳大学土木与交通工程学院院长以及深圳大学未来地下城市研究院创院院长。陈院士为人谦逊随和，一直关心和关注深规院市政规划研究团队的发展，前两套丛书出版后，陈院士第一时间电话向编写组表示祝贺，对第三套丛书的编写提出了诸多宝贵意见，在此感谢陈院士对我们的支持和信任！

本套丛书的出版凝聚了中国建筑工业出版社（中国城市出版社）朱晓瑜编辑的辛勤工作，在此表示由衷敬意和万分感谢！

《新时代市政基础设施规划方法与实践丛书》编委会

2021 年 10 月

我国城镇化进程已转入高质量发展的下半场，高质量发展既对城市发展给予更大的自由度和更强的政策支持，同时也给城市发展提出更多新命题和诉求。其中时刻影响着城市宜居环境的城市固体废物，在高质量发展主旋律下，受重视程度和治理力度也日益趋强，不再仅仅停留于解决"垃圾围城""补历史欠账"问题的底线层面，更要追求较高的循环利用方式和创造更优的人居环境。近年来，政府和学术界对这一问题的关注度日渐提升，陆续提出了建设"循环城市"和无废城市的城市管理理念，国家层面上修订了一系列城市固体废物管理相关的政策法规，如《中华人民共和国固体废物污染环境防治法》（简称《固体废物污染环境防治法》）的修订、《中华人民共和国环境保护税法》的施行、《住房城乡建设部关于加快推进部分重点城市生活垃圾分类工作的通知》的下发。2018 年底，国务院办公厅发布《"无废城市"建设试点工作方案》，要求在全国创建"11＋5"个无废城市试点城市，标志着高质量发展下城市固体废物治理开启了新篇章。

无废城市看似是全新的概念和产物，其实与城市发展理念的转变是一脉相承的，它既是一种先进的城市管理理念，也是契合城市发展规律、伴随城镇化演变的现代治理模式，并不是超越现实阶段的天马行空和空中楼阁。本书作者认为，无废城市建设将经历以下几个阶段：第一阶段是政府侧主导的"感官无废"阶段，如通过密闭化收集运输手段，使得垃圾与人居环境有效隔离，创造出看不到、闻不到垃圾的高品质空间环境；第二阶段则是"循环无废"，随着技术与经济社会的进步，资源循环利用率将大幅提升，设施能力得到较大补充、工艺技术含量较高、建设标准较严，再"无"对城市的负荷冲击，同时城市利益分配和生态补偿机制的摸索成熟促成人们转变观念，再"无"邻避效应，人人皆理解无废城市的发展内涵；第三阶段为"终极无废"，在科技和经济水平达到极高条件下，一切固体废物皆可被视为城市资源和城市矿山，循环利用率将达到极高程度，从而达到全面无废社会的理想境界。

从无废城市到无废社会的发展过程任重而道远，既需推动相关技术的快速进步，更需厘清各层面的动力机制和利益分配，因此，需要通过规划引领，尽早谋划。本书以项目经验为基础，总结无废城市各层次规划的编制经验，为无废城市的发展和建设提供谋定而后动的规划编制指引。本书由司马晓和俞露负责总体策划和指导撰写等，由唐圣钧、关键、丁年、李蕾担任主编，唐圣钧负责大纲编写、组织协调和质量把关等工作，关键负责全书章节逻辑梳理和文稿汇总等工作，丁年负责行业方向把控及规划编制实践的关键要点识别等工作，李蕾负责案例筛选审查与格式制定等工作。基本理论篇旨在让读者对于无废城市的相关概念有一个基础的认识和了解，先总结了无废城市提出的起源与背景，再介绍了其指导思想、理论基础、内涵与价值等，此篇由尹丽丹和关键负责编写。先进经验篇旨在介绍国内外无废城市规划建设的先进做法与可借鉴的经验方法论，总结了包括欧洲零废弃联盟、瑞典、温哥华、新加坡、日本、中国香港地区等国家、城市、组织或地区的基本情况、主要措施、实施效果和可借鉴经验等多方面的内容，此篇由杨帆、石天华、关键、李蕾、田婵娟和陈雅雯编写。规划方法篇在开篇介绍完规划编制总论后，依次从源头减量的"无废细胞"规划、高效全面的无废运输规划、协同增效的处理设施规划的全流程展开详细介绍，再从制度体系、市场体系、技术体系、监管体系四大保障体系进行规划方法与规划措施的介绍；其中尹丽丹和杨帆负责无废城市规划编制总论章节的编写，关键负责源头减量的"无废细胞"规划章节的编写，张婷婷负责高效全面的无废运输规划和市场体系规划章节的编写，关键、尹丽丹和石天华负责协同增效的处理设施规划章节的编写，石天华和关键负责制度体系规划章节的编写，李蕾负责无废城市技术体系规划章节的编写，田婵娟负责无废城市监管体系规划章节的编写。实施案例篇介绍了国内典型的无废城市试点建设案例，从城市概况、规划方案、创新亮点等方面总结出各试点城市可借鉴可复制推广的经验，为下一阶段无废城市的全面推广提供经验；其中，深圳市、徐州市、铜陵市、三亚市、瑞金市、福田深港创新合作区的规划实践案例总结，分别由尹丽丹、张婷婷、杨帆、石天华、陈雅雯、关键负责调研梳理和编写。本书最后的结语及展望，概述性地提出无废城市的发展趋势，并提出下一阶段需要开展的工作。

深规院作为国内率先从事城市固体废物治理理论研究与设施规划设计研究的专业机构，早在 2004 年就启动了针对固体废物收运及处理设施特征识别和规划方法的系统研究，期间多次组织技术团队赴日本、德国、中国台湾和中国香港等固体废物管理先进的国家或地区进行实地考察与技术交流，至今已完成了 60 余项环卫设施专项规划研究项目，荣获多个国家、省、市规划奖项，其中，《深圳市环境卫生设施系统布局规划》获全国优秀城乡规划设计表扬奖、广东省优秀城乡规划设计一等奖、深圳市优秀规划设计一等奖；《深圳市危险废物处理及处置专项规划》获深圳市优秀城乡规划设计二等奖；《深圳市建筑废物综合利用设施布局规划》获深圳市优秀城乡规划设计二等奖；《深圳市生活垃圾分流分类治理实施专项规划》获深圳市优秀城乡规划设计三等奖；《深汕生态环境科技产业园（环卫设施综合基地）系列规划研究》获深圳市优秀城乡规划设计二等奖、广东省优秀城乡规划设计三等奖。通过十余年的努力和积累，深规院已组建人员梯队完整的技术团队，逐渐形成和掌握了无废城市及城市综合环卫设施规划的理论和方法。

本书是参编人员近年来对无废城市规划与实践工作的系统总结与凝练，希望通过本书与各位专业人士分享我们的认识和体会。由于无废城市仍处于早期实践与探索阶段，书中难免会有缺点及不足，敬请读者批评指正。如有疏漏或错误，请与编写组联系，以便再版时及时补充与更正。

《无废城市建设规划方法与实践》编写组

2023 年 11 月

目录

第 1 篇

基本理论篇

2018 年 12 月 29 日，国务院办公厅印发《"无废城市"建设试点工作方案》，随后的 2019 年 4 月 30 日，中华人民共和国生态环境部公布了"11＋5"个无废城市建设试点，正式拉开我国无废城市建设的时代序幕。

何为无废城市？在什么背景下提出？其推进意义是什么？本篇主要对这一新名词和概念，从基本理念方面进行诠释介绍。首先结合城市发展衍生的固体废物管理矛盾、自然资源开发与保护、高质量发展时代新要求等方面，分析介绍无废城市的发起背景，并从指导思想、理论基础、定义与内涵、意义与价值等多个角度理解无废城市。本篇为全书的绪论部分，希望在开篇给读者呈现一个清晰明了、具有战略宏图的概念。

第1章　无废城市起源背景

人类的历史与垃圾是密不可分的,史前的祖先把垃圾扔到土坑里,当垃圾逐渐填满一个地区后,人就被排挤出去,然后他们就去寻找新的居住地。若干个世纪之后,人类开始定居在固定的地方,这时,垃圾主要是交给自然处理,或填埋,或焚烧,或作为动物饲料。这样的状态又持续了几个世纪。随着城市化的发展,这种自然处理的方式渐渐地不能满足垃圾处理的需求了,城市开始出现问题,落后的处理方式跟不上垃圾产生的速度,各种各样的垃圾被随意丢弃在公共道路上,有些垃圾被清出城外。而随着人口的不断增长,城市向外扩展时,周围的土地早已被垃圾占据,"垃圾围城"问题自古便已存在。近年来,随着城市化进程的不断加快,城市发展与固体废物处理处置之间的冲突越发激烈,人们也越来越重视城市固体废物的处理处置问题,而固体废物的处理处置问题,更是实现"双碳"目标、高质量发展的重要抓手之一。

1.1　城市发展与固体废物难题的深刻矛盾

《固体废物污染环境防治法》规定,固体废物是指在生产、生活和其他活动中产生的丧失原有利用价值或者虽未丧失利用价值但被抛弃或者放弃的固态、半固态和置于容器中的气态的物品、物质以及法律、行政法规规定纳入固体废物管理的物品、物质。

在人类诞生的450万年的大部分时间,由于人口密度低和有限的自然资源的开发,人类产生的固体废物量微不足道,产生的常见废物主要是灰烬和可生物降解的废物,这些固体废物大多就地处理,回归自然,对环境的影响可以忽略不计。然而,随着社会经济的不断发展,为了提高生活的便利性,新的材料被不断发明并大量生产,不仅造成固体废物产生量的增加,同时也增加固体废物处理的难度以及对环境的危害。以塑料为例,塑料的发明极大地方便了我们的生活,但同时,它被时代杂志评为"50项最糟发明"之一。每年全世界有4000万 t的废弃塑料在环境中积累,而塑料在土壤中完全被微生物同化,降解成CO_2和水,实现无机矿化,可能需要200~400年时间。大量塑料在环境中积累,对野生动物和人类都会产生负面影响。

固体废物产生量也随着城市化的进程而增加,高收入国家和经济体的城市化程度更高,人均和总体上产生的固体废物也更多。根据世界银行统计,目前全球固体废物产生量达到20.1亿 t,该报告表示,如果不采取相应措施,到2050年全球每年固体废物产量将增加70%,达到34亿 t。

尽管人口不断增长,社会经济不断发展,固体废物产生量也不断增加,但从全球来看,固体废物的妥善处置率并不高。在关于全球废物管理及其对人类健康和生活影响的科学证据的第一次系统审查中发现,所有城市固体废物中约有四分之一未被收集,另外还有四分之一在收集后管理不善，通常是进行露天的无组织焚烧——这个数字加起来每年接近10 亿 t。未被收集的固体废物，会污染土壤、地下水、大气，部分固体废物流入海洋中，对海洋生态环境造成不利影响。无组织焚烧处理的固体废物，在低得多且不一致的温度下进行不完全燃烧，将产生新的有毒有害物质（图 1-1）。当塑料制品在明火中燃烧时，通常会形成二噁英和相关化合物，这些化合物可以在环境中持续存在数年，在人体内持续存在十年或更长时间，部分化合物甚至会损害大脑并扰乱荷尔蒙。

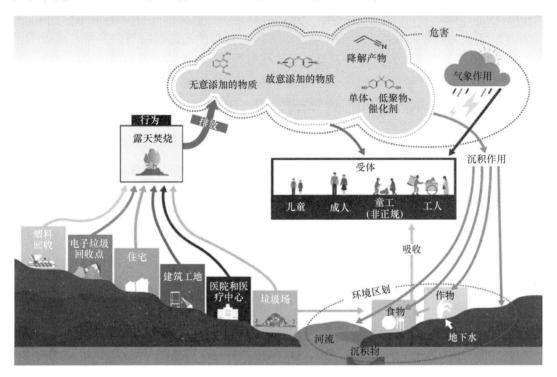

图 1-1 垃圾无组织焚烧对环境的影响示意图

就全国来看，尽管固体废物处理利用率提升，但增量和存量仍居高不下，每年产生工业固体废物约 33 亿 t，呈逐年增长态势；历年堆存的工业固体废物总量超过 600 亿 t，占地超过 200万 hm²；建筑垃圾、农业固体废物等也是数十亿吨甚至上百亿吨的规模；收集处理设施和能力存在缺口，综合利用率总体偏低，缺少高附加值、规模化利用的产品。目前，中国城市生活垃圾的处理方式为 52% 填埋、45% 焚烧、3% 堆肥，利用效率明显低于发达国家。中国城市垃圾管理系统的有效性必须提高。

1.2 百年变局下自然资源开发保护部署

自然是人类生存发展的基础。马克思认为："人靠自然界生活。"人类的经济活动及发展离不开自然，可以说，人类社会的发展过程就是不断探索、开发、利用自然资源的过程。随着社会的进步，生产力的提高，人类开发和利用自然资源的广度和深度也在不断增加。但是，人类在征服与改造自然的过程中，对自然界产生了深刻影响，在为其所取得的针对自然界的胜利而沾沾自喜的同时，也受到自然界的悄然报复。

恩格斯两次明确提到"自然报复"问题，其中指出"我们不要过分陶醉于人类对自然界的胜利。对于每一次这样的胜利，自然界都对我们进行了报复。每一次胜利，起初确实取得了我们预期的结果，但是往后和再往后却发生完全不同的、出乎意料的影响，常常把最初的结果又消除了""如果说人靠科学和创造性天才征服了自然力，那么自然力也对人进行报复，按人利用自然力的程度使人服从一种真正的专制，而不管社会组织怎样"。因此，对于人与自然之间的关系，需要有一个正确的认识，需要从"人定胜天"回归到"天人合一"。要以自然界的发展规律为依据，以实现人与自然的共同发展为准绳，充分考虑二者之间的和谐，从而为自然界与人类社会的可持续发展奠定基础，最终实现天人合一。

自然资源是国民经济发展的基础，是实现可持续发展的根本条件。在地球上，自然资源的数量是有一定限度的，特别是不可再生资源在一定的时间和地区是有限的，会出现资源枯竭和短缺的问题。因此，合理开发利用自然资源对人类的发展具有重要而深远的历史意义。我国国土辽阔，自然资源总量大、类型多，是世界上少数几个资源大国之一。然而，由于我国人口众多，人均自然资源贫乏，再加上自然资源质量不一，空间分布不均衡，造成我国自然资源形势严峻，成为制约我国社会经济发展的重要因素。

因此，如何合理开发利用自然资源，协调经济发展与生态环境之间的关系，是亟须解决的重大课题。除了加强对自然资源的保护之外，更重要的是要走可持续发展之路。要按照可持续发展的要求，正确处理经济发展与自然资源开发利用的关系，以促进人与自然的协调发展。而固体废物，具有废物和资源的双重属性。充分挖掘其"资源"的属性，能在一定程度上缓解资源的压力，深刻认识其"废物"的属性，能够尽量减少其对生态环境的负面影响。

当今世界面临"百年未有之大变局"，从经济到政治，从文化到科技，从信息到技术，从观念到制度，从国内到国际，这场大变局涵盖之广、影响之深，堪称前所未有。一百年来，中国从半殖民地半封建社会，一个贫穷落后的国家发展为世界上第二大经济体，全球排名第一的外资流入国。中国人民解决了总体贫困，进入全面小康社会，在站起来后又富起来、强起来了；中国国际影响力大幅提升，积极参与并影响全球政治、经济秩序的治理；中国特色社会主义取得了巨大成就。但在生态环境保护领域，尤其是全球性的环境问题上，我国仍有较大的进步和改善空间。

我国经济进入新常态后，经济增长速度从高速转向中高速，经济增长方式从规模速度型粗放增长转向质量效率型集约增长，其中"双碳"目标的实现将必然对我国产业变革带来深远影响。长期以来，我国坚定不移地实施积极应对气候变化国家战略，参与和引领全球气候治理，有力促进了生态文明建设。然而作为世界上最大的发展中国家，我国在2060年前实现碳中和目标依然面临非常严峻的挑战，既涉及国内重点行业和领域的能源结构调整，也关系到错综复杂的国际形势，给经济、贸易和低碳技术进步带来了巨大的不确定性。应对这些挑战，一方面要从"减排"入手，明确主要路径；另一方面需特别关注"固碳"措施，充分发挥自然生态系统的作用，统筹考虑国家碳中和与生态保护修复两个目标。

　　根据欧盟发布的 *Fossil CO₂ and GHG Emissions of All World Countries*，2019 年全世界化石二氧化碳排放量达到 380.2 亿 t，而中国化石二氧化碳排放量达到 115.4 亿 t，占世界总排放量的 30.34%（图 1-2）。对此，习近平主席提出我国要在 2030 年前实现碳达峰，在 2060 年前实现碳中和的目标愿景。

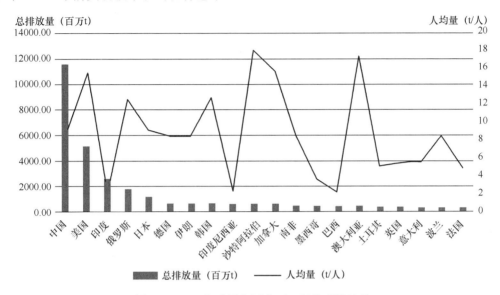

图 1-2　2019 年世界各国化石二氧化碳排放量

　　我国生态文明建设进入了以降碳为重点战略方向的关键时期。"双碳"目标的提出深刻影响了我国的能源转型和技术升级，给各行各业带来了深远的影响。根据美国环保局统计，全世界生活垃圾领域排放的温室气体占全球温室气体总排放量的 3%～5%。根据德国环境部最新公布的数据，1990 年德国温室气体排放量为 12.5 亿 t，其中固体废物领域贡献了 3700 万～4000 万 t，约占 3%。1990～2006 年，德国通过垃圾有效治理，垃圾领域碳排放从 3800 万 t 降至 1800 万 t，占社会总减排量的 24%。德国的治理经验说明，在垃圾领域进行深度碳减排，相对容易实现，成效非常明显。城市固体废物治理作为生态文明建设的重要内容，更要实现低碳化治理，以更加宏远的目标驱动技术和模式进步。

1.3　高质量发展时代进程的主动调整

　　当前中国经济已经由高速增长阶段转向高质量发展阶段。党的十九大报告中提出"建立健全绿色低碳循环发展的经济体系"，为新时代的高质量发展指明了方向。发展循环经济是加快转变经济发展方式和实现高质量发展的必然选择，在产业领域践行循环经济理念，本质在于建立循环型产业体系和循环型生产方式，以企业为主体，把"减量化、再利用、资源化"的原则应用到各行业、各企业具体的生产环节和过程，构建循环经济发展模式，实现全产业链的优化布局和管理，形成合理的产业上下游资源流向布局，提高资源利用效率。

　　《"十四五"循环经济发展规划》（以下简称《规划》）已正式公布实施。为实现 2025

年的循环经济发展目标，《规划》提出了三项重点任务，其中"构建资源循环型产业体系，提高资源利用效率"被列为第一项，突显了这项工作任务的重要性。《规划》提出从五个方面落实这项重点任务，包括推行重点产品绿色设计、强化重点行业清洁生产、推进园区循环化发展、加强资源综合利用，以及推进城市废弃物协同处置。

固体废物污染防治一头连着减污，一头连着降碳，是生态文明建设的重要内容。做好固体废物的资源化，首先要清楚目前的处理处置现状：①固体废物产生总量巨大，并将长期维持高位。据不完全统计，我国工业固体废物、生活垃圾与污泥、废旧物资等固体废物年产量超过 40 亿 t，科学合理的废物管理与安全处置技术体系尚未形成，累计堆存量超过 200 亿 t。②城市垃圾在时间和空间上高度集中，处置难度大。我国城镇生活垃圾产生量急剧增加，截至 2019 年我国 337 个一线至五线城市的生活垃圾产生量约达 3.43 亿 t，据有关研究报告显示，202 个大、中城市，生活垃圾产量居前 10 位的城市产生的生活垃圾总量为 5685.85 万 t，占全部信息发布城市产生总量的 28.2%。资源化利用率低、无害化处置成为城镇化进程的核心制约因素，亟须突破技术瓶颈，提高我国生活垃圾整体消纳能力。③固体废物集中于产业聚集区，制约产业健康发展。能源、化工、冶金等重化工产业快速聚集化发展，固体废物大量集中产生，单一建材化利用方式无法实现大规模消纳，每年超过 10 亿 t 固体废物未得到安全处置。

近年来，城市废弃物协同处置逐步推进，资源和环境效益开始显现。实践证明，在有效政策机制和标准规范保障的前提下有序推进城市废弃物协同处置，可以实现产业发展和城市治理的双赢，也可以体现产业发展与城市发展的融合，是循环经济可以发挥关键作用的重要领域。当前我国正处在推进生态文明建设，实现高质量发展以及做好碳达峰、碳中和工作的关键时期，构建资源循环型产业体系有助于实现以最少的资源消耗和废物排放，取得最大的经济效益，从根本上提高经济发展的质量和效益，是我国转变经济发展方式，实现高质量发展的必然选择。

第 2 章　认识无废城市

2.1　无废城市的指导思想

无废城市的规划建设，需以习近平新时代中国特色社会主义思想为指导，全面贯彻党的十九大和党的二十大精神，紧紧围绕统筹推进"五位一体"总体布局和协调推进"四个全面"战略布局，深入贯彻习近平生态文明思想和全国生态环境保护大会精神，认真落实党中央、国务院决策部署，坚持绿色低碳循环发展，以大宗工业固体废物、主要农业废物、生活垃圾和建筑废物、危险物为重点，实现源头大幅减量、充分资源化利用和安全处置，选择典型城市先行先试，稳步推进无废城市建设，为全面加强生态环境保护、建设美丽中国做出贡献。

生态文明建设是"五位一体"总体布局的重要内容，是实现美丽中国梦的必然要求。习近平生态文明思想，是习近平新时代中国特色社会主义思想的重要组成部分，是新时代生态文明建设的根本遵循和行动指南。要深刻领会习近平生态文明思想的核心要义，科学把握"宁要绿水青山不要金山银山""既要绿水青山又要金山银山""绿水青山就是金山银山"理念。

"宁要绿水青山不要金山银山"的思想，是针对传统发展过程中出现的先发展后保护、只发展不保护现象提出来的（图 2-1）。发展是解决一切问题的总钥匙，是减贫富民的关键。不发展，就业和收入就上不去，广大贫困群体就更无法从根本上摆脱贫困，深化改

图 2-1　"绿水青山就是金山银山"理论发源地——浙江省湖州市安吉县余村

（图片来源：安吉县人民政府［Online Image］.［2022-7-19］.

http：//www. anji. gov. cn/col/col1229211473/index. html）

革、调整结构就缺乏力度，社会稳定就可能出状况。但是，当发展带来的环境负担超出环境客观承载力和恢复能力时，就必须通过调整发展方式来保障环境的安全和永续持久的发展。

按可持续发展理论，从资本的角度，所有人类社会的发展和财富价值创造都可以看作是由物质资本、自然资本、人力资本和社会资本四类资本决定的。其中物质资本（厂房、机器、现金及运输工具等人造资本）和自然资本（矿产、森林、土地、水及大气等生态环境要素）是极其重要的两类资本。可以说，自然资本是可持续发展的基础，物质资本使可持续发展得以实现。

从减贫和发展角度看，可持续发展的前提和基础是发展；离开了发展，可持续就失去了意义，更谈不上可持续发展。在解决人类代际公平问题的同时，必须关注当代人生存和发展的问题，重视解决代内公平的问题，保护和发展两手都要硬。"既要绿水青山又要金山银山"理念是将生态文明建设、生态环境保护与发展、生态环境保护与扶贫减贫、生态环境保护与减少收入差距、实现代内公平与代际公平有机地统一在一起，以物质资本和自然资本和平相处、处于有效替代的范围之内为前提，既强调生态保护，也强调发展、减少贫困。

可以说，"绿水青山就是金山银山"理念，是边发展边保护思想的重要体现，强调在发展中保护，在保护中发展，统筹推进精准扶贫与全面建成小康社会，进一步创新理念、创新思路、创新举措，加快推进百姓富、生态美的绿色可持续发展。

我们坚持绿水青山就是金山银山的理念，坚持山水林田湖草沙一体化保护和系统治理，生态文明制度体系更加健全，生态环境保护发生历史性、转折性、全局性变化，我们的祖国天更蓝、山更绿、水更清。党的二十大报告全面总结了过去五年的工作和新时代十年的伟大变革，指出生态环境保护发生了历史性、转折性、全局性变化。

中国式现代化是体现"绿色""可持续发展"的现代化，是将生态文明建设融入全局发展中的现代化。党的二十大对中国实现碳达峰、碳中和目标作出了既具有全局性，又具有针对性的规划与部署，"推进美丽中国建设，坚持山水林田湖草沙一体化保护和系统治理，统筹产业结构调整、污染治理、生态保护、应对气候变化，协同推进降碳、减污、扩绿、增长，推进生态优先、节约集约、绿色低碳发展。"

2.2 无废城市的理论基础

2.2.1 循环经济理论

循环经济理论是美国经济学家博尔丁在 20 世纪 60 年代提出生态经济时谈到的。博尔丁受当时发射的宇宙飞船的启发来分析地球经济的发展，他认为飞船是一个孤立无援、与世隔绝的独立系统，靠不断消耗自身资源存在，最终将因资源耗尽而毁灭。唯一使之延长寿命的方法就是要实现飞船内的资源循环，尽可能少地排出废物，这就是博尔丁所提出的著名太空船地球经济学（Economics of the Coming Spaceship Earth）。

循环经济理论的起源及发展演进可分为以下三个阶段：第一阶段为循环经济思想的萌芽阶段，大约在 20 世纪 60 年代。1962 年美国生态学家卡尔逊发表了《寂静的春天》，指出生物界以及人类所面临的危险。"循环经济"一词，首先由博尔丁提出，主要指在人、自然资源和科学技术的大系统内，在资源投入、企业生产、产品消费及其废弃的全过程中，把传统的依赖资源消耗的线性增长经济，转变为依靠生态型资源循环来发展的经济。第二阶段为 20 世纪 90 年代之后，循环经济成为国际社会的一大趋势，我国也从 20 世纪 90 年代开始重视和引用循环经济的思想，并对循环经济的理论研究和实践不断深入。第三阶段为 21 世纪初至今，可概括为现代循环经济理论的壮大期。自德国循环经济概念确立 "3R" 原理的中心地位，到从可持续生产的角度对循环经济发展模式进行整合，正式标志着循环经济成为一门主流经济学派；我国也从新兴工业化角度认识循环经济的发展意义，并将循环经济纳入科学发展观，确立物质减量化的发展战略，提出从不同的空间层面（城市、区域、国家）大力发展循环经济，标志着发展循环经济成为我国基本国策的主要内容。

循环经济理论的基础是生态经济理论（图 2-2）。生态经济学是以生态学原理为基础，经济学原理为主导，以人类经济活动为中心，运用系统工程方法，从最广泛的范围研究生态和经济的结合，从整体上研究生态系统和生产力系统的相互影响、相互制约和相互作用，揭示自然和社会之间的本质联系和规律，改变生产和消费方式，高效合理地利用一切可用资源。简言之，生态经济就是一种尊重生态原理和经济规律的经济。

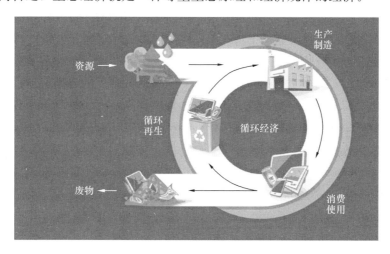

图 2-2　循环经济理论示意图

生态经济、循环经济理论的产生和发展，是人类对人与自然关系深刻认识和反思的结果，也是人类在社会经济高速发展中陷入资源危机、环境危机、生存危机后深刻反省自身发展模式的产物。由传统经济向生态经济、循环经济转变，是在全球人口剧增、资源短缺和生态蜕变等严峻形势下的必然选择。物质循环和能量流动是自然生态系统和经济社会系统的两大基本功能，处于不断的转换中。

循环经济理论在发展理念上就是要改变重开发、轻节约，片面追求 GDP 增长；重速度、轻效益；重外延扩张、轻内涵提高的传统经济发展模式。把传统的依赖资源消耗的线性增长的经济，转变为依靠生态型资源循环发展的经济。既是一种新的经济增长方式，也是一种新的污染治理模式，同时又是经济发展、资源节约与环境保护的一体化战略。

循环经济理论遵循减量化（Reduce）、再利用（Reuse）、再循环（Recycle）的 3R 原则。减量化原则要求减少进入生产和消费流通过程的物质，换言之，注重在全生命周期源头上减少固体废物的产生、减少物质消耗，减少废弃物的产生而不是产生后再治理；再利用原则要求尽可能多次以及尽可能多种方式地使用物品，通过重复再利用，延长物质或商品的使用寿命；再循环原则要求尽可能多地再生利用或资源化，从而减少进入垃圾填埋场和焚烧厂的体量。

无废城市理念较大程度上是以循环经济理论为基础，继承与吸取较多循环经济理论的核心理念和原则。在坚持 3R 原则下，通过各种方法和途径提升物质的资源循环水平，减少最终处置的固体废物规模。

2.2.2　工业生态学理论

工业生态学（Industrial Ecology）是一门研究人类工业系统和自然环境之间的相互作用、相互关系的学科。它是一门新兴交叉学科，自诞生 10 多年来，其理论研究与实践活动已经取得了长足的进展。工业系统类似于自然生态系统，需要在供应者、生产者、销售者和使用者之间产生密切的物质与能量联系，包括固体废物的回收或处理。

工业生态学理论提出的目标是按自然生态系统的方式来构造工业基础体系，借鉴于自然生态系统的物质和能量循环则是高效率和可持续的。一个工业生态系统也致力于塑造复杂且完善的产业链，实现物质、产品、副产品和废物高效多元的再循环利用，因此，工业生态学往往将固体废物视为二次工业生产过程的原料。

1989 年 9 月美国通用公司的研究部副总裁罗伯特·福布什和负责发动机研究的尼古拉斯·加罗什在《科学美国人》杂志上发表题为《可持续工业发展战略》的文章，正式提出了工业生态学理论的概念（图 2-3）。工业生态学理论把整个工业系统作为一个生态系统来看待，认为工业系统中的物质、能源和信息的流动与储存不是孤立的简单叠加关系，而是可以像在自然生态系统中那样循环运行，它们之间相互依赖、相互作用、相互影响，形成复杂的、相互连接的网络系统。工业生态学通过供给链网（类似食物链网）和物料平衡核算等方法分析系统结构变化，进行功能模拟和产业流分析（输入流、产出流）来研究工业生态系统的代谢机理与控制方法。工业生态学思想包含了"从摇篮到坟墓"的全过程管理系统观，即在产品的整个生命周期内不应对环境和生态系统造成危害，产品生命周期包括原材料采掘、原材料生产、产品制造、产品使用以及产品用后处理。

系统分析是工业生态学的核心方法，在此基础上发展起来的工业代谢分析和全生命周期评价是工业生态学中普遍使用的有效方法。工业生态学以生态学的理论观点考察工业代谢过程，即从取自环境到返回环境的物质转化全过程，研究工业活动和生态环境的相互关系，以研究调整、改进当前工业生态链结构的原则和方法，建立新的物质闭路循环，使工

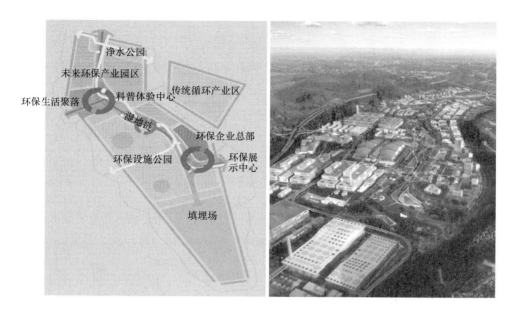

净水公园
未来环保产业园区
科普体验中心
传统循环产业区
环保生活聚落
湿地链
环保企业总部
环保设施公园
环保展示中心
填埋场

图 2-3　工业生态学理论概念示意图

业生态系统与生物圈兼容并持久生存下去。

在无废城市规划与实践中，常常利用工业生态学理论，构建完善的生态工业园和先进产业园，利用全生命周期产废分析工具，依据物质和能源协同利用的原理，依据信息的互联互通，开展静脉产业园/生态环境园（或称固体废物综合资源化基地）的规划构建。

2.2.3　可持续设计理论

可持续设计是一种构建及开发可持续解决方案的策略设计活动，以兼顾考虑经济、环境、道德和社会问题的设计引导和满足消费需求。可持续的概念不仅包括环境与资源的可持续，也包括社会、文化的可持续。在具体设计对象中，涵盖宏观、中观和微观层面的各类产品及对象。

可持续设计要求人和环境的和谐发展，设计既能满足当代人需要又兼顾保障子孙后代永续发展需要的产品、服务和系统，主要涉及的设计表现在建立持久的消费方式、建立可持续社区、开发持久性能源等技术工程（图 2-4）。

可持续设计体现在四个属性上，即自然属性、社会属性、经济属性和科技属性。就自然属性而言，它是寻求一种最佳的生态系统以支持生态的完整性和人类愿望的实现，使人类的生存环境得以持续；就社会属性而言，它是在不超过维持生态系统涵容能力的情况下，改善人类的生活品质；就经济属性而言，它是在保持自然资源的质量和其所提供服务的前提下，使经济发展的净利益增加至最大限度；就科技属性而言，它是转向更清洁更有效的技术，尽可能减少能源和其他自然资源的消耗，建立极少产生废料和污染物的工艺和技术系统。

在进行具体方案/产品的可持续设计时，往往需要考虑以下五大方面：

（1）设计概念。创意和设计阶段是产品实现可持续的关键，设计者可以根据现有的用

图 2-4　可持续设计在绿色建筑中的应用示例

户使用问题，改进原有产品或者设计出更利于可持续发展的产品。例如，很多用户在日常生活中烧一壶水，但是真正使用的只有半壶水，针对这一现象，设计师可以设计出控制烧水量的产品，减少能耗。其次，现在有很多产品一味地追求多功能来吸引消费者，但实际中使用的功能并不多，这就造成了产品的功能过剩，也是一定程度上的浪费。对此，设计师可以重新审视现有产品的功能，优化产品的功能性。此外，延长产品生命周期也是在设计时需要注意的。产品在短时间内更替次数频繁是对自然与社会资源的极大浪费，自然不可持续。

（2）绿色材料。材料的绿色化一方面是指材料的绿色选择，即在设计中选择环保型与合法采伐的天然材料；另一方面还可以在不影响基本功能与强度的前提下通过减少材料的使用，或者避免材料的低利用率，减少材料的浪费。例如，当下有较多的家具品牌通过将回收的废旧家具重新设计并再生制造成新的家具，推广到市面上，让废物重新焕发生命力再次流通进入市场，是一种值得鼓励的绿色材料应用案例。

（3）逆向设计。在循环经济中，所有产品都应该设计成可生物降解的、可回收的或者两者相结合的。通过回收利用，产品中的所有材料和组件都可以再利用，用于新产品或者新工艺，从而避免产生废物。所以，在产品设计的初期，设计师应该充分考虑其零部件回收的可能性，通过现有的处理方法和工艺，达到再生利用的目的。因此，材料或报废的产品能否顺利循环再利用，关键在于设计时是否考虑简化产品的安装与拆卸，使得产品部件的再循环和再利用更加简便快捷。

（4）能源节约。能源节约在产品设计中主要体现在制造、运输和使用三个部分，设计师在设计产品时，需要考虑制造过程中的生产消耗，降低能耗，减少生产工序，提高能源效率。在运输中，设计师也可以采用叠放、折叠、可拆装等方法降低运输成本。而用户使用过程中，也是整个设计中最能节约能源的部分，设计师应该通过设计概念减少使用中的能源消耗。

（5）减少污染。产品的最初设计模型往往比较粗糙，设计师为了追求精致和美观，通常会对材料的表面进行不同程度的处理，其中最常见的即打磨和喷漆。但是，油漆的使用会对水、空气甚至土壤造成污染。所以，可持续设计要求设计师考虑更加环保干净的工艺，也使很多现代产品减少了对油漆和胶粘剂的使用。

无废城市的较多规划理念、评估分析思路等吸取了可持续设计的理论知识，从全生命周期出发，分析各环节的经济和社会影响。

2.3 无废城市定义与内涵

2.3.1 无废城市定义

2018 年 12 月 29 日，国务院办公厅印发《"无废城市"建设试点工作方案》，其中指出无废城市是以创新、协调、绿色、开放、共享的新发展理念为引领，通过推动形成绿色发展方式和生活方式，持续推进固体废物源头减量和资源化利用，最大限度减少填埋量，将固体废物的环境影响降至最低的城市发展模式。无废城市并不是没有固体废物产生，也不意味着固体废物能完全资源化利用，而是一种先进的城市管理理念，旨在最终实现整个城市固体废物产生量最小、资源化利用充分、处置安全的目标，需要长期探索与实践。现阶段，要通过无废城市建设试点，统筹经济社会发展中的固体废物管理，大力推进源头减量、资源化利用和无害化处置，坚决遏制非法转移倾倒，探索建立量化指标体系，系统总结试点经验，形成可复制、可推广的建设模式。

2.3.2 无废城市内涵

1. 重大意义

党的十八大以来，党中央、国务院深入实施大气、水、土壤污染防治行动计划，把禁止洋垃圾入境作为生态文明建设标志性举措，持续推进固体废物进口管理制度改革，加快垃圾处理设施建设，实施生活垃圾分类制度，固体废物管理工作迈出坚实步伐。同时，我国固体废物产生强度高、利用不充分、非法转移倾倒事件仍呈高发频发态势，既污染环境，又浪费资源，与人民日益增长的优美生态环境需要还有较大差距。开展无废城市建设试点是深入落实党中央、国务院决策部署的具体行动，是从城市整体层面深化固体废物综合管理改革和推动无废社会建设的有力抓手，是提升生态文明、建设美丽中国的重要举措。

2. 基本原则

坚持问题导向，注重创新驱动。着力解决当前固体废物产生量大、利用不畅、非法转移倾倒、处置设施选址难等突出问题，统筹解决本地实际问题与共性难题，加快制度、机制和模式创新，推动实现重点突破与整体创新，促进形成无废城市建设长效机制。坚持因地制宜，注重分类施策。试点城市根据区域产业结构、发展阶段，重点识别主要固体废物在产生、收集、转移、利用、处置等过程中的薄弱点和关键环节，紧密结合本地实际，明确目标、细化任务、完善措施，精准发力，持续提升城市固体废物减量化、资源化、无害化水平。坚持系统集成，注重协同联动。围绕无废城市建设目标，系统集成固体废物领域相关试点示范经验做法。坚持政府引导和市场主导相结合，提升固体废物综合管理水平与推进供给侧结构性改革相衔接，推动实现生产、流通、消费各环节绿色化、循环化。

坚持理念先行，倡导全民参与。全面增强生态文明意识，将绿色低碳循环发展作为无废城市建设重要理念，推动形成简约适度、绿色低碳、文明健康的生活方式和消费模式。强化企业自我约束，杜绝资源浪费，提高资源利用效率。充分发挥社会组织和公众监督作用，形成全社会共同参与的良好氛围。

3. 试点目标

系统构建无废城市建设指标体系，探索建立无废城市建设综合管理制度和技术体系，试点城市在固体废物重点领域和关键环节取得明显进展，大宗工业固体废物储存处置总量趋零增长、主要农业固体废物全量利用、生活垃圾减量化资源化水平全面提升、危险废物全面安全管控，非法转移倾倒固体废物事件零发生，培育一批固体废物资源化利用骨干企业。通过在试点城市深化固体废物综合管理改革，总结试点经验做法，形成一批可复制、可推广的无废城市建设示范模式。

4. 试点范围

第一阶段，在全国范围内选择 10 个左右有条件、有基础、规模适当的城市，在全市域范围内开展无废城市建设试点。综合考虑不同地域、不同发展水平及产业特点、地方政府积极性等因素，优先选取国家生态文明试验区省份具备条件的城市、循环经济示范城市、工业资源综合利用示范基地、已开展或正在开展各类固体废物回收利用无害化处置试点并取得积极成效的城市。

第二阶段，在全国选取接近 100 个城市作为扩大试点，各省统筹挑选合适的城市作为试点城市，编制《无废城市"十四五"实施方案》，并制定相应的实施计划、任务清单和经费安排。

2.4 无废城市意义与价值

2.4.1 立足于"固体废物行业协同"

1. 加强统筹管理，打破"九龙治废"

以往各类固体废物归各职能部门管辖，仅立足各细分行业思考问题。而无废城市的出现，是首次自上而下地立足城市有机整体，统筹考量固体废物协同治理，将固体废物行业管理理念转化为城市发展理念，在城市空间规划和管控的技术体系中逐步融入资源循环的意识。整合各部门力量，加强物质流和能量流的协同，提高城市空间使用率，以全周期治理模式重构城市发展格局，推动城市治理体系和治理能力现代化。

城市固体废物涵盖生活垃圾、再生资源、建筑垃圾、医疗废物、危险废物、工业垃圾、市政污泥等，内容庞杂，覆盖面广，涉及的职能部门众多。以往由于管理上的条块分割，导致不同职能部门的管理相对独立、互不干涉，颇有"九龙治废"的基本格局，虽然这一机制搭建了责任主体和边界，在城市发展初期能较好应对常规固体废物问题，但随着城市发展，有较多新型的固体废物问题，尤其需要跨行业、跨领域、跨部门，在以往的管理机制下难以奏效。当前，为满足高质量发展的需求，城市治理有较为强烈的共识，城市固体废物治理作为其中的子项，同样应该有统一的目标，而目标制定、实施措施的提出、目标的执行等过程，在以往"九龙治废"的模式下是难以推行的，需要打破部门与行业壁垒，形成统筹协调的行政管理机制。

2. 疏通协同路径，提高处理效能

无废城市是跳出本行业范畴、立足城市的角度进行思考和布局的一项城市现代化治理顶层设计，其意义在于促进城市物质流与能量流的高效运转。其中不乏较多固体废物间可实现协同处理，从而降低处理成本、提高处理效能、减少污染排放。最为典型的是城市管理部门所管辖的生活垃圾焚烧厂产生的炉渣属于一般工业固体废物，并由生态环境部门监管，经过无废城市统筹管理后，可进入建筑废物综合利用设施，将炉渣等循环利用为再生建材，并借助住房和城乡建设部门的渠道推广到工程建设领域。实现固体废物间协同处理，能大幅提高处理效能，降低污染排放和碳排放。

类似这样的协同，在生活端、建筑端、生产端还有很多例子，本书后绪章节有较为详细的分析。事实上，在不同类别的固体废物处理处置上，技术路线有较多相通之处，而无废城市的其中一项核心任务，就是通过搭建统筹机制，借用市场化力量，推动不同固体废物间的协同处理，并逐步制定技术标准和运营标准，使规划建设、工艺匹配、运行维护更加规范。

3. 复合集约土地，避免重复建设

随着我国城镇化进程的加快，城市人口维持较快的增长速度，而土地开发进程也维持在较快的水平，但城市总体可利用的土地资源是有限的，因此土地显得尤为珍贵。土地资源趋紧，带来集约用地的发展诉求。而包含固体废物处理设施在内的城市基础设施往往功能指向明确，难以与居住、商业、交通等功能用地共建共享，且大部分需要独立占地，故存在较大的土地需求。为珍惜宝贵的土地资源，在高质量发展背景下，无废城市涉及的基础设施也要追求用地集约化、功能复合化的趋势。这里的功能复合化是指各类别固体废物在满足其基本处理需求的基础上，在用地和空间上进行复合建设，对区域内所有固体废物设施用地进行功能需求和用地需求的统一，避免功能相近的设施重复规划建设。

复合集约用地的另一层含义是，在以固体废物处理为核心功能的基础上，复合建设其他市政设施，达到土地空间的共建共享，同时增加景观绿地回馈、无废城市科普宣教展示场所。

目前国内多个城市已在国土空间规划层面提出市政设施复合和集约化建设的要求。如《深圳市国土空间总体规划（2020—2035 年）》提出，构建现代化市政设施体系，推动市政基础设施复合化、集约化、绿色化发展。推进城市立体开发利用和功能混合，建设功能多样的城市综合体；推动交通枢纽及周边地区按照 TOD 模式进行综合立体开发；鼓励建筑功能复合，激发城市生活和生产空间活力；促进地下空间的立体化综合开发，打造立体城市全球典范。

2.4.2 延伸至"城市资源循环"

无废城市是由国家多部委联合发起、地方多部门联动参与、首次立足城市有机整体、统筹考量固体废物综合协同治理的事项。无废城市不仅仅局限在固体废物行业范畴内进行议事和制定措施，更是将固体废物行业管理理念转化为城市发展理念，将固体废物的"三化"与城市代谢、城市资源再利用等议题相衔接，从城市空间规划和管控、城市日常基本运作、城市经济产业发展等方方面面进行深度融合，其目的是在城镇化发展进程中逐步融入资源循环的强意识和新范式。

同时，以往固体废物归各职能部门各自管辖，仅立足各自细分行业内思考问题。而无废城市作为立足城市角度考量城市资源循环的新理念，皆在打破部门壁垒，统筹考量固体废物协同增效，以"源头减量—资源循环—无害化处置"的全周期治理模式重构城市发展格局，推动城市治理体系和治理能力现代化。

2.4.3 致力于"双碳"目标达成

2020 年 9 月 22 日，习近平主席在第七十五届联合国大会一般性辩论上发表重要讲话，"中国将提高国家自主贡献力度，采取更加有力的政策和措施，二氧化碳排放力争于 2030 年前达到峰值，努力争取 2060 年前实现碳中和"。同年 10 月，党的十九届五中全会通过的《中共中央关于制定国民经济和社会发展第十四个五年规划和二〇三五年远景目标的建议》提出碳达峰后逐步实现碳中和的目标，自此拉开了我国"双碳"目标的帷幕。随后在多次重要的国际会议和会晤中，习近平主席反复重申我国"双碳"目标。2021 年 10 月，国务院印发《中共中央　国务院关于完整准确全面贯彻新发展理念做好碳达峰碳中和工作的意见》和《2030 年前碳达峰行动方案》，标志着我国"双碳"目标已步入实施行动阶段。

"双碳"目标的重要意义，既有促进我国高质量发展、降低单位生产排放程度，从而逐步减少温室气体排放；又有从根源上解决我国的能源潜在危机，避免能源供应成为卡脖子的事项；更有帮助我国逐步建立和夯实"碳信用"，通过真真切切地发展壮大节能低碳产业和技术，积极参与和解决全球气候变化问题作重要贡献，发挥大国担当，进而提升我国的国际影响力和话语权。因此，"双碳"目标既有对构建人类命运共同体的有力承诺，又能从内部加快转型，走向高质量发展道路。

城市固体废物处理产生的碳排放占全社会碳排放总量的比例虽不大，但前溯到生产制造端，涉及的相关生产生活面是较为广泛的，因此存在着极大的减碳增效降污潜力。无废城市建设恰恰是涉及全社会面固体废物的产生与处理，通过源头减量、资源循环和高标准无害化处理，能减少大量温室气体排放。通过在国内的实践、试错、复制与推广，形成多样化的无废城市建设经验，有助于我国在可持续发展方面树立先进榜样。

第 2 篇

先进经验篇

　　世界发达国家和地区大部分都经历了"先污染、后治理"的过程，各地政府及民众已逐步意识到妥善实施固体废物减量化、无害化、资源化的重要性。因此，在全球范围内形成不同地域特色的"无废"实践。本篇章列举、介绍和总结分析世界先进国家或城市、地区的相关经验，包括"零废弃城市""循环型社会""零废弃国度""无废战略"等经验做法，从地区基本情况、主要措施、实施效果、可借鉴经验等方面进行梳理与提炼，为我国全面推行无废城市建设提供宝贵的经验素材，同时客观寻找和总结与优秀国家或城市、地区的差距，进而帮助我们实现高质量高水平的"无废建设"。

第 3 章 欧洲零废弃联盟

3.1 基本情况

欧洲零废弃联盟于 2014 年正式创立，最早为全球反垃圾焚烧联盟（GAIA，Global Alliance for Incinerator Alternatives）的欧洲地区分支，其核心组织位于比利时的布鲁塞尔。从意大利托斯卡纳大区的卡潘诺里市（Cappanori）首次提出建设无废城市理念后，截至 2021 年该联盟已经拥有来自 28 个欧洲国家的 32 个成员。成员北至拉脱维亚，西至葡萄牙，南至塞普罗斯，东至乌克兰。值得一提的是，联盟中的一些成员是以城市的身份参与的，如德国的基尔市。

欧洲零废弃联盟由欧洲的本地社区、组织、当地领袖、专家组成，旨在消除社会中的废弃物，倡导构建可持续的系统并重塑人与资源的关系，创建 一个更循环、更公平、更适度且没有固体废物的未来。

3.1.1 主要理念

欧洲零废弃联盟认为，固体废物是当今世界的基础问题之一，是每天都会产生以及需要管理的东西，不能仅仅通过清理垃圾或更好地管理来完成废弃物挑战，而是需要找到一种解决问题根源的新方法，重新设计我们与资源的关系，重新思考我们的生产和消费方式，重点关注集体决策的方式。

3.1.2 定义与目标

国际无废联盟于 2018 年 12 月修正了关于"无废"的定义，这也是唯一被全球同行认可的定义："通过采用负责任的生产、利用、再利用、回收、包装等技术手段，并取消焚烧，不向土壤、水或空气排放有害于环境或人体健康的污染物来节约保护所有资源为零废弃。"欧洲零废弃联盟同样认同这一定义。

在 20 世纪，废弃物管理的目标是尽可能降低废弃物收集、处理过程中对环境造成的污染。随着"零废弃"概念的提出，聚焦点已经从废弃物管理逐渐演变成资源管理。欧洲零废弃联盟提出需要重新思考生产和消费利用的方式，在保障文化延续和繁荣的前提下，保育资源中的物质价值和内在能源，不仅要将经济活动和环境破坏解绑，还要为下一代构建韧性和自然的社会。

3.1.3 发展历程

在欧洲零废弃联盟看来，自然界一直在遵从零废弃的原则，在工业时代到来之前的上千年里，人类文明社会与大自然一样，丢弃的绝大多数物品的物质原料价值都被保留了下来，重新作为原料进入循环。直到工业时代，废弃物才成为一个成熟的概念。

在 20 世纪末期到 21 世纪初期的欧洲，从废弃物中分选出有价值的材料后，将其余的部分全部送入焚烧设施被认为是先进的废弃物管理措施。在 30 年前，25％的可回收物分出率还被视为在欧洲大陆上不可能达到的数字。因此，还有大量的废弃物需要焚烧处理。当时的奥地利、法国、德国、荷兰和斯堪的纳维亚半岛由此新建了许多大型的焚烧设施。

在 20 世纪，废弃物管理的目的是通过收集废弃物并以对环境危害最小的方式进行处置，从而最大限度地减少对环境的直接破坏。进入 21 世纪后，重点从废弃物管理转移到了对地球宝贵资源的适当管理。

欧洲零废弃联盟认为，需要重新思考我们的生产和消费方式，以创建这些生态系统关系，从而保护资源中蕴含的价值和能量，同时使文明繁荣昌盛。零废弃不仅是将经济活动与环境破坏脱钩，更重要的是为子孙后代建立复原力和自然资本。

如今，废弃物预防措施和新的商业模式可以减少30％～50％的废弃物产生，单独收集率可以达到90％以上，生物废弃物的单独收集不仅具有环保意义，更具有经济意义。因此，欧洲固体废物的管理模式也由 20 世纪的昂贵、高度集中和不灵活的基础设施转变为零废弃模式提倡的有效、分散和灵活的系统，而且该系统可以随着社会和技术的发展继续改进。

在欧洲，各城市的市政厅是固体废物的直接管理部门，也是创新和行动的中心。实现欧洲预防和回收目标的成败取决于当地的市政厅如何实施固体废物政策，这意味着它们是打击浪费、与公民一起推动向欧洲循环经济转型的最佳部门。欧洲零废弃联盟认为，城市、当地的市政厅以及社区等各利益相关者合作，是释放欧洲循环经济潜力、实现无废城市建设的关键，并通过战略性规划在地方层面建立关于固体废物的实用性知识，将建设无废城市的愿景变为现实。因此，欧洲零废弃联盟的发展经历了"从废弃物管理"到"资源管理"的过程。

3.1.4　零废弃管理层级

欧洲零废弃联盟创建了一个新的废弃物管理层级，以改变社会对废弃物的看法。这种层级结构从传统的废弃物管理转向资源管理，创建系统以确保物质的资源价值为后代保留。

欧洲普遍采用的废弃物管理共有五个层级，而欧洲零废弃联盟提出的废弃物管理有七个层级（图 3-1），从顶部到底部是联盟最提倡和鼓励的举措进而到最不可接受的举措。由该管理层级可以看出，零废弃将管理的重心和重要措施放在了废弃物源头的减量化，管理层级更加重视保存高质量材料的性能和组织残余的废弃物处理，同时关注未来几年需要发生的转变。

重新思考和重新设计是公众可以最为广泛参与的层级，即从一开始拒绝不必要的消耗，并通过重新设计商业模式、商品和包装来改变生产和消费的方式，以减少资源使用和

图 3-1　欧洲零废弃联盟提出的废弃物管理层级

浪费；减量、重复利用是广泛参与的第二层，鼓励公众尽量减少消耗、减少毒性物质使用和减少生态足迹，以及鼓励二次设计再利用；修理后重复利用，是通过检查、清洁或修理操作，将已成为废弃物的产品或产品组件无需任何其他预处理即可重新使用；回收、堆肥、厌氧发酵，从分类收集的废弃物流中回收利用有用成分，如厨余垃圾堆肥、玻璃金属塑料纸张的回收利用；物质和化学回收是通过环境无害无污染的方式将混合废弃物中的材料回收变成有价值材料的技术；剩余废物管理是将不能从混合废弃物中回收的物质在填埋前进行生物化稳定处理；不可接受的措施是需要尽量避免和减少的处理方式，后续无法进行材料回收、造成巨大的环境影响或是有悖于零废弃社会构建的措施，包含垃圾焚烧、协同焚烧、未经稳定化的填埋、汽化、热解、非法倾倒、露天焚烧和乱扔垃圾。

3.2　实施措施及效果

需要说明的是，欧洲零废弃联盟并不是欧盟，而是由有志于推动欧洲无废城市建设的国家、城市、组织、机构、其他利益团体或个人组成的非政府组织，欧盟仅通过基金为其提供一部分的财政补贴。该联盟以上节提到的废弃物管理层级为准则，以减少废弃物产生、取消焚烧设施为目标，在欧盟和联盟内各城市两个层面，采取不同的措施推动建设无废城市。本节主要论述其如何在欧盟层面影响欧盟的相关政策的制定。

3.2.1　推动更严格的固体废物贸易政策

欧洲每年要将大量的固体废物运送到欧盟以外的地方，对接收方当地的环境、社会、经济等方面造成的巨大负面影响是无法通过废弃物贸易带来的资金弥补的。因此，欧洲零废弃联盟提出基于就近原则，欧洲国家产生的垃圾应当禁止出口，在欧洲本土妥善解决，而不是将该问题转嫁到其他大洲。

3.2.2　将垃圾焚烧场建设剔除在欧盟财政支持之外

欧洲零废弃联盟认为，不能将垃圾焚烧作为绿色或可持续的垃圾管理手段。再好的焚烧技术仍旧会带来空气污染，而且一旦将焚烧作为垃圾处理的兜底手段，实现减量化和资源化的目标就会被摆在次要的位置上，使大量物质的物理价值灭失，并释放大量的温室气体，且需要不断地再从自然界开采新的原材料，无法实现循环经济，亦将陷入线性经济的陷阱。因此，欧洲零废弃联盟借助总部与欧盟均在比利时布鲁塞尔的优势，不断呼吁焚烧对气候以及环境的不利影响，最终欧盟决定在第 2020/852 号建立支持可持续投资框架的规章中，未将垃圾焚烧厂建设投资认为是可持续的投资，并将其剔除于欧盟的财政支持之外。

3.2.3　倡导材料回收及生物处理措施（MRBT）作为桥梁

欧洲零废弃联盟所秉持的理念为全面取消垃圾焚烧，但在实现固体废物 100% 循环前，仍有一部分无法解决的垃圾需要填埋处置，因此，他们提出在组织成员中推广应用材料回收及生物处理措施（Material Recovery and Biological Treatment，MRBT）作为桥梁和缓冲技术手段。

MRBT 措施并非要替代产生源头的分类投放、分类收集，本质上是经分类后的其他垃圾在填埋前的预处理或补充手段，主要针对填埋的两大显著劣势：一是填埋后仍会不断产生填埋气；二是填埋场的库容是有限且宝贵的。通过机械及人工方式将其他垃圾中仍具有价值的材料回收后，利用生物技术降解其中的有机组分，使进入填埋的废弃物量进一步减少并稳定化。在实践中，经过 MRBT 处理后的固体废物除了进入填埋场之外，还应用在复原废弃的矿坑、公路铁路沿线的绿化等场景中。有学者研究，与直接填埋并回收利用填埋气、焚烧后灰渣填埋这两种方式相比，经过 MRBT 预处理后再填埋对气候变化、水污染、空气污染及生物健康等方面带来的负面影响是最小的。

3.3　可借鉴的经验

由于我国与欧盟尚处于不同的发展阶段，欧洲零废弃联盟所提倡的理念以及在欧盟层面推动制定的政策和措施在我国可能并不适用。因此，本节主要讨论地区层面的经验，为我国各城市在进行无废城市建设顶层设计时参考借鉴。

在欧洲，地方层面实施零废弃的执行者是当地的市政厅和社区的利益相关者。因此，欧洲零废弃联盟将关键的原则（图 3-2）与当地实际情况、地方政府可以在大多数情况下可以施行的政策联系起来。

3.3.1　减量及重复利用

欧洲零废弃联盟认为最好的废弃物是最初没有产生的废弃物。因此，废弃物减量的关

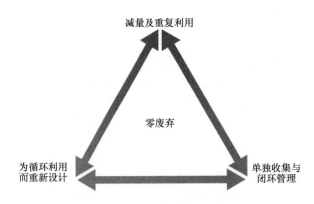

图 3-2　欧洲零废弃联盟实施的关键原则

键在于设计阶段的干预，即防止不应该存在的废弃物的产生。例如，可以通过在食堂、餐厅、酒店、医院和家庭进行正确的培训、激励或采取正确的采购措施来减少食物浪费。商店和市场可以在提供新鲜食物的同时防止包装浪费和食物浪费。

　　大多数一次性包装都是多余的，可以很容易地通过城市层面的正确干预来大幅减少这类固体废物的产生。日常生活中常见的如外卖咖啡杯、外卖食品容器、一次性水瓶或一次性吸管均可以用不产生废弃物的解决方案替代。

　　对于电子产品、家具或衣服等耐用品，关键是鼓励通过实体的二手商店或在线的二手商品交易平台进行维修和买卖。

　　当地政府还可以通过推动无纸化办公、利用公共采购的购买力来改变市场，从而从源头减少固体废物的产生。

3.3.2　为循环利用而重新设计

　　欧洲零废弃联盟认为，如果产品无法重复使用、修复、翻新、回收或堆肥，则应重新设计或完全从系统中删除。

　　当前欧洲的废弃物管理模式还停留在通过将废弃物运往其他国家、掩埋或焚烧来使废弃物"消失"。这种"扔掉"东西的错觉使固体废物这一问题变得不可见。欧洲零废弃联盟认为，应当让固体废物的问题非常明显，这样才有利于后续的解决。因此，需要研究不可回收垃圾中的垃圾组分，在此基础上探索研究潜在的解决方案，在今后的设计中避免用到这些材料，从而防止他们在未来继续成为问题。

　　在讨论解决方案时，应该明确产品或者其包装在废弃后如何再次进入循环系统，如生物降解或是采用物理化学等技术手段。在目前的技术水平下，采用复合材料制成的产品或是其包装很难被资源管理系统消化。基于以上提及的种种原因，欧洲零废弃联盟认为，原材料应在有明确的循环利用途径后，方可进入市场，否则就不应进入。

　　在某些情况下，某些材料和产品是为循环利用而设计的，但废弃物收集和处理系统无法管理它们。在这些情况下，生产者应该建立自己的逆向物流系统，以确保它们得到有效回收。

3.3.3　单独收集以及闭环管理

通过改变居民消费和生产方式可以有效避免产生可预防的废弃物，不可预防的废弃物需要通过设计重新引入产品的生命周期，从而实现物质循环和闭环管理，那么唯一需要采取的措施是在收集过程中确保以最适宜且最干净的方式回收，以确保其物质价值得以保留以备下次使用。

因此，当地政府和行业主管部门应实施有效的单独收集模式，以实现各种材料的清洁分离。欧洲零废弃联盟认为，应该单独收集的物质至少包括有机物（食物和花园垃圾）、可回收物，如纸张、纸板、玻璃和塑料容器、可重复使用的产品和组件，然后是其他垃圾。

目前欧洲的例子表明，单独收集可实现 $80\% \sim 90\%$ 的生活垃圾回收率，此处提到的生活垃圾是指家庭、学校和公共机构产生的所有垃圾。而且，单独收集有机物后进行堆肥会比与其他垃圾掺杂在一起送去填埋或焚烧带来更大的效益，同时单独收集有机物的模式还保证了其他可回收材料不会被污染，具有更高的纯度，保留了物质价值，从而可以再利用或是回收。

除了单独收集有机物外，从欧洲的实践经验来看，还有一种能以最低成本实现高效、清洁收集回收的是押金制度，这一制度值得我们学习借鉴和推广。

第4章 瑞典零废弃计划

瑞典素以高工资、高税收、高福利著称，是北欧最大的国家。本章将简要概述这个国家在开展零废弃计划时有哪些主要举措，零废弃计划的实施效果以及对我国无废城市建设的可借鉴经验。

4.1 基本情况

4.1.1 国家概况

瑞典是一个位于斯堪的纳维亚半岛的国家，北欧五国之一。瑞典素以高工资、高税收、高福利著称，市场经济发达，公共服务规范完善，产业结构优化，创新能力强，资本市场稳健，可持续发展有后劲。

4.1.2 自然条件

瑞典与丹麦、德国、波兰、俄罗斯、立陶宛、拉脱维亚和爱沙尼亚隔海相望，是北欧最大的国家。它西邻挪威，东北与芬兰接壤，西南濒临斯卡格拉克海峡和卡特加特海峡，东边为波罗的海与波的尼亚湾。

斯德哥尔摩是瑞典的首都和第一大城市，位于瑞典的东海岸，濒临波罗的海，梅拉伦湖入海处，是瑞典政治、经济、文化、交通中心和主要港口，也是瑞典国家政府、国会以及皇室的官方宫殿所在地，是世界著名的国际大都市。

4.1.3 经济条件

铁矿、森林和水力是瑞典的三大资源，其已探明的铁矿储量为36.5亿t，是欧洲最大的铁矿砂出口国；森林覆盖率为54%，蓄材26.4亿 m^3；平均年可利用的水力资源有2014万 kW，已开发81%。此外，在瑞典的北部和中部地区还有硫、铜、铅、锌、砷等矿，储量不大。

瑞典主要的工业部门有矿业、机械制造业、森林及造纸工业、电力设备、汽车、化工、电信、食品加工等。在保留传统特色产业的同时，瑞典的优势行业已转向技术集约度高的机械工业和化学工业，并大力发展信息、通信、生物、医药、环保等新兴产业。瑞典拥有自己的航空业、核工业、汽车制造业和军事工业，以及全球领先的电信业和医药研究能力。在软件开发、微电子、远程通信和光子领域，瑞典也居世界领先地位。

4.1.4 固体废物处理情况

2018年瑞典生活垃圾产生量约466万t，人均垃圾产生量约1.28kg/（人·d）。在瑞典，生活垃圾回收利用率和资源化利用率水平较高，其中回收利用量为 4400t/d，占总量的 34.6%；厨余垃圾、污泥、农业废物等有机固体废物通过堆肥产出沼气或混合肥料的生物处理量约 2100t/d，占总量的 16.2%；将垃圾转化为热能和电能的焚烧处理量为 6200t/d，占总量的 48.5%；填埋处置量约 85t/d，仅占总量的 0.7%，实现了只有不到 1% 的生活垃圾被送往填埋场。瑞典生活垃圾处理比例如图 4-1 所示。

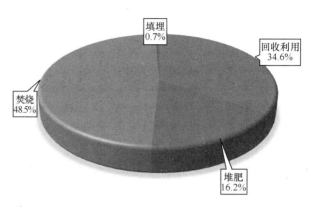

图 4-1　瑞典生活垃圾处理比例

在有机垃圾中，厨余垃圾产生量约 1200t/d，其主要处理方式是厌氧消化，产生的沼气作为可再生能源，供公交车大量使用。

4.2　主要举措

4.2.1　系统化的分类管理模式

瑞典有一套完整的环卫体系，能系统化地进行垃圾分类管理（图 4-2）。在瑞典，首先由清洁工人对特定的垃圾进行回收，市民可将家庭或活动中产生的生活垃圾投放到社区中配置的垃圾分类收集点，且不同类别的垃圾收集容器被标示不同的颜色，方便人们分门别类地投放垃圾。在分类运输过程中，为防止垃圾被混放污染，瑞典政府对收运商制定严格的考核制度，并在末端处理设施设置入场要求规范，若有混入的垃圾，则拒收。值得一提的是，瑞典率先探索了真空垃圾收集系统。该系统由地上的垃圾投放口、地下的运输管道以及中央收集站构成，垃圾桶连接地下管道，垃圾从垃圾桶直接进入管道运输系统，整个系统封闭且高效。这个系统可以将有机垃圾、可回收物和可燃垃圾进行全自动化处理，不同类型的垃圾被不同的管道运输分类收集并集中处理，有机垃圾被集中起来沤制生产沼

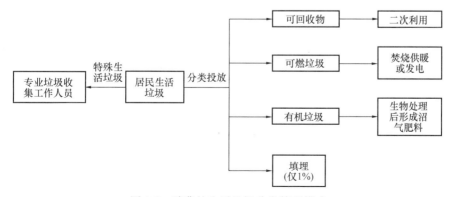

图 4-2　瑞典的生活垃圾分类管理模式

气或肥料，可回收垃圾诸如纸张和塑料瓶等被二次利用，其余的可燃烧垃圾用于焚烧供暖或发电，最后剩下无法处理的垃圾才会进行填埋。自动收集系统提高了垃圾运输的准确性，减少了运输垃圾时使用的人力和物力，大大缩短了垃圾堆放的时间，减少了垃圾收集不及时造成的环境污染。

4.2.2 零废弃计划法律制度建设

除了针对居民制定垃圾分类回收制度，瑞典政府还专门出台了针对生产者的"生产者责任延伸制度"，生产者按照法律规定有责任在产品上标注产品的回收方法，消费者有义务按照说明对使用后的产品进行回收处理。1994 年，瑞典政府首创"生产者责任延伸制度"，后续制定和出台了一系列法令，不断扩大"生产者责任延伸制度"的产品范围，垃圾分类程度也越来越高。

瑞典在处理生活垃圾的过程中，把"变垃圾为资源"作为原则，以将垃圾能源化视为导向，以垃圾减量化为目标，实现了垃圾的再利用。针对这一理念，瑞典自 20 世纪 90 年代开始，出台了一系列相关法律与监督机制。瑞典的垃圾分类法律制度分为两大部分：一部分是监管生活垃圾分类的法律，瑞典关于垃圾分类的法律开始于 1994 年出台的《废弃物收集与处置法》，通过不断实践和摸索，瑞典目前用于管理生活垃圾主要参考的法律为 1999 年出台的《国家环境保护法典》；另一部分是环保税收制度，瑞典的环保税有 70 多种，通过征收环保税，政府间接向家庭收取垃圾处理费用，进而促进了家庭减少垃圾产生量。

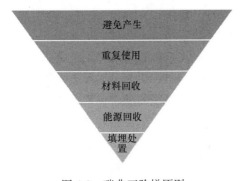

图 4-3 瑞典五阶梯原则

最后，在政策实践的不断更新中，瑞典形成了一套垃圾管理方法学，即垃圾处理优先级制度，也称为瑞典五阶梯原则，即"避免产生、重复使用、材料回收、能源回收、填埋处置"（图 4-3）。这套方法学符合《欧盟废物框架指令》，是能够实实在在提升城市垃圾管理水平、优化城市垃圾管理系统的科学依据，在很多欧洲国家均被采用。

4.2.3 激发多元主体实现资源循环

企业是瑞典资源循环利用过程中的重要力量，政府鼓励企业承担生活垃圾处理的部分工作，发挥市场能动性。利用企业形成垃圾分类与处理的产业链，可以提高垃圾分类的效率。瑞典为把垃圾分类变成一个完整的产业，建立了以政府、科研机构、企业、行业协会、社区等多方为主体的合作系统。在这个系统中，政府起主导作用，负责制定管理目标和相关法律法规，为大型企业发放许可证等；居民与社区负责垃圾的源头分类工作；企业主要负责垃圾的分类回收、运输以及处理，其中收集和运输主要由私营企业负责，能源化和资源化处理则由公有制企业负责；研究所、大学等科研机构在这个系统中扮演研发者的角色，通过研发新的技术和工艺，不断优化整个垃圾处理系统。此外，瑞典还专门设立了废弃物管理协会，用于促进不同层面的机构与人员之间的信息交流与共享。通过政府与企业、行业协会、科研机构等组织的团结协作，瑞典把垃圾分类处理变成了完整的产业，使得垃圾处理实现了协调、可持续的健康发展。把垃圾处理从一个世界性难题变成了一个能够产生社会效益、环境效益、经济效益的全民性产业。

4.2.4　引入生产者责任延伸制度

城市废弃物管理系统有效实现了从社区到处理中心的垃圾分类回收与再利用，但这种方式并没有触及废弃物产生的根本机制，因此，无法从源头扭转废弃物日益增长的趋势。

1988 年，托马斯·林赫斯特在对瑞典环境部的报告中首次提出生产者责任延伸制度（Extended Producer Responsibility）的概念，试图通过重新划分废弃物管理的责任，让生产者对其产品承担更多废弃物管理的责任，从而激励企业从产品全生命周期的角度考虑资源效率和环境影响。

在现实中，一些企业联合起来建立生产者责任组织，共同承担产品废弃后的回收责任。其中一些生产者责任组织的回收体系也进入社区之中，成为与城市废弃物管理系统相平行的另外一个废弃物回收与循环利用体系。生产者责任组织的回收系统与城市废弃物管理的回收系统有一定的交叉和重叠。

生产者责任延伸制度的引入，一方面为地方公共废弃物管理系统增加了一定的资金来源，另一方面促使企业有动力通过改进产品设计和商业模式的创新减少废弃物的产生，提高材料的可循环利用性。

以电子垃圾回收为例，瑞典的电子垃圾回收率为 51.6％，是世界上最高的国家之一。这方面，瑞典都做了下列工作：

其一是以法规明确每个利益相关者的角色和责任。确立生产者责任延伸制度，促进利益相关者进行密切合作，这是瑞典电子垃圾回收系统成功的关键。在规定中，生产商必须与有执照的电子垃圾回收商合作，在一个与市政府合作设计的回收体系中运作。此外，生产者还有义务通过产品标签告知消费者如何、为何以及在何处回收电子垃圾。每年，电子产品的生产者还要报告相关的统计数据，包括每年进入市场的产品吨数，按类别收集的吨数，收集到的电子垃圾的再利用、回收和处置率，出口吨数和处理技术等相关数据。数据透明化帮助大众了解到电子垃圾的回收和处置情况，具有公众监督的作用，也便于政府进行实时的政策调节。

其二是构建便捷的回收网络系统。瑞典电子垃圾回收系统的分布比较合理，便于进行垃圾的回收工作，政府会随着时间和周边情况不断调整回收网点的收集方式、种类和位置。有关回收的信息在市政当局或回收组织的网站上很容易找到，例如，斯德哥尔摩市的网页展示了 130 种不同的电子垃圾的处理方式和地点，包括游戏机、键盘、华夫饼机和按摩浴缸等。同时，瑞典的电子垃圾回收系统还提供多种回收渠道。瑞典共有 580 个有人值守的回收中心，消费者可以把电子垃圾和其他可回收废弃物材料带去进行回收；在路边回收站、商店、商场、公寓和公共场所，还有超过 1 万个电池鸟巢用于回收电池；此外，瑞典的小型零售商还被明确有义务采取"一对一回收"制度，即每当有一件电子产品销售出去时，商店必须回收到相同类型的电子垃圾。规模较大的零售商则必须负责收集长度不超过 25cm 的电子垃圾。

其三是透明的数据收集和共享。瑞典有专门系统可以跟踪和监测电子垃圾产生和处理的数量、废弃物构成以及收集和回收方法。电子产品的生产者必须报告并公开大部分相关统计数据。这样可以帮助政府评估和设定电子垃圾回收率，为有效决策提供基础。这还有助于确保整个回收流程中的操作遵守相关政策。同时，相关数据可以不断更新方案，改进回收流程，并在整个回收产业链中创造新的机会。

其四是广泛的回收运动和公众支持。瑞典的电子垃圾生产者责任延伸制度要求参与回收计划的各利益相关方告知并教育消费者为什么以及如何分离和回收他们的电子垃圾。因此，每个利益相关方都会在当地或全国范围内开展很多活动，这使瑞典人从各种渠道获得了大量信息，这些行动向公众明确传达了"回收是垃圾处理链条乃至环境产业中的优先事项"这一信息。

4.3 实施效果

4.3.1 生活垃圾填埋量和碳排放量大幅削减

全球有 59% 的国家的垃圾是以填埋为主。这意味着世界上大多数国家填埋后的垃圾都会释放出有害物质，污染土壤和地下水，还会释放有害气体产生温室气体效应。1975 年，瑞典只有 38% 的家庭垃圾被回收。目前，瑞典仅有不到 1% 的生活垃圾进入填埋，而 99% 的废弃物得到回收再利用，其中，50.2% 的生活垃圾通过焚烧发电能源化利用；有 33.8% 的生活垃圾作为原料资源再生利用，还有 16.52 万 t 的建筑材料再生利用。截至目前，瑞典年人均垃圾填埋量为 3kg。

此外，自 1990～2019 年，废弃物处理产生的温室气体排放量由约 3800 万 t 当量削减到 1094 万 t 当量，减少了 71%，且仅占瑞典全国温室气体排放总量的 2.30%（图 4-4）。其中，单垃圾填埋场一项的温室气体排放量就减少了 81%，通过回收利用和焚烧发电的方式大幅削减了向大气中排放的甲烷。

4.3.2 形成广泛参与的垃圾减量分类社会文化

资源循环利用已成为瑞典大众生活方式的一部分，每个家庭都非常认真地对废弃物进行分类。家庭废弃物大致可分为 10～15 类，即：厨余垃圾、花园废弃物、包装物（金属、纸质、玻璃、塑料）、电器、报纸、有害垃圾、药品、轮胎、电池、大件物品等。其中，有 7 类属于生产者责任延伸制度回收。而每个家庭也会尽心尽力将垃圾分得很细致。此外，瑞典政府为了呼吁公众减少食物浪费，从而减少食物垃圾产生，发起了食物分享全民行动，通过相应手机 APP，居民可将家庭当天产生的剩余食物上传，免费或低价出售给有需要的用户；餐饮商铺也可以通过这款手机 APP 将当天产生的剩余食物，按市场价的 1/3 出售；同时政府发动公众给身边的商户普及这一行动和 APP，鼓励商家把剩余食物线

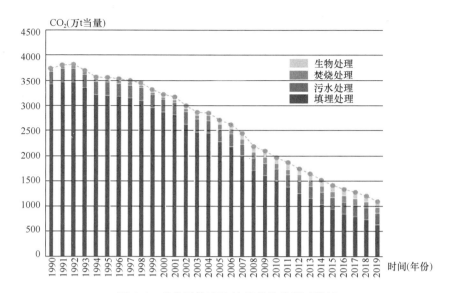

图 4-4　瑞典固体废物处理碳排放削减统计

（图片来源：https：//zerowastestockholm. org/articles/how-do-waste-management-and-incineration-in-sweden-contribute-to-climate-change）

上分享。通过这一行动，使得公众可以较为方便地分享和享用剩余食物，从而减少食物垃圾产生（图 4-5）。

图 4-5　瑞典剩余食物分享社会行动

（图片来源：https：//www. toogoodtogo. com/en-ca）

4.3.3 形成便利的市政回收中心网络

瑞典约有 600 个市政回收中心（Municipal Recycling Center），每年访问量约 2000 万人次。一般来说，每个居民区不到 1.61km 就有一个市政回收中心（图 4-6）。市政回收中心不负责回收和处理生产者责任延伸制度下的 7 类废弃物。市政回收中心只负责居民家庭生活垃圾回收、运输和处理，如厨余垃圾、花园废弃物、废旧纺织品、大件废弃物、危险废物等。对于较难回收的大型物品，如家具或电子产品，瑞典人会送到郊区专业回收中心。而商业和工业废弃物由营利性商业机构负责回收和处理。

图 4-6　瑞典斯德哥尔摩社区市政回收中心一角

（图片来源：https：//www.naturvardsverket.se/4a603b/contentassets/
18c7031d1ff54d4a8b42b185bdfe3381/978-91-620-8784-5.pdf)

4.3.4 探索前沿无废技术应用于示范社区建设

瑞典斯德哥尔摩市在 20 世纪 80 年代初就开始探索生态城模式，并选取了一处滨海湾空间——哈默比，探索试点建设生态城（图 4-7）。在此之前，该区原本是港口与工业区。

图 4-7　哈默比生态城真空垃圾收集系统图

（图片来源：https：//www.urbangreenbluegrids.com/projects/hammarby-sjostad-stockholm-sweden/）

随着在 20 世纪 70 年代末居民对住宅的需求越来越高时，政府开始致力于将整个片区改建成一个大型居民住宅区。如今哈默比生态城已建成一个约 $2km^2$ 的可持续发展全球典范社区，拥有再生能源、物质能量循环、低碳交通出行等众多可持续低碳示范项目，其中就有垃圾真空收集系统的应用。该系统服务覆盖哈默比城约 $2km^2$ 的用地，共有 1.1 万座公寓，有约 2.6 万居民及外来 1 万人工作，覆盖了当地约 2400 户住户，收集规模达 26.7t/d。垃圾分三类：可回收垃圾、不可回收垃圾、有机垃圾。投放口数量达 688 个，管道总长 30100m。该项目自建成后稳定运行至今，并成为联合国生态居住示范项目。

4.4　可借鉴经验

4.4.1　建立系统化的生活垃圾管理系统

政府建立完善的垃圾分类与处理系统迫在眉睫，刻不容缓。只有政府建立完善的垃圾处理系统，生活垃圾才能被妥善处置，通过系统化的处理，才能实现城市生活垃圾的无害化、资源化、减量化目标。把集中焚烧和填埋变为分类收集、分类运输、分类回收、分类处理，使垃圾最大限度地资源化，促进城市的进一步可持续、稳定发展。瑞典有着十分便利的垃圾回收中心，每个居民区不到 1.61km 就有一个市政回收中心。全国约有 600 个市政回收中心。相比之下，我国生活垃圾分类管理的基础设施数量和分布密度远远不足，垃圾的分类运输未匹配前端分类收集，进而出现垃圾"先分后合"的现象。同时，瑞典政府定期对固体废物处理进行全过程跟踪统计，定期披露相关统计信息和报告，能让公众及时了解国家在无废城市建设过程中的成效，促进和鼓励了全社会参与。

4.4.2　完善零废弃计划的法律体系

我国目前的法律中，涉及垃圾处理的主要有《环境保护法》《固体废物污染环境防治法》《城市生活垃圾管理办法》等，但这些法律普遍是上位法，仍缺乏针对垃圾分类奖惩机制的详细条款。而瑞典在上位法、各地区法律法规及各项执法规则方面都有详细的法律法规体系，为基层执法提供了充足的法律依据。因此，要想从根源上解决垃圾分类问题，政府需配套出台可供依据的法律条款，以法律的强制性监管企业或公民的行为，对严重破坏或者阻碍垃圾分类处理的人或组织进行惩罚，对为无废城市建设作出贡献的人或组织，政府也应给予一定的奖励。除了完善的法律法规，还需要相应的监督管理制度，完善行政与社会之间的联动机制，确保无废城市各项政策的实施。

4.4.3　积极拓展与企业的密切合作

我国的垃圾产生种类繁多，大部分类别的垃圾收运处理等工作属于公共事业，主要由政府承担，因此，政府在当前的无废城市建设工作中处于绝对的支配地位。但无废城市建设绝不是政府的"独角戏"，更需要依靠市场的参与。过度强化政府在无废城市建设中的支配地位，给政府自身带来了沉重的负担，最典型的便是增加了政府的财政支出与人员负累。现有的政策和措施不够重视企业在无废城市建设中的重要作用。引导企业参与到无废城市建设中来，发挥市场的重要作用，不仅可以缓解政府的压力，还可以促进各类垃圾处理的产业化、规模化，提升资源的回收利用率。

企业作为社会现代化建设的中坚力量，在政府的带领下能够在建设无废城市中发挥出巨大的能量。但目前我国并没有打造出真正的垃圾分类处理产业，企业大多数愿意标榜自己的产品采用的材料为可回收再利用材料，却没有哪个企业乐于宣传自己的产品是利用回收二手材料进行生产的。垃圾处理其实需要的是高精尖的技术和产业，但却常常被人误解为低端的、肮脏的、上不了台面的产业。我国政府应当通过奖励政策和减免税收政策鼓励企业进行垃圾分类与处理的技术开发，鼓励更多企业参与到构建无废城市的事业中来。政府和企业联合打造出一条完整的产业链，让垃圾分类与处理不再是难题和负担，把它变成为民众带来美好生活和为企业带来真正利润的国家优秀产业。

4.4.4 探索生产者责任延伸制度

随着我国城市经济发展水平的不断提升，废弃物量不断增长，处理难度增加，处理设施的邻避问题日渐突出，探索新的废弃物管理机制，从源头激励废弃物减量和促进循环利用的需求也越来越紧迫。瑞典引入生产者责任延伸制度的经验对我国当前城市循环经济体系建设具有特别重要的借鉴意义。

《生产者责任延伸制度推行方案》率先确定对电器电子、汽车、铅酸蓄电池和包装物等4类产品实施生产者责任延伸制度。这一政策将对我国城市目前现有传统资源再生和废弃物管理系统带来显著的冲击，再生利用和废弃物处理的设施、回收体系的空间布局和运营模式等都将在新的责任划分原则下，面临结构调整和利益重组。

比较而言，瑞典是在已经相对完善的城市废弃物管理系统上增加生产者责任延伸制度，作为现有的废弃物管理系统的资金和回收渠道的补充，而中国原有城市废弃物管理系统的建设并不完善，给生产者责任延伸制度提供了更大的创新和发展空间。发挥相关主体的主动创造性，共同推进城市和社区向着"零废弃"的目标发展，是中国探索城市可持续发展的重要方向。

4.4.5 探索新型处理技术

瑞典在利用垃圾生产沼气并提纯为生物天然气方面的技术十分先进。沼气可以替代化石能源进行供能，对大多数人来说这并不是一个陌生的名词，我国的一些农村地区也有可以利用畜禽粪便等废料生产沼气的家用设施，一些畜禽养殖场也会建设中小型的沼气生产设施。但是在瑞典，利用有机垃圾生产沼气一般是大型工程。瑞典当前的技术工艺可以将沼气提纯为甲烷含量占比达到97%的生物天然气，并将其注入公交车作为燃料进行使用。

将提纯后的沼气应用于交通领域这方面，瑞典也较为领先。瑞典目前超过50%的沼气都提纯并用作汽车燃气，首都斯德哥尔摩的公交车有一半以上使用沼气燃气。由此，以"垃圾产沼"为依托，瑞典就形成了生物燃气系统一体化解决方案。瑞典的沼气产业链很值得推广到更多国家，这不仅是将垃圾进行资源化利用的高效方法，其生产的可再生能源更是对碳中和、控制气候变化等政策的有效实践。

4.4.6　构建基于生态效益的垃圾管理系统

实现可持续发展的前提是预先的评估和基于评估的规划。比如瑞典比较重视应用全生命周期评价的方法去评价垃圾管理体系，看究竟哪些垃圾处理方式的组合对环境影响最小、经济效益最好。为此他们开发出一套叫作 WAMPS（垃圾管理规划系统）的软件，能够从全生命周期的角度来计算不同垃圾管理方式的碳排放、气体污染排放、水污染排放等各种环境因素，给政府决策者或投资者提供决策和规划依据。基于生态效益的管理系统实现有效运转后，就能进一步挖掘出经济效益。比如，近几年，随着发展中国家陆续限制"洋垃圾"进口，不少发达国家开始面临垃圾危机。这些国家没有能力处理自己产生的全部垃圾，又很难将垃圾运到发展中国家处理，以至于曾出现过拉着垃圾的货轮在海上漂荡，因为垃圾禁令无处靠岸的情况。相比之下，瑞典凭借成熟的垃圾管理系统，不仅有能力处理自己的垃圾，甚至还会主动进口"洋垃圾"，把垃圾处理做成国际商贸中的一项服务。在让垃圾出口国支付垃圾处理费的同时，经过资源化处理的进口垃圾还可以满足瑞典的大量供暖需求。这种将环保产业发展成可持续经济的"一石二鸟"思路，非常值得在国际上进行推广。

第 5 章　日本循环型社会计划

5.1　基本情况

日本国土面积狭小、资源匮乏且自然灾害频发。因此，日本民众普遍具有一种危机意识和忧患意识，且在日常生活中养成了一种珍惜资源、勤俭节约的习惯。第二次世界大战后，日本一度沿用的是大量生产、大量消费、大量废弃的经济发展模式。这一传统的发展模式虽然让日本经济在短时期内取得了辉煌成就，也让日本付出了惨痛代价，并促使日本政府反思"大量生产、大量消费、大量废弃"这一不可持续的经济发展模式，下决心走一条经济与环境并重的可循环发展道路。进入 21 世纪以后，在世界气候变化的大背景下，日本人积极思考和探索人与自然如何和谐共处，在经济发展与环境保护、资源循环利用之间寻找平衡点。

20 世纪 90 年代以来，国际社会对循环经济、可持续发展越来越重视，大量消耗资源引起的全球气候变化已成为 21 世纪人类发展的重要挑战。善待地球、珍惜资源、实现经济社会的可持续发展已成为国际社会的共识。1992 年在里约热内卢召开的联合国环境与发展大会讨论并通过了《里约环境与发展宣言》（又称《地球宪章》），提出了可持续发展的目标，呼吁改变现有的生活和消费方式，实现人与自然、人与人和谐相处、和平共处的美好愿景。这次大会在日本被广泛报道，民众对环境问题的关心愈加高涨。1993 年，日本出台了环境保护的根本大法《环境基本法》，日本民众也认识到环境治理需要国际社会通力合作，日本应为全球可持续发展目标做出自己的贡献。1997 年，日本作为主席国在制定《京都议定书》方面发挥了积极作用。

5.2　主要举措

5.2.1　基于循环型社会发展的废弃物管理法规

日本的无废社会建设工作，主要奠基在 2001 年全面施行的《循环型社会形成推进基本法》之上。该部法律旨在引导日本社会摆脱大规模生产、消费和丢弃的线性生产模式，转型迈向生产、分配销售、消费和最终处置等各阶段皆有效达成资源循环利用的社会（图 5-1）。该法要求政府和所有利益相关者积极行动，竭尽所能循环利用资源，防止产品沦为废弃物，并通过适当的最终处置，减少废弃物对环境所造成的负担。

作为上位法，《循环型社会形成推进基本法》为日本各级公私部门提供了有关废弃物处理和资源循环利用的指导性原则，要求利益相关者遵循 3R 原则——减量化（Reduce）、

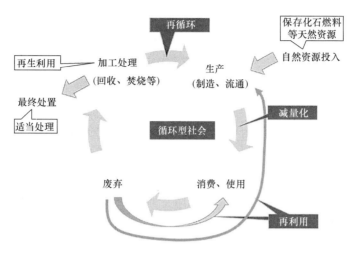

图 5-1　日本循环型社会示意图

再利用（Reuse）和再循环（Recycle）的优先顺序对废弃物进行处置，并在唯有上述措施确实无法实践时，才考虑将废弃物用于能源再生或送往最终处置。具体的执行细则和管理规范则详载于《资源有效利用促进法》和《废弃物处理法》两部法律文件中。

《循环型社会形成推进基本法》明确了以推进从生产到流通、消费、废弃过程的物质高效利用和回收处理为目的的基本框架；同时也成为《资源有效利用促进法》《废弃物处理法》以及《容器包装回收法》《家电回收法》《食品回收法》《建筑回收法》《汽车回收法》《小型家电回收法》《绿色采购法》等专业法的顶层框架（图 5-2）。

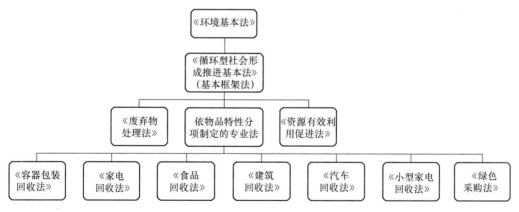

图 5-2　日本废弃物主要法规框架图

《资源有效利用促进法》对生产、消费、回收、再利用、安全处理等各个环节都有明确规定。针对资源节约、资源再生和产品再利用，该法明确了五个"特定的资源节约行业"和五个"特定再利用行业"。针对产品制造环节，指定资源化产品包括 6 大类 14 个品种，指定促进再利用产品包括 9 大类 52 个品种。针对产品回收环节，指定生产者、进口者分类回收产品，从回收产品的部件等进行再利用。针对生产中产生的副产物，作为再生资源回收利用，而不纳入《废弃物处理法》管理的范畴。

《废弃物处理法》将废弃物分为"产业废弃物"和"一般废弃物"两种。产业废弃物是指伴随企业活动所产生的废弃物中法令规定的 20 个种类，包括燃渣、污泥、废油、废酸、废碱等，排放企业负有处理责任，进行收集运输及处置的废弃物处理业原则上需要都道府县知事的批准。另一方面，一般废弃物也被称作"产业废弃物以外的废弃物"，即垃圾和粪便，按惯例市镇村负有处理责任，进行收集运输及处置的废弃物处理业原则上需要市镇村主任批准。《废弃物处理法》中除规定一般废弃物和产业废弃物的处理责任分担，还根据法律和相关标准推动制定无城市农村差异的全日本统一的废弃物处理设施、最终处置场（填埋场）的构造标准以及维护管理标准，创建了国库补助金制度，对处理设施建设项目进行补贴，推动了日本废弃物的规范处理。同时，积极推进市镇村的垃圾分类收集工作。

5.2.2　以计划为抓手持续推进循环型社会建设

为全面有计划地推动循环型社会建设的相关对策实施，日本政府制定了《循环型社会形成推进基本计划》（以下简称《基本计划》），该计划是建设循环型社会的路线图，确定建设的目标，明确各主体的建设任务，提出建设重点，并且每 5 年修改一次。在 2003 年、2008 年、2013 年和 2018 年分别对《基本计划》进行了 4 次修订。从内容上看，这 4 次对《基本计划》的修订体现了日本政府对建设循环型社会内涵理解的不断深化和具体任务的相应调整。例如，2018 年修订的《基本计划》将视野扩大到经济、社会层面，提出将循环型社会建设与可持续发展社会建设进行整合，通过循环共生圈给建设地区带来活力，在产品的整个生命周期实现彻底的资源循环等 7 方面内容，并提出相应的指标。

地方政府的责任主要是根据建立循环型社会的基本原则，采取必要措施，确保可循环资源得到适当的循环和处置，并在国家政策框架下，根据本辖区的自然和社会条件，制定和实施相关的地方性政策。

在一般废弃物管理方面，按照日本《废弃物处理法》规定，废弃物管理由全国 1800 多个市町村负责。日本市町村政府综合考虑本地区垃圾产生现状、处理方法、处理设施位置、气象条件、交通状况、地区特点等，制定符合各地实际情况的一般废弃物处理计划。在具体操作方面，各个市町村可以自行建设处置设施，也可以由多个市町村联合起来共建生活垃圾焚烧或填埋处置设施。

5.3　实施效果

2000 年以后，日本彻底告别了大量生产、大量消费和大量废弃型的社会经济模式，走上了一条构建人与自然和谐共生的循环型社会与可持续发展的道路。构建循环型社会的基本法和计划相继出台，使日本成为世界上循环经济立法最为完善的国家。减量化（Reduce）、再利用（Reuse）、再循环（Recycle）的"3R"成为实现经济与环境双向发展的循环型社会不可或缺的三大要素。这一时期，大城市的资源分类回收更加细化，可燃垃圾、不可燃垃圾、资源垃圾、粗大垃圾、不可回收垃圾、塑料包装类垃圾、家电、临时性大量垃圾等的区分，让垃圾处理更为科学、高效。垃圾排放量逐渐呈现减少态势。这一时期，垃圾分类收集以及再生利用取得了不错的成绩。根据一般社团法人塑料循环利用协会的统计，2016 年，塑料生产量为 1075 万 t，日本国内消费量为 980 万 t，估算废旧塑料的总排放量为 899 万 t，对废旧塑料的有效再使用率约为 84％。与此同时，实施垃圾分类和垃圾减量的自治体也让老百姓从中得到了实惠。例如，厨余垃圾等处理过程中产生的电能和热能在公共设施中重新得到利用，自治体在垃圾处理上节省的经费被扩充到了其他福利领域。

《基本计划》为日本全国废弃物管理提供中长期政策指引。2018 年修订后的《基本计划》提出了六大重点工作方向，并将日本的整体发展愿景定为"以可持续的方式使用资源，将经济社会造成的影响控制在地球环境负荷限度内，确保人人享有健康安全的生活，同时保障生态环境系统"。该计划针对六大重点工作方向提出了相应的量化目标：2025 年资源生产率达 49 万日元/t、人日均废弃物量 850g、废弃物最终处置量减少至 13000 万 t（相比 2000 年减少 77％）、循环市场规模相比 2000 年成长两倍，以及在 2030 年家庭餐厨废弃物相比 2000 年减半。

日本从 2000 年开始推动循环型社会建设，已经坚持了 20 多年，并在国家和地方政府积极引领、产业界和民众的积极参与下，取得明显成效：在源头减量方面，一般废弃物（生活垃圾）、产业废弃物的产生量分别于 2000 年、2005 年左右开始减少，预计 2025 年入口侧循环利用率可达 18％，出口侧循环利用率可达 47％，最终处置量将控制在 1300 万 t。

2017 年 7 月，生态环境部和国家标准化管理委员会分别通知世界贸易组织（WTO），中国将于 2018 年 1 月 1 日起开始禁止进口 24 种垃圾。中国的一纸禁令，给日本资源循环利用体系造成了巨大的压力。如日本环境省针对中国禁止进口"洋垃圾"造成的影响，分析指出，日本塑料资源循环模式由此发生重大转变，从过去"混合回收→简单分类→破碎、挤压→出口给中国等发展中国家"的模式，转变为今后"初步分类回收→高度分类→洗净→原材料化→国内资源循环"模式，并为实现这一目标，采取了相应的配套设施和措施，对引进循环利用设备进行国库补贴、扩大补贴对象，将预算规模从 2017 年的 4 亿日元提升至 2018 年的 15 亿日元。

5.4　可借鉴经验

日本循环型社会建设早于我国无废城市建设近 20 年，因此有较多的经验值得借鉴，本书主要总结了图 5-3 所列的 5 点。

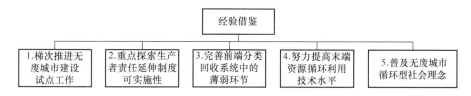

图 5-3　经验借鉴总结示意图

5.4.1 梯次推进无废城市建设试点工作

日本在建设循环型社会上目标清晰，层层推进。1998 年，日本政府制订的《新千年计划》，把实现循环型社会作为 21 世纪日本经济社会发展的目标，将 2000 年定为"循环型社会元年"。2000 年出台的《循环型社会形成推进基本法》以立法的形式把抑制自然资源的开采和使用、降低对环境的负荷、建设循环型的可持续发展社会作为日本发展的总体目标。该法明确了国家、地方政府、民间团体、企业、国民各自的职责，提出了"低碳社会""循环型社会"和"人与自然共生社会"的愿景。各自治体也纷纷制定并出台措施，展开了各种有益的探索。我国可借鉴开展无废城市建设试点梯次推进总体目标，探索期阶段在首批无废城市试点的基础上，重点加强后续无废城市试点，形成可复制、可推广建设模式；推广期阶段通过在省域、市域和区域梯次推进，形成一批具有典型带动示范作用的综合管理制度和建设模式；实现期阶段在全国范围内全面推开，部分试点城市固体废物环境管理能够达到国际先进水平，实现环境效益、经济效益和社会效益多赢，建成无废社会。

进入 21 世纪以来，日本将建设循环型社会作为国家战略，滚动制定实施了 4 次国家计划。在理念上，始终坚持将使用尽可能少的资源生产所有人需要的食物和物品，珍惜资源，将构建资源产出率高的循环型社会作为长期奋斗目标。在职责分工上，地方政府（特别是基层的市町村）在地区的循环型社会形成方面承担着核心作用，在对固体废物进行合理循环利用处理以及各主体间的协调上发挥着重要作用，包括对地区循环资源、可再生资源、储备资源状况进行分析，构建与地区居民、企事业单位、社会组织、有识之士合作的机制，根据地区特点，主导制定地区循环共生圈的机制。这与我国以城市为对象，通过市委、市政府牵头建立多部门协调机制推动试点工作的方式是相类似的。在指标体系上，日本提出反应循环型社会建设整体成效的综合性指标（资源产出率、入口侧和出口侧循环利用率、最终填埋量 4 个代表性指标）和实现循环型社会相关任务项目的措施指标（51 个代表性指标，96 个辅助性指标）。这些指标可为我们在完善无废城市建设指标体系，建立成效指标体系方面提供借鉴。

5.4.2 重点探索生产者责任延伸制度可实施性

日本针对容器包装、大型家电、汽车、建筑废弃物、食品行业分别制定法律，并在针对不同行业的法律中均明确了生产者责任延伸制度，但在责任划分上有所差别。《容器包装回收法》规定容器包装的再商品化责任主要由生产者承担。《家电回收法》规定零售商负责回收消费者的废旧家电并将回收的家电交给生产者，消费者在丢弃电视、冰箱、洗衣机等电器之前，需要联系销售商或者家电回收利用受理中心处理，并支付费用。《汽车回收法》确定氟利昂、安全气囊、破碎渣三个指定回收物品的回收处理责任由生产者（包括制造商和进口商）承担，汽车生产商有义务回收废旧汽车，进行资源再利用。《建筑回收法》促进了水泥、沥青、木屑等建筑材料的再利用。在具体实施上，主要是由生产者和行业协会落实监督企业、监管资金的任务。政府更多的是负责制定回收目标以及对于完成相关目标的地方政府或企业予以必要的资金奖励或支持。

与日本相比，我国 2007 年发布的《电子废物污染环境防治管理办法》第十四条：电子电器产品、电子电气设备的生产者、进口者和销售者，应当依据国家有关规定建立回收系统，回收废弃产品或者设备，并负责以环境无害化方式贮存、利用或者处置。2016 年，《商务部等 6 部门关于推进再生资源回收行业转型升级的意见》，提出推广"互联网＋回收"的新模式、探索两网协同发展的新机制、提高组织化的新途径、探索逆向物流的新方式、鼓励应用分拣加工新技术等推进再生资源回收行业转型升级的意见。2019 年《报废机动车回收管理办法》放开了"五大总成"（发动机、方向机、变速器、前后桥、车架）的再制造、再利用，删除了报废机动车的收购价格参照废旧金属价格计价的规定，但未对具体的资源利用等做出详细规定。建议在前期大量调查现状进行彻底摸底的基础上，建立相关法规探索生产者责任延伸制度，明确以生产者为中心以及所有者、销售者、解体者、破碎者、资源化再利用者、信息管理中心等相关关系者各自的责任及义务。建议在制度设计上和具体实施上，借鉴日本的经验和做法，创造良好的生产者责任延伸制度的实施环境，充分发挥产业、行业协会的积极性、主动性，不断提高管理部门的监管能力和生产者责任延伸制度运行的规范性，加快推动源头绿色设计与废物高效回收。

5.4.3　完善前端分类回收系统中薄弱环节

在日本，荧光灯的普及率很高，每年的荧光灯产量高达上亿只。2001 年，日本颁布实施了《资源有效利用促进法》，将废弃荧光灯列入可回收利用产品，成为可循环利用资源。对居民来说，可通过两种方式来实现荧光灯管的回收。部分地区居民更换荧光灯管的方式为以旧换新，即凭借旧的灯管到售卖荧光灯管的商家购买新的荧光灯管，废旧荧光灯管再由商家统一收集起来。通过"以旧换新"的模式，构建起荧光灯管回收的网络体系。另一部分则是按照生活垃圾分类的指引，用单独的箱子或者纸盒装起来，由回收公司进行回收。

日本高校对实验室化学危险品、危险化学废弃物有着严格的管理。部分日本高校的实验室用品由学校指定有资质的机构统一采购，有效地避免了多渠道购买引起危险化学品在数量和质量上失控，从源头上减少安全隐患。对在实验室中产生的大量危险化学废弃物和其他实验室废弃物，则需根据废弃物处置指导书的规定在各个实验室内进行分类收集整理，再由学校专门机构进行回收，并交国家相关机构进行处理。根据学校统一规定，各个实验室设有专人对其进行定期安全检查，有详细的实验室安全检查记录。检查记录悬挂在实验室门外，便于实验室安全检查人员进行检查，这样既可以方便安全检查人员随时检查实验室安全工作的执行情况，又尽可能避免因为检查干扰正常的实验室工作。在平时的安全、环保管理中，各个院系如发生实验室安全方面的事故要向全系师生员工通报，以引起大家对实验室安全方面的重视。

近年来，我国垃圾分类正在全国各地轰轰烈烈地展开，大众对垃圾分类、环境保护的认识不断提高。但部分管理属于薄弱环节，如生活中的有害垃圾回收以及实验室废弃物管理等。因此，树立理念、加强管理，建立完善的分类回收系统是重点。根据发达国家及地区的经验，强制约束和正向激励相结合是公认的推进分类工作行之有效的方法。针对居民可适当采取正向激励方式，针对高校应结合实际情况严格建立实验室废弃物管理规定。

5.4.4 努力提高末端资源循环利用技术水平

日本受土地资源的限制，为了有效控制危险废弃物的填埋量，熔融焚烧技术得到广泛应用。日本主要把生活垃圾焚烧残渣、普通废弃物焚烧残渣（包括飞灰），采用高炉或者熔融焚烧炉二次熔融的方式熔融处理，减少填埋量，并通过零排放实现产业废弃物处理和有色金属回收。如日本利用有色金属冶炼技术，包括高温热解处理法和高温熔化处理法，在1500℃的高温下加热熔化，收集有价值的金属，如铜、金、银等。同时有害的重金属以非常稳定的状态包裹在玻璃状炉渣中，以防止从外部洗脱。此外，废石棉通过利用炉渣的高温熔融特性对其解毒。在炉子中，诸如铜的有价值的组分被浓缩在铜垫中，诸如铁和二氧化硅的组分被转化成炉渣并且通过比重进行分离。炉渣用作沉箱（填料）和水泥原料，可以说高温熔融处置设施是无二次废物的优质资源回收设施。

我国很多发达城市土地资源紧缺，建议促进高温熔融处置设施建设与发展，加强公众参与，鼓励新建和改建的集中处置设施采用此技术。借鉴日本高温熔融法收集有价值的金属，炉渣用作沉箱（填料）和水泥原料等资源化回收利用方式，实现零排放。

5.4.5 普及无废城市循环型社会理念

在推动循环型社会建设的过程中，日本特别注重社会团体和民众的支持理解和广泛参与。在立法方面，《废弃物处理法》及《循环型社会形成推进基本法》都明确了国民在减少固体废物上的责任，即：国民必须通过控制废弃物的排放、使用再生产品等，促进废弃物的再生利用，分类排放废弃物，尽可能自行处置其产生的废弃物等，必须配合国家及地方公共团体有关废弃物的减量及其他合理处置的部署。在加强宣传教育方面，日本非常重视环保科普教育基地和市民教育基地建设。我们参观的所有生活垃圾焚烧厂和废物处理工厂都设有参观通道，准备有文字、音像宣传资料，供市民和来访者学习。

日本推动循环型社会建设的经验充分体现了无废城市建设需要全社会的支持参与。"无废文化"的培育需要常抓不懈，要动员大家从局外人、旁观者、评论家转变为宣传者、参与者、实干家。建议国家和试点城市加大无废城市宣传力度，通过新闻、讲座、走进社区等多种形式向社会推广无废城市理念，使公众积极投入生活垃圾分类、减少废塑料制品使用等具体的环境保护工作中，促进"无废家庭""无废社区""无废街道""无废饭店""无废机关"等"无废城市细胞"创建活动，逐步形成绿色生活方式，促进形成特色鲜明的"无废文化"。鼓励垃圾焚烧厂、填埋场等处理企业增强社会责任感，主动向社会开放参观渠道，并加强信息公开，积极接受社会组织和公众监督，有效避免"邻避效应"。

无废城市的实现需要民众改变传统的生活习惯和消费方式，树立可持续生存观、发展观、消费观和幸福观。因此，应加大宣传力度，可考虑设立"无废城市宣传周"，在宣传周期间，政府、民间、学校、社区开展各种活动，宣传环境保护和可持续发展理念，鼓励民众自觉践行垃圾分类、垃圾减量，使用绿色低碳产品，抵制食品浪费和过度包装等。

第 6 章　新加坡零废弃国度战略

6.1　基本情况

6.1.1　城市概况

新加坡是东南亚一个高度城市化和工业化的小岛屿国家。新加坡属于资本主义发达国家，被誉为"亚洲四小龙"之一，根据中国（深圳）综合开发研究院与英国智库 Z/Yen 集团联合发布的"第 29 期全球金融中心指数（GFCI29）"排名报告，新加坡是继纽约、伦敦、中国上海、中国香港之后的第五大国际金融中心，也是亚洲重要的服务和航运中心之一。新加坡是东南亚国家联盟（ASEAN）成员国之一，也是世界贸易组织（WTO）、英联邦以及亚洲太平洋经济合作组织（APEC）成员经济体之一，国际地位显著。新加坡整个城市在绿化和环境卫生方面效果显著，故有花园城市之美称。

6.1.2　自然条件

新加坡位于马来半岛南端，毗邻马六甲海峡，北隔柔佛海峡与马来西亚相邻，南隔新加坡海峡与印度尼西亚相望，由新加坡岛及附近 63 个小岛组成，其中新加坡岛占全国面积的 88.5%。新加坡地势起伏和缓，其西部和中部地区由丘陵地区构成，平均海拔 15m，最高海拔 163m，海岸线长 193km。地处热带，长年受赤道低压带控制，属热带海洋性气候，常年高温潮湿多雨。年平均气温 23～34℃，日平均气温 26.8℃，年均降水量在 2400mm 左右，湿度为 65%～90%。新加坡共有 32 条主要河流，最长河道为加冷河。

6.1.3　经济条件

新加坡凭借优越的地理位置，已成为亚洲的重要航运中心之一，也是重要的国际金融中心、航空中心。1960～1984 年，新加坡国内生产总值（GDP）年均增长 9%。受 2008 年国际金融危机影响，新加坡金融、贸易、制造、旅游等多个产业遭到冲击。为此，新加坡政府采取积极应对措施，推出新一轮刺激经济政策，促使经济恢复增长，2010 年 GDP 增速曾一度高达 14.5%。2011 年受欧债危机负面影响，新加坡经济增长再度放缓，2012～2016 年间 GDP 增速为 1%～2%，2017 年 GDP 增长 3.6%。2018 年新加坡 GDP 为 4911.7 亿美元，较 2017 年增长 4.9%。2019 年以来，受国际贸易保护主义影响，特别是中美经贸摩擦等因素的影响，高度依赖外部市场的新加坡经济运行不确定因素明显增加。整体来说，新加坡经济比较强盛，属于亚洲为数不多的发达国家之一。

6.1.4 固体废物处置概况

1. 固体废物管理体系

新加坡固体废物类型分为一般固体废物和危险废弃物，其管理部门为环境与水资源部下属的国家环境局（NEA），该局设有环境卫生公共署、3P网络服务署、企业服务和发展署、人力资源部门、企业公关部门、政策与规划部门、环境保护部门、环境公共卫生部门、新加坡气象局、战略发展和改革办公室、环境技术办公室、产业发展和推广办公室、小贩中心办公室及新加坡环境研究所。国家环境局的主要职责是规划、开发和管理新加坡的一般固体废物和危险废弃物管理系统（图6-1），包括许可和监管职能，以确保正确收集、处理和处置固体废物。

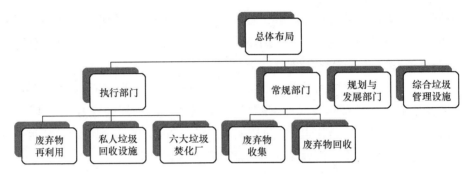

图6-1 新加坡一般固体废物和危险废物管理系统一览图

新加坡固体废物管理经历了从填埋到焚烧再到源头减量与循环利用的转变。新加坡土地资源稀缺，导致垃圾填埋场的处理能力非常有限，难以实现可持续发展，因而填埋不是一种理想的处理方法。相比之下，固体废物焚烧虽然成本高得多，但能够最大限度地减少进入填埋场的废物量，大大增强了新加坡的固体废物处理能力，因此，20世纪90年代之后固体废物焚烧是新加坡垃圾处理的重中之重。在积极发展固体废物焚烧产业的同时，新加坡一直同步积极推动3R计划。《新加坡可持续发展蓝图2015》提出了到2030年全国垃圾回收率达到70%的目标。

2. 产生情况

由于新加坡人口的迅速增长及经济高速发展，造成了固体废物产生量显著增加，固体废物产生量由1260t/d（1997年统计数据）增加至16110t/d（2020年统计数据），增长了近13倍。2020年，新冠肺炎疫情对废物产生和可回收物收集产生了影响。非必要的经济活动在断路期间暂停，由于人员流动受到限制，商品需求下降。人们在家工作、学习和吃饭。办公室、商业和工业场所产生的废弃物减少。非住宅区域回收的废弃物也减少。随着在线购物和家庭食品在断路期间获得市场份额，家庭处理了更多的包装垃圾。然而，国内部门的可回收物收集在2020年疫情高峰期被搁置，直到2020年第三季度才逐步重启。

总体而言，回收利用率从2019年的59%降至2020年的52%。除纸张、纸板废弃物外，其他废物流的回收利用率保持不变或有所提高。纸张回收利用率的下降也导致了整体回收利用率的下降。由于公共废弃物收集者（PWC）的可回收物收集计划（如垃圾换现金、挨家挨户收集、与学校和居民委员会中心的临时收集活动）在断路期间停止，因此，收集的纸张可回收物减少。这导致更多的包装废弃物被处理。新冠肺炎疫情还影响了其他废弃物的出口贸易，如黑色金属、玻璃废料、废轮胎等。总的来说，2020 年总体回收利用率的下降主要是由于产生和回收的黑色金属和建筑与拆除废弃物数量大大减少。虽然这两种废弃物的回收利用率没有变化，而且仍然很高，但这些废弃物数量的下降影响了总体回收利用率，因为它们在废弃物组合中占很大一部分。国内回收利用率从 2019 年的 17％降至 2020 年的 13％，而非国内回收利用率从 2019 年的 73％降至 2020 年的 68％。新加坡2020 年固体废物产生情况见表 6-1。

新加坡 2020 年固体废物产生一览表　　　　　　表 6-1

固体废物类型	总产生量 （×10³ t）	回收利用量 （×10³ t）	回收利用率 （％）	总处置量 （×10³ t）
纸张、纸板	1144	432	37.8	712
黑色金属	934	930	99.6	4
塑料	868	36	4.1	832
建筑垃圾	825	822	99.6	3
食品	665	126	19	539
园艺	313	249	80	64
木材	304	195	64	109
灰渣和污泥	228	16	7	212
纺织品、皮革	137	6	4	131
废渣	106	104	98	2
有色金属	75	73	97	2
玻璃废料	66	7	11	59
废轮胎	23	22	95.7	1
其他	193	21	11	172

3. 处置设施

目前，对于一般固体废物，新加坡有 4 座垃圾焚烧设施和 1 座垃圾填埋场。即大士焚烧厂、吉宝西格斯大士焚烧厂、大士南焚烧厂和森诺科焚烧厂以及实马高岛垃圾填埋场。焚烧设施处理后的飞灰和无法焚烧的固体废物可经转运站运往实马高岛垃圾填埋场进行无害化填埋处置。

实马高岛垃圾填埋场位于新加坡以南约 8km 处，一个周长 7km 的岩石外滩包围了三马考岛和沙坑岛附近的海域，总面积 350hm²，于 1999 年启用，总设计填埋库容约为6300 万 m³。无法焚烧的垃圾如建筑废料和垃圾焚化炉的底灰等，都可送到实马高岛垃圾填埋场处置。目前，岛上每天处置垃圾大约 2000t。按现在的趋势，可满足新加坡一直到2040 年的垃圾处理需求。实马高岛垃圾填埋场分为 11 个填埋区，填埋垃圾时，工作人员首先要将隔间中的海水抽干，然后将厚塑料铺在隔间内用来密封垃圾，防止泄漏(图 6-2、图 6-3)。每当一个分区的垃圾量填至两三米高时，政府会铺沙种草，并且保留大部分的海草区和珊瑚礁。为了使人们了解垃圾处理的重要性，更好地保护环境，新加坡国家环境局在实马高岛实行了一系列措施加强环保宣传。岛上还建设了新的太阳能和风能电力系统，

图 6-2　实马高岛垃圾填埋场作业空间

图 6-3　实马高岛垃圾填埋场休闲空间

优美的环境也吸引了越来越多的人，大量公众和学者到岛上进行生态研究、观鸟、垂钓和其他休闲活动。实马高岛垃圾填埋场不仅实现了垃圾处理功能，还能维持一个完整且活跃的自然生态系统。实马高岛垃圾填埋场的实践充分说明，垃圾填埋场不仅不是对土地的单纯消耗，还可以成为国家或城市独特的标识和财富。

6.2　主要举措

6.2.1　零废弃国度建设概况

新加坡零废弃国度建设经历了两个重要时期：一是 2014 年发布的《新加坡可持续发展蓝图 2015》（以下简称《蓝图》），标志着国家层面的无废城市总体规划出台，提出建设零废弃国家愿景和总体目标；二是 2019 年发布的《零废物总体规划》（以下简称《规划》）和专门针对食品、包装和电子废弃物管理的《可持续资源法案》（以下简称《法案》），作为无废城市建设专项规划和实施细则，进一步强化了总体目标，提出实现目标的主要措施，并对管理部门、责任主体和执法手段做出明确规定。这三个纲领性文件共同构成了新加坡废弃物管理顶层制度设计的有机整体。

《蓝图》提出"到 2030 年，废弃物综合回收率达到 70%，生活垃圾回收率从 2013 年的 20% 上升到 2030 年的 30%，非生活垃圾回收率从 2013 年的 77% 上升到 2030 年的 81%"。《规划》在此基础上进一步提出"每人每天不可回收垃圾从 2018 年的 0.36kg 减少到 2030 年的 0.25kg，相当于减少 30% 的飞灰和填埋垃圾"的宏伟目标。为实现总体目标，《法案》明确了食品、包装和电子废弃物管理三大优先领域，并提出三项具体目标：产品生产商应承担产品变成垃圾时的收集和处理费用；鼓励包装制造商实行包装减量、重复使用和循环利用；实行食品垃圾分类和妥善处理。《法案》还制定了 2020—2025 年的阶段性目标和路线图，2020 年前实行《包装强制报告制度》，2021 年前实行《电子废弃物生产者责任延伸制度》，2024 年起建立《食品垃圾强制分类处理制度》，2025 年前逐步建立《塑料和包装行业生产者责任延伸制度》。

6.2.2　健全的法律法规与严格的执法制度

新加坡政府首先制定了一系列固体废物处理的法规和标准，包括《环境保护和管理法》《环境公共健康（有毒工业废弃物）管理条例》《环境公共健康（一般废弃物收集）管理条例》等，对固体废物的收集、转运和处置进行了详细规定，确保了城市固体废物处理的规范运作。新加坡政府按照"有法必依、执法必严、严刑峻法"的原则实施社会管理，在环境领域也是如此，在各项环保相关法律中都有对违法者处以刑事处罚的条目规定，具体包括罚款、监禁、没收和鞭刑等。严厉的刑事处罚对违法违规者有着极强的震慑和约束作用。新加坡是世界上最早设立专门管理部门来保护环境的国家之一。2001 年 8 月，新加坡成立了废弃物管理和回收协会，旨在推动专业化的废弃物管理及循环再制造产业发展。新加坡政府尤其注重固体废物分类回收管理，现在全国有近 400 家生活垃圾收集商和大型工业固体废物收集商，固体废物收集商每天将居民和商店的固体废物收走，运到建在郊区或工业区的垃圾分类厂进行分类，然后将其中不能回收的部分运到垃圾焚烧厂焚烧。

《法案》明确了政府、企业和消费者的废弃物管理职责，并对违法行为做出罚款和拘留等规定。主要执法手段包括：（1）在电子废弃物管理方面，电子产品生产商必须在新加坡环境局注册后才能生产管制类电子产品，且必须加入"生产者责任计划"，零售商必须为消费者提供一对一回收服务并把废旧产品交给"生产者责任计划"厂商处理。如违反规定，将视情节轻重处以 5000 美元或 1 万美元罚款。（2）在包装垃圾管理方面，供应受管制产品的生产商或进口商，必须报告特定包装物的进口或使用量，且须提交包装减量、重用和再循环计划。如违反规定，将视情节轻重处以 5000 美元或 1 万美元罚款，或不超过 3 个月的拘留；如仍未改正，将按每日 1000 美元计罚。（3）在食品垃圾管理方面，新建大楼物业必须为业主提供专门的食品垃圾就地处理设施，其他物业可以选择就地处理或把垃圾交给有资质的公司处理。如违反规定，将被处以 1 万美元以下罚款或 3 个月以下拘留；如仍未改正，将按每日 1000 美元计罚。

新加坡已建立起总体规划、专项规划、专项法规、配套制度相衔接的废弃物管理法制体系，具有权威性、系统性、可操作性的特点。《法案》由国会审议通过，是国家层面的法律，立法层次高、权威性强，其针对食品、包装、电子废弃物的各项措施都有明确的责任人和处罚条款，采用"按日计罚"和行政拘留手段，对违法行为起到震慑作用，有助于提高相关方的守法意识。《法案》还赋予新加坡国家环境局统一管理、监督和执法职能，集许可证发放、监督管理、调查取证、行政处罚等职能于一身，有效规避了部门职能分散、职权交叉等问题。

6.2.3　固体废物回收全面市场化

新加坡作为花园城市，是全球公认的零废弃代表国家，提出建设零废弃国家愿景三年多来，新加坡零废弃国家建设取得积极进展，各项措施有序推进。为规范固体废物回收市场、提高固体废物的回收利用率，新加坡自 1999 年起实现了固体废物回收全面市场化，将一般废弃物回收商分为 A、B、C 三类，授权其处理特定类型的垃圾。其中，A 类回收商负责无机固体废物（建筑垃圾、树干、废弃家具、家电等大件物品）的回收；B 类回收商负责有机固体废物（餐厨垃圾和其他可腐烂的生活垃圾、商业垃圾）的回收；C 类回收商主要负责含化粪池、污泥以及油脂的废污水的处理。对于危险废弃物和有毒废弃物，需要让专业回收商负责处理。随着新加坡固体废物处理产业的不断发展，废弃物处理方式发生了很大的变化，之前主要是对废弃物进行填埋和焚烧处理，现如今转变为对废弃物的回收再利用，与此同时，尽可能控制源头的产量，让废弃物得到最大程度削减。目前，在固体废物利用方面，新加坡的综合利用率达到 61%，大约到 2030 年，利用率将超过 70%。由此可见，固体废物的利用价值相当高，若能合理利用，对经济、环境和社会都会带来显著的效益，因此，无废城市的建设是具有可行性的。为实现零废弃，新加坡为可回收废物建设中央垃圾溜槽，通过更好的基础设施支持促进私人住房垃圾的回收；引入气动垃圾运输系统，为垃圾便利、卫生地处理提供支持；建立综合废弃物管理设施，将可回收物品从废弃物中进行分离；改善电子废弃物回收利用方式，在酒店、商场和食品中心就地处理食品垃圾，有效减少和回收食品垃圾；对于危险废弃物、有毒废弃物，要求一定要由专业回收商负责处理。在处理食品废弃物、电子废弃物，以及塑料废弃物时，新加坡采用了一种新型的处理方法，通过资源闭链循环模式使资源回收效率得到极大提高。与废弃物处理量的增长速度相比，废弃物回收量增长速度明显更快，可以看出新加坡所实施的废弃物循环利用政策成效显著。

6.2.4　食品、包装和电子废弃物实行严格的生产者责任延伸制度

在食品垃圾管理方面，据新加坡国家环境局估计，新加坡食品垃圾占废弃物总量的比例约为 10%，而回收率却不足 15%。为实现零废弃国家目标，新加坡采取了一系列针对消费者、学校、食品生产商和零售商的措施，包括食品购买存储倡议、减少就餐浪费指南、创意食谱竞赛、闭路管理系统、企业食品垃圾最小化指南等，从源头减少食品垃圾。在食品垃圾分类处理方面，新加坡国家环境局首先在小贩中心推出食品垃圾就地处理试点，测试其经济可行性和可操作性，并计划于 2021 年实施食品垃圾强制分类处理制度，食品垃圾强制分类和就地处理将推广至大型餐饮和商业部门（表 6-2）。

食品垃圾强制分类处理路线图　　　　　　　　　　　　　　　表 6-2

时间	主要措施
2021 年	（1）政府与公共部门合作，对公共部门食品垃圾率先分类处理，让公共部门在环境可持续倡议中发挥引领作用 （2）商业地产开发商在项目设计时应为垃圾就地处理系统预留空间
2024 年	（1）食品垃圾分类扩展到大型餐饮业，相关企业根据自身发展定位选择合适的垃圾处理方式，如把食品垃圾转化为动物饲料，安装垃圾就地处理系统或把食品垃圾转运到垃圾处理中心 （2）垃圾就地处理系统投入运营

在电子废弃物管理方面，2015 年新加坡国家环境局开始实施全国电子垃圾回收伙伴关系计划，与利益相关方建立电子废弃物自愿回收伙伴关系，并鼓励行业合作伙伴发挥引领作用（表 6-3）。虽然该自愿回收计划取得了不错的进展，但为了建立更加规范的电子废弃物管理体系，新加坡计划把生产者责任延伸制度纳入《法案》，作为推动电子废弃物回收利用的重要政策工具。具体做法是：从 2021 年起，笔记本电脑、手机、家用电器等常规消费品的生产商必须加入 "生产者责任计划（Producer Responsibility Scheme）"。该计划的实施者由新加坡国家环境局指定，主要职责包括开发电子废弃物回收系统，提供废弃物回收箱，把废旧电器交给有资质的回收公司，向国家环境局上报废弃物回收处理数量等。

不同类型电子废弃物回收利用目标　　　　　　　　　　　　　　表 6-3

产品类型	产品名称	回收利用目标
信息通信设备	打印机、台式电脑、笔记本电脑、手机、平板电脑、路由器、调制解调器、机顶盒、服务器	市面重量的 20%

续表

产品类型	产品名称	回收利用目标
大型家电	冰箱、空调、洗衣机、烘干机、电视机、电动交通设备 （包括电动自行车和电动摩托车）	市面重量的60%
电池	便携式电池	市面重量的20%
	工业电池	—
	混合动力、电动汽车电池	—
台灯	灯泡和灯管	市面重量的20%
太阳能光伏电板	所有类型	—

为减少电子废弃物对环境的影响，2017年7月，新加坡国家环境局对电器电子产品有害物质浓度进行源头控制，对6种有害物质含量做出明确规定，受管制的电器电子产品包括手机、便携式电脑、冰箱、空调、电视机、洗衣机，这些产品中镉含量不能超过0.01%，六价钴、多溴联苯、多溴联苯醚、铅、汞的含量均不能超过0.1%。自2018年3月31日起，新加坡全面淘汰了汞含量超过5×10^{-6}的电池。荧光灯、非电子体温计等所有掺汞产品的制造和进出口于2020年1月1日起全面禁止。

在包装废弃物管理方面，新加坡于2007年推出自愿包装协议。截至2017年，签署自愿包装协议的机构达到199家，累计共减少3.9万t包装废弃物，节约9300万新元支出。新加坡于2020年在《法案》中增加包装强制上报的内容。此前，大型购物中心和酒店已实行包装垃圾强制报告制度，2020年，这一制度推广到包括展览中心在内的所有大型工商业场所。具体做法是，年营业额超过1000万美元的生产者和超市应向国家环境局报告上一年度所生产或进口产品的包装数据、包装减量和回收利用计划以及实施方案，如果上报信息不完整、不准确，国家环境局有权责令当事人在规定时间内对上报内容进行修改并重新上报。新加坡将研究如何把生产者责任延伸制度运用到包装垃圾管理中，并计划于2025年前制定相关细则。

6.2.5 加强科技创新，鼓励全民参与

新加坡政府把加强科技创新与应用，提升行业人员技能，提高行业生产率和标准，加强国际合作作为推进环保服务产业转型的主要抓手，具体措施包括资金支持和配套政策。资金支持方面，新加坡企业发展局为环保服务型企业产业升级、技术创新和海外投资项目提供项目成本70%的资金支持；新加坡经济发展委员会设立研发基金。为企业研发和科技创新活动提供赠款；新加坡国家环境局对企业废弃物回收相关研发活动提供高达4500万美元的资金支持。2019年国家环境局资助2000万美元用于支持8个废弃物资源化利用项目，并为中小企业和跨国公司创新解决方案提供3000万美元资助。配套政策方面，包括发挥行业协会引领作用、加强行业内合作；实施创新技术试验激励机制和试点示范；设立奖学金制度、开展职业培训和继续教育；参与ISO废弃物管理和循环经济标准制定等。

新加坡政府重点推动以下几个领域的科技创新：加强学术界、企业与政府合作，推动产学研相结合，促进创新成果市场化应用；对废弃物闭环研发项目提供资金支持，以实现

源头减量、资源化利用和保护公众健康等目标；提高飞灰和废渣的资源化利用和商业化水平，减少废弃物填埋量；加强废弃物堆存场地的环境治理与修复；建立废弃物全过程管理信息平台，加强废弃物产生、运转、利用、处置全流程监管；加强废弃物终端处置设施能、水、渣代谢协同，促进资源循环利用。

新加坡国家环境局通过各种媒体开展宣传教育和示范活动，提高公众绿色消费意识，比如与食品垃圾减量大使项目合作，对社区食品垃圾减量进行宣传；与小贩中心和超市合作对消费者进行"光盘行动"教育；与餐饮业、零售商和社区组成联盟，开展"支持减少浪费行动"；与新加坡食品局合作制定食品安全与管理标准，采取激励措施鼓励食品捐赠；大力发展维修服务业，鼓励市民维修废旧产品，购买二手商品。此外，私营部门也通过自发行动响应国家号召，积极支持减少一次性塑料制品消费，如快餐店不再提供塑料吸管；无包装食品杂货店等新兴业态通过优惠价格鼓励消费者自带食品包装，以达到包装重复使用和减量目标。

新加坡政府高度重视科技研发与应用，形成产学研相结合、赠款项目激励、市场化应用的良性循环。注重绿色生产、精细化设计、源头减量，最大限度提高资源利用效率和减少废弃物产生；加强垃圾分类、收集、运输、利用、处置全过程管理，实现前端分类、中端运输、末端处置协调统一；建设多源废弃物协同处理设施，促进协同效益和循环利用；鼓励企业技术创新和产业升级，为市场化应用提供试错机会；积极参与国际标准制定，引导高新技术企业"走出去"，提高行业市场化水平和可持续发展能力。

政府部门之间、政府与企业之间、政府与市民之间的紧密合作是新加坡废弃物管理的一大特点。新加坡国家环境局作为废弃物管理主管部门，通过与食品局、经济发展委员会等相关部门联合制定标准，提供项目赠款等方式增强部门协同和政策合力；通过与企业、行业协会建立合作伙伴关系，实现商场、社区、学校废弃物管理全覆盖；通过各种宣传教育活动，增强市民的绿色消费意识，通过绿色消费倒逼企业绿色生产，这种自上而下与自下而上相结合的方式推动形成了全民参与的良好氛围。

6.3　实施效果

新加坡固体废物管理经历了从填埋到焚烧再到源头减量与循环利用模式的转变。在20 世纪 90 年代之前，新加坡的固体废物处理基本采用填埋法。但固体废物填埋的危害随着时间推移日益凸显，特别是其占地面积较多，对于土地资源本来就极为紧缺的新加坡尤为突出。同时，填埋场内部的垃圾经微生物、生化反应产生的二次污染物（主要包括垃圾填埋气和渗滤液）对周边环境的影响很大。进入 20 世纪 90 年代后，固体废物填埋场达到饱和，无地可填、"固废围城"的风险加剧，新加坡经多方考察与论证，决定借鉴德国和日本等国的经验，选择焚烧处理方式，焚烧后再运到附近岛屿进行填埋，大大提升了新加坡城市固体废物处理能力。如今在积极发展固体废物焚烧产业的同时，新加坡政府还鼓励固体废物再循环使用，新加坡全国每天产生的固体废物量接近 1.7 万 t，97% 固体废物被焚烧或回收再利用，不能焚烧的才运去填埋。

新加坡的综合固体废物管理系统专注于两个关键目标：废弃物减量化和回收利用。实施从源头减量到末端处置的综合管控策略加强固体废物管理，取得了较好的成效。新加坡对固体废物分类、收集和处理等流程基本做到了产业化、规范化，特别是近年来随着智慧城市的建设，显著提升了固体废物管理的信息化、数字化水平，最终实现城市固体废物总量的增量逐渐减少，逐步形成了较为完备的固体废物处理管理体系。

6.4 可借鉴经验

1. 完善顶层设计，逐步建立完备的废弃物管理体系和管理制度

加强政策制度集成创新，明确各方责任。优化体制机制，发挥政府的宏观指导作用，建立政府为主导、企业为主体、全民参与的制度体系，实现废弃物分类收集、分类运输、分类处置的有效衔接。通过无废城市试点形成一批可复制、可推广的示范模式，服务我国生态文明建设和环境质量改善目标。

2. 加强科技创新，推动固体废物处置技术的市场化和商业化应用

建议加大对创新技术研发的投入力度，加强研究队伍建设和人才培养，通过专项基金或赠款项目，鼓励企业绿色生产和循环利用，为企业创新技术市场化应用提供试错机会，降低潜在风险，激发市场活力。打通废弃物利用产业链，提高再生产品的附加值，促进再生产品肥料化、饲料化、原料化等高值利用。打造集焚烧、填埋、堆肥等园区化的垃圾集中处理处置基地，避免土地利用碎片化和二次污染，实现多源固体废物协同处置和保护公众健康的目标。加大食品、包装和电子废弃物管理力度，建立分类、收集、运输、处置全过程、一体化的监管和信息服务平台。

3. 加强公众参与，构建政府、企业、居民"共建共治共享"模式

建议借鉴新加坡经验，建立广泛的合作伙伴关系，构建政府、居民、企业、社会组织、志愿者队伍等多元主体共同参与的"共建共治共享"模式。在强化工业企业生产者责任延伸制度的同时，构建灵活多样的合作伙伴关系，提升社区、家庭、学校、商场的绿色消费意识。探索垃圾产生付费制度，按照"多产生，多付费"的原则，形成对市民垃圾减量、分类投放行为的激励。鼓励非政府组织积极参与，激发市场主体活力，推动形成绿色生产和生活方式。

4. 通过发放牌照，实行固体废物收运及处置的特许经营

新加坡垃圾收运以环境保护署下属国有企业为主，持有政府部门颁发牌照的私营企业为辅。对于特殊生活垃圾及工商业垃圾，居民和工商户可联系持有牌照的私营企业上门收取。如对于建筑废弃物，新加坡现有6家政府发放牌照的建筑废弃物处置公司，专责承担全国建筑废弃物的收集、清运、处理及综合利用工作（图6-4）。6家公司全部位于西北部Sarimbun循环工业园区。该地块属国有用地，原为建筑废弃物填埋场。建筑废弃物处置公司须遵守有关环境法规，未达到服务标准的，国家环境局可处以罚金，严重的吊销牌照。由于新加坡建筑废弃物填埋将收取高达97新元/t的填埋费，而建筑废弃物综合利用设施不但不收取处理费，还可从综合利用设施获得3新元/t的额外收益，因此，全国几

图 6-4　新加坡建筑废弃物综合利用厂现场图

乎所有建筑废弃物均通过综合利用的方式处理。通过发放牌照，建立门槛，使固体废物得到有效综合利用。

第7章　温哥华零废计划

7.1　基本情况

7.1.1　城市概况

温哥华（Vancouver）位于加拿大不列颠哥伦比亚省西南部太平洋沿岸，是加拿大的主要港口城市和重要经济中心，也是加拿大西部的政治、文化、旅游和交通中心。温哥华是不列颠哥伦比亚省大温哥华地区的一部分。该市 2016 年地区生产总值约 1836 亿美元。有别于不列颠哥伦比亚省下辖的其他市由《市镇法》（*Municipalities Act*）指导，温哥华由 1953 年通过的《温哥华法章》（*Vancouver Charter*）指导，该法章赋予了温哥华市政府更大更多的权力。这为温哥华市实行严格、创新的废弃物管理提供了体制基础。

温哥华三面环山，一面靠海，地势平坦，东部有绵延的落基山脉，西面直接楔入太平洋，无论从北面的山里下来跨越海湾进入温哥华市，或者从南面的平原越过弗雷泽河到温哥华市区，都需要借助多座大桥，跨过海湾或河流，进入市中心。

7.1.2　自然条件

温哥华全年气候温和，属温带海洋性气候。夏季气温一般在 20℃左右，冬季气温在 0℃以上。温哥华一月的平均最高温度为 6℃，七月为 22℃，年降雨量比托菲诺少一半。冬季很少下雪，但仍有较多的降雨量，为温哥华带来"加拿大雨都"之称。11 月份温哥华的气温一般保持在 3～9℃，温润而舒适。

7.1.3　人口条件

该市的人口数量逐年增长，是加拿大人口数量第八的城市。

7.1.4　经济条件

温哥华的制造业、高科技产业和服务业非常发达，而资源工业、食品业、初级制造业和农业也是温哥华经济的重要支柱。

第一产业方面，温哥华拥有 4 万多公顷的森林，占陆地面积一半左右，固林业在其经济中占有重要地位，2015 年林业共创造 22.1 亿加元经济产值，并提供了 2 万多个就业岗位，且令温哥华成为加拿大最大的林业产品出口城市，向全球 180 个国家出口木材产品。其中，软木产量居世界第二位，此外温哥华是加拿大西部农、林、矿产品的主要集散中心，拥有天然良港，冬季不冻，可供远洋巨轮出入，因此成为全国重要的农产品港口集散之地。

第二产业方面，温哥华也是加拿大西部的工商业和金融中心，"二战"后发展了炼油、石化、炼铝、造船、飞机制造等部门，工业趋于多样化。温哥华的工厂企业主要集中在巴拉德湾沿岸和福尔斯河沿岸一带，南北两大工业区之间为商业区，街道宽阔，高楼林立，集中了全市主要行政机构、大银行、保险公司、现代化旅馆和零售批发商店。住宅区分布在工业区外围，东至本拿比，南至里士满，向北扩及西、北温哥华。华人聚居，唐人街规模仅次于美国旧金山。著名的狮门桥和另一座大桥跨越巴拉德湾，与北温哥华相连。

第三产业方面，温哥华是一个标准的以服务业为主的城市，服务业占就业的百分比是80％，生产业是18％，其中科技和教育方面加拿大是最领先的。此外，温哥华的航空业也较为发达，提供了 25000 个工作岗位，构建了一个服务全国和国际的航空服务业体系。

7.1.5　固体废物处理情况

温哥华的城市废弃物主要包括生活废弃物、商业废物、建筑废物（含土地清理）等。生活废弃物包括三类，分别为可循环利用废弃物、厨余及庭院废弃物、可焚烧或填埋废弃物。商业废物实际指商业活动产生的生活废弃物及建筑废物。建筑废物指修建和拆除建筑物过程中产生的废弃物。整体来看，废弃物处理方式包括循环利用、堆肥、焚烧及填埋四种，并且后两者被认为是最终处理方式，是温哥华力图减少的处理方式。

温哥华 2016 年的废弃物总量为 97.6 万 t，其中 60.5 万 t 废弃物被循环利用或堆肥处理，占总量的 62％；其余的 37.1 万 t 废弃物被用于焚烧或填埋，占总量的 38％，如图 7-1 所示。温哥华在 2008～2016 年不断提高废弃物的循环利用和堆肥等比例，焚烧和填埋量由 2008 年的 48 万 t 减少到 2016 年的 37.1 万 t，减幅近 23％。

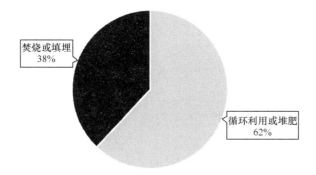

图 7-1　温哥华 2016 年固体废物处理方式比例图

7.2　主要举措

7.2.1　目标及策略

温哥华自 2011 年来陆续出台了多份包括实现"无废目标"的计划或是行动方案，并由市议会于 2018 年 5 月发布了温哥华《无废 2040 年》战略计划，设定了到 2040 年，通过减少废弃物产生、尽可能地重复利用、循环利用、堆肥等手段，从而达到没有城市废弃物被焚烧或填埋的"无废目标"，其发展路径如图7-2所示。

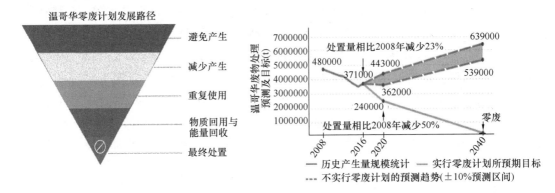

图 7-2　温哥华零废计划总体目标及发展路径

(图片来源：General Manager of Engineering Services. Zero Waste 2040：The City of Vancouver's Zero Waste Strategic Plan. 2018（05）：09)

7.2.2　管理分工

温哥华市的废弃物管理体系是大温哥华地区的一部分，较为完善系统。根据温哥华《无废 2040 年》，温哥华市的"无废目标"针对所有的城市废弃物，因此涉及的主要利益相关方包括政府部门、生产企业、废弃物收集商及运输处理商、公众家庭、工商企业等。各利益相关方的具体职责及分工如下。

（1）政府部门

不列颠哥伦比亚省的固体废物管理包括省级、区域级、市级三个层面。在不列颠哥伦比亚省级立法及监督下，大温哥华地区建立了本区域的固体废物管理体系，主要包括相关的规划、政策、战略等。温哥华市政府和大温哥华地区政府紧密合作，制定该市的固体废物管理体系；并和该市附近的三角洲市政府合作制定固体废物填埋相关的措施。此外，市政府在零废计划实施过程中承担审核废弃物物流、风险和机会，评估物料回收、技术和业务方案，起草/评估业务案例，拟定资助方法，寻求理事会批准等职责。

（2）生产企业

温哥华已实行生产企业责任制，即生产企业（包括制造商、品牌商、进口商等）对其产品及产品的包装全周期负责，从产品的设计、材料比选，到产品生命周期结束时对其回收处理，因此企业需要编制产品全生命周期绿色责任方案，承担市面上二手/废旧产品的再生利用的职责。

（3）废弃物收集商

2016 年 11 月前，市政府承担废弃物收集服务，但 2016 年 11 月后该业务外包给了Recycle BC 公司，该公司负责提供或出售温哥华市的垃圾桶、垃圾盒、垃圾袋，以及垃圾标记卡等，对独栋住房及公寓楼提供不同型号的收集装置，并承担固体废物的收集职能，市政府定期按收运重量付费给该公司。

（4）废弃物运输处理商

温哥华生活垃圾转运及处理设施有南区转运中心（South Transfer Station）、无废处理中心（Zero Waste Centre）、填埋和资源化利用厂（Landfill and Recycling Depot），均为政府投资的设施（图 7-3）。其中填埋和资源化利用厂除了承担温哥华的生活垃圾外，还承担周边地区的生活垃圾处理，总共处理大温哥华地区 75％的生活垃圾，年处理规模达 75 万 t。此外有广泛的私营企业及非营利机构参与到固体废物收集、运输、处理的各个环节，市场主体较为多元，市场化程度较高。

图 7-3　温哥华生活垃圾卫生填埋场卫星图

（图片来源：https：//vancouver.ca/files/cov/2022-vancouver-landfill-annual-report.pdf）

（5）公众家庭

公众家庭主要承担和参与的事务是垃圾分类投放，并向 Recycle BC 公司申请不同种类的垃圾箱、垃圾袋等，定期缴纳垃圾费用。公众家庭需根据要求将生活废弃物分类（按可循环利用、厨余及庭院废弃物、可焚烧或填埋）装到不同垃圾袋、分类投放到垃圾箱，也可自行送至转运站。

（6）工商企业

工商企业需与固体废物收集运输的服务商签订专门的协议，先进行垃圾分类，分类装到不同垃圾袋及垃圾箱，再把商业活动产生的生活垃圾交付给对方进行清运。工商企业若想把垃圾箱放置于市政道路旁，需向温哥华市政府申请许可。若企业需开展建筑旧改或城市更新，需向政府申请许可，提交建筑废物的循环利用计划，并在完成建筑废物处理后填写合规表，以确保达到重复利用的要求，合规后政府才颁发允许修建新建筑的许可。建筑企业可将具体事宜外包给专门的废物处理商。

7.2.3　规划及立法

温哥华近年来制定了多种法律法规，以减少废弃物量、增加废弃物回收利用，从而实现无废目标，主要包括规划及法律。

（1）规划及战略计划

2011 年 3 月，温哥华市议会通过了 14 项环保（Greenest）城市目标，通过减少、再利用、循环、回收等方式加强废弃物综合管理，明确到 2020 年填埋及焚烧的固体废物较 2008 年要减少一半。

2011 年 7 月，温哥华市议会通过了最环保城市行动计划（Greenest City Action Plan，GCAP），包括实现零废目标。

2016 年 5 月，温哥华市议会制定零废战略框架，起草愿景，定义战略方法并设定目标，委托相关机构编制规划。

2018 年 5 月，《无废 2040 年》战略计划正式颁布，基于 2 年前的战略框架，完善社区指导和城市行动，明确了到 2040 年焚烧或填埋废弃物为零的目标。

（2）立法进行强制要求

首先，大温哥华地区颁布的《不列颠哥伦比亚省环境管理法》规定全社会需实行垃圾分类处理，禁止可回收循环利用的生活垃圾（包括汽车部件、玻璃、金属储物盒、饮料瓶、瓦楞纸板、干净木材等）、有害垃圾、有机垃圾（厨余、农业废物等）以及属于生产者责任延伸制度负责的再生资源进入填埋和焚烧处理设施的系统。

其次，温哥华也出台了地方法则，要求所有家庭和工商企业落实垃圾分类制度，将有机垃圾、其他垃圾和可回收利用的垃圾分类分流，并鼓励将有机垃圾进行堆肥处理。此外，2016 年 2 月颁布的《绿色拆除地方法则》规定，1940 年前建造的房屋在拆除后需就地重复利用至少 70％ 的拆除废物。

7.2.4 具体措施

温哥华将《无废 2040 年》战略计划作为政策框架，主要列出实现零废目标、实施方法、优先领域及具体任务事项。有别于之前的相关计划，《无废 2040 年》强调实现零废目标的复杂性和系统性，提出需加强各领域利益相关方的交流和合作。该计划将每五年评估一次，以调整具体的措施和利益相关方的角色。《无废 2040 年》战略计划对每个优先领域列出了优先措施，具体如下（图 7-4）。

图 7-4　温哥华示范措施普及图片

（图片来源：https://vancouver.ca/files/cov/zero-waste-resource-recovery-summary-2018-2019.pdf）

（1）拆除建筑废物

针对旧改等城市更新活动所产生的拆除建筑废物，温哥华制定木质废物的重复使用及堆肥计划，并扩大了《绿色拆除地方法则》的范围，此前仅针对 1940 年前修建的房屋，现要求所有房屋拆除后建筑废物的再生利用率至少达到 75%。此外，温哥华制定了对建筑废物再生利用的市场化帮扶刺激方案，激发市场主体积极参与。

（2）厨余垃圾减量

通过制定厨余垃圾的处理方案，妥善对收集上来的厨余垃圾进行资源化处理，主要通过堆肥技术进行资源化处理；同时明确减少厨余垃圾的方式，包括制定厨余产生、存储、重新分配的清单，并以此促进温哥华市的食物战略、健康城市战略等的推动。

（3）减少一次性用品

计划提出，鼓励全社会减少一次性用品的生产和使用，包括商品包装、一次性塑料等，通过无废社区活动让公众参与到减少一次性用品的体验中，并制定减少、循环使用废纸类及废旧塑料的新方案。

（4）政府示范措施

主要是制定全方位的无废绿色措施计划，包括实现建筑拆除后建筑废物需高效循环利用、修建新设施时需采用再生建筑废物、政府会议推广使用可重复利用的水杯及餐具，避免分发瓶装水从而减少塑料瓶的产生。同时，政府将倾向于采购自觉参与无废行动企业的产品、使用环境评分系统对市政基础设施建设项目的减废成效进行量化统计和评估。

7.3　实施效果

7.3.1　构建完善的生活垃圾分类体系

通过立法约束和社区活动的宣传普及，温哥华在全社会建立起生活垃圾分类的体系（图 7-5）。政府规定，灰色垃圾箱用于收集将焚烧和填埋处理的垃圾，绿色垃圾箱用于回收厨余垃圾。家庭可根据自身需求，向负责清运的公司申请不同容积不同颜色的垃圾箱。

图 7-5　温哥华生活垃圾分类投放和收集场景

（图片来源：https：//vancouver. ca/files/cov/zero-waste-resource-recovery-summary-2018-2019. pdf）

此外，温哥华成功建立了垃圾收费制度，根据垃圾箱的重量梯级收费，旨在鼓励全社会减少生活垃圾。对于大件垃圾（如废旧家具、废旧电器等），需装在标准的垃圾袋里，并在市政厅、小区中心等地方购买大件垃圾标记卡（2美元/张）贴在垃圾袋上标识，间接对大件垃圾付费。

7.3.2 建立生产者责任延伸制度

温哥华成功建立了生产者责任延伸制度，要求生产企业从产品的设计、材料挑选，到产品全生命周期结束时对其回收处理。这有利于该市减少及回收废弃物。与此同时，温哥华不断扩大生产企业责任延伸制的覆盖范围，从家电、汽车等大宗商品，到打印纸张、包装、纺织品、地毯和家具等小型商品，从消费领域到建筑拆除重建领域。经过其实践与论证，温哥华致力于将生产者责任延伸制度覆盖城市固体废物的50%，从而提高废物的循环利用率。

7.3.3 建立零废社区推广机制

温哥华通过发动众多社会组织、循环设计工坊、设计师和社会企业，带领公众探索将一次性用品和消费品所产生的生活垃圾进行再生利用，包括减少塑料及纸质购物袋、聚苯乙烯泡沫塑料杯、一次性水杯、吸管及餐具、外卖食品包装，形成了零废社区的推广实施机制（图7-6）。同时制定了十年行动计划，逐项落实具体任务。通过此机制，保障零废社区的持续性与社会参与基础。

图7-6 温哥华零废社区志愿者活动实景图

（图片来源：https：//vancouver.ca/files/cov/zero-waste-resource-recovery-summary-2018-2019.pdf）

7.3.4 形成建筑废物循环利用规则

温哥华建立了老旧建筑拆除所产生的建筑废物的循环利用规则，要求至少使用70%的拆除建筑废物，并且禁止干净木质废物进入焚烧和填埋系统。为了便于建筑企业及建筑废物处理企业规范操作执行，温哥华对于建筑废物制定了各种细则，包括建筑废物处理工作包、含铅建筑材料的处理指导意见、绿色家庭装修指导意见等。

7.4　可借鉴经验

通过深入的案例剖析，温哥华的实践案例可以给我们提供如下方面的经验借鉴。

7.4.1　量化目标

根据地区情况明确无废城市的总体量化目标及分阶段目标，并根据每类废弃物产生量及处理方式的目标比例，分析每类废弃物的贡献潜力、制定每类废弃物的贡献方案，主要包括如何避免产生、减少、重复利用、循环利用等方式。根据本地现实情况，提出无废城市的分阶段目标，通过长期分阶段目标，最终实现无废城市建设。

7.4.2　法规制度

法律法规是成功推动固体废物管理的重要手段，结合自身情况制定一系列固体废物管理的法规和标准，采用强制的行政手段和灵活的市场措施禁令（多为法律形式）是所有地区为实现零废目标采取的重要手段之一，并且随着时间推移逐渐扩大禁止和强制范围，利用有效的经济政策调节减少固体废物排放量。从固体废物分类投放、收集、运输、处理等环节，建立健全合理有效的制度政策，将有效地保障无废城市建设。建立跨部门的无废城市领导协调小组，将实现无废城市作为城市治理、循环经济、可持续发展、生态文明的一部分。

7.4.3　基础设施

从固体废物分类投放、收集、运输、处理等环节看，完善的基础设施体系有利于促进各类固体废物的回收和利用，也是无废城市建设的基础，如垃圾分类回收设施建设，各类废弃物处理企业才能保证原材料的供应，才有利于促进各类废弃物的回收和处理处置。

7.4.4　市场体系

充分利用市场经济规律进行合理引导，如构建生产者责任延伸制度，无废城市建设朝向废弃物减量、资源化利用的方向发展。扩大生产者责任延伸制度的覆盖范围，生产者责任延伸制度要求生产企业从产品的设计、材料挑选，到产品生命周期结束时对其回收处理，这不仅极大地促进了废弃物的回收处理，也促进企业在源头选择或生产对环境影响小的产品，根据市场规模、环境影响等因素纳入相关行业，初期可要求物流企业对其包装进行回收并重复利用；并逐步扩大生产者责任延伸制的覆盖范围，可考虑纳入纺织品、家具和建材行业等。

7.4.5　技术体系

推进研发创新，打造固体废物技术体系，通过国家和地方政府的资金支持，形成产、学、研共同研究固体废物的处理技术、再利用技术和环境污染控制技术，建设固体废物研究平台，打造技术示范和成果转化基地，并组织高素质高水平的专业人才队伍。

7.4.6　监管体系

以政府监管为主，积极扩大公众监督的途径和覆盖面。环境监管的第一责任主体是政府部门，但政府往往难以保证有足够人员和力量来落实全天候全覆盖的细致监管，尤其是个人和企业在进行垃圾分类、收集和交付到清运服务商的过程，有时因为这些行为过程相当隐蔽，从而难以被政府人员及时监管到位，因此这里需要发挥公众环境意识，凸显公众知情权、监督权的必要性，鼓励公众参与对身边固体废物妥善治理全过程的监督，并提供有效且及时对接得上的联系渠道，保证公众能及时举报或反映问题。在进行固体废物监管时，以国家深化推进环境综合执法队伍建设为契机，加强对固体废物的督察和检查，按照"有法必依、执法必严"的原则，强力震慑和约束环境违法违规者。

7.4.7　宣传教育

从宣传教育方面看，采用长短结合的策略，坚持在全社会范围内长期开展环保宣传。通过各种渠道、形式和活动来宣传和推广固体废物回收与再利用的理念和法规，尤其是采用吸引公众参与、体验和分享的创意活动，融入公众生活中，激发广大公众的兴趣。同时，充分发挥民间环保组织、社会组织的作用，形成"政府主导、企业主体、全民参与、覆盖社会"的宣传网络。另外，还可以发动学校、教育机构等企事业组织共同推广和普及无废文化的宣传教育，利用教育系统的资源、教育技能优势，将无废文化和可持续发展理念融入学生日常宣传中，形成持续性第二课堂。

第 8 章　中国香港地区资源循环蓝图 2035

8.1　基本情况

8.1.1　城市概况

我国香港特别行政区是一座高度繁荣的自由港和举世闻名的国际大都市，由于优越的地理位置和国际资本的不断注入，我国香港地区已发展成为世界金融贸易中心，其黄金外汇市场、深水自由港、转口贸易等已成为国际商业的重要组成部分，是亚洲经济重要的增长点，也是全球经济最自由的地区经济体和最具竞争力城市之一，被誉为"东方之珠"。

8.1.2　固体废物处置概况

1. 管理现状

随着我国香港地区人口增长和工商业发展，近年来我国香港地区产生的固体废物量不断上升。我国香港地区的垃圾处理主要是通过堆填和回收再处理两种方式进行。其中，约63％的废物垃圾以堆填方式处理。现有的堆填区即将填满，而我国香港地区土地资源有限，寻找远离居民点的堆填区难度很大。为可持续地解决都市废物问题，我国香港地区改变了依赖堆填的方法，发展以焚烧发电为主的固体废物处理设施。

2005 年我国香港地区制定了《都市固体废物管理政策大纲（2005—2014）》，就如何避免和减少都市固体废物，及其重用、回收和循环再造，减少废物体积及弃置事宜，制定策略、目标和工作计划（图 8-1）。2013 年 5 月，我国香港地区环境保护部门发表《香港

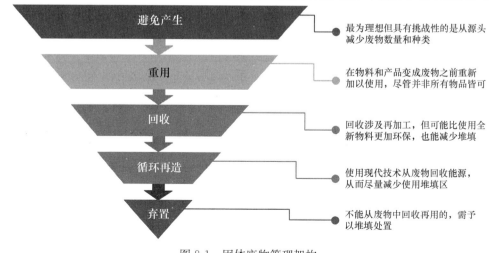

图 8-1　固体废物管理架构

资源循环蓝图 2013—2022》，提出了将香港地区的废物资源管理比例转变为回收率 55%、堆填率 22%、焚烧率 23%。

2. 产生情况

固体废物包括都市固体废物、建筑废物及特殊废物。2020 年弃置于本港堆填区的固体废物总量为 539 万 t，每日平均量为 1.47 万 t，较 2019 年减少 5.7%（表 8-1）。

中国香港地区 2020 年固体废物产生量　　　　　　　　　　　　　　　　表 8-1

废物类别	单位（t/d）
都市固体废物	10809
建筑废物	3418
特殊废物	513
堆填区接收的所有废物总量	14740

（1）都市固体废物

我国香港地区的都市固体废物主要包括家居废物、商业废物和工业废物。家居废物指住宅及公众地方所产生的废物，包括住宅大厦、公共垃圾桶、街道、本港海域及郊野公园收集的废物；商业废物包括商店、饭店、酒店、办公室及私人房屋街市产生的废物；工业废物指所有工业活动产生的废物，建筑及拆卸废物、化学废物或其他特殊废物除外。香港是亚洲地区内的商业中心，加上人口有 700 万人之多，因此，每年产生大量的都市固体废物。香港于 2020 年已产生了 539 万 t 固体废物，而当中只有 29% 循环再造，其余则运往堆填区处理。

2020 年都市固体废物的弃置量为平均每日 10809t，总量约 396 万 t/年，较 2019 年减少 2.2%。都市固体废物的弃置量的变化，部分与 2019 年下半年本地社会事件严重影响及导致本地经济收缩有关。除了人口增长因素外，都市固体废物人均弃置量为每日 1.44kg，低于 2019 年的 1.47kg。

家居废物是香港都市固体废物的主要成分，2020 年的弃置量为平均每日 6844t，总量为 250 万 t/年，较 2019 年增加 4.4%。另一方面，2020 年工商业废物的弃置量为平均每日 3966t，总量为 145 万 t/年，较 2019 年减少 12.0%。一般而言，工商业废物的弃置量与本地消费活动水平有密切关系。如表 8-2 所示。

我国香港地区 2020 年填埋场都市固体废物成分统计表　　　　　　　　表 8-2

成分	每日平均量（t）		
	家居废物	工商业废物	都市固体废物总量
玻璃	128	55	183
金属	117	121	238
废纸	1475	1169	2643
废塑胶	1318	994	2312
易腐烂的废物	2656	822	3477

成分	每日平均量（t）		
	家居废物	工商业废物	都市固体废物总量
纺织物	163	79	242
木材、藤料	71	274	345
家居有害废物	63	44	107
其他废物	853	408	1262
总计	6844	3966	10809

注：1. 家居有害废物包括油漆、杀虫药、燃料、压缩气体瓶、电池、电器、含水银的荧光灯及药物等。

　　2. 其他废物包括体积庞大的废杂类废料。

2020 年每日堆填区弃置的 10809t 都市固体废物当中，厨余约为 3255t，占都市固体废物的 30%，较 2019 年减少 2.9%。由于新冠肺炎疫情下市民减少外出用餐，家居厨余人均弃置量由 2019 年的每日 0.30kg 增加至 2020 年每日 0.33kg，而工商业厨余人均弃置量由 2019 年的每日 0.14kg 减少至 2020 年每日 0.10kg。废纸为都市固体废物的第二大成分，2020 年堆填区的废纸弃置量为每日 2643t，占都市固体废物的 24%，较 2019 年的弃置量减少 2.3%。废塑胶为第三大成分，其 2020 年堆填区的弃置量为每日 2312t，占都市固体废物的 21%，与 2019 年的弃置量相当。

（2）建筑废物

2020 年建筑废物的产生量（弃置量及重用量的总和）为平均每日 56622t，总量为 2070 万 t，虽较 2019 年增长约 17%，但直接重用量增加了约 48%，公众填料接收设施的接收量也增加约 8%，以至于弃置在堆填区的建筑废物减少了约 13% 至 2020 年的平均每日 3418t，总量 125 万 t。建筑废物的回收率由 2019 年的约 92% 增至 2020 年的约 94%。另外，政府自 2017 年 4 月起调升建筑废物处置费用，加强诱因鼓励业界减少弃置及循环再用拆建物料，也对减少弃置量有积极作用。惰性拆建物料会被运往公众填料接收设施或其他途径直接循环再用。

（3）特殊废物

2020 年特殊废物于堆填区的弃置量为平均每日 513t，总量为 19 万 t/年，较 2019 年减少 19.2%，跌幅主要由报废货物减少所引起。另一方面，自 2016 年起，位于屯门的污泥处理设施 T·PARK［源·区］开始以焚化方式处置主要污水处理厂的脱水污泥，因此弃置于堆填区的脱水污泥量相比 2014 年累计减少 92%。在 2020 年，T·PARK［源·区］平均每日处置 1034t 的脱水污泥。

香港地区的经济结构中，相对于第一产业和第二产业的经济体，从事生产而需吸纳原材料或再造物料的数量相对有限，约 90% 的都市回收物品在回收后都会出口到其他地方以作循环再造（表 8-3）。与其他本地行业一样，香港的回收再造业受经济周期及市场状况影响。近年来外围市场不景气，从而导致本地回收再造业下降。此外，严格执行进口管制政策，不符合进口标准的本地回收物料均不能出口到当地循环再造。

香港地区 2020 年可回收物统计表 表 8-3

回收物料种类	回收的可循环再造物料数量（×10³t）		
	出口作循环再造	本地循环再造	回收的循环再造物料总量
纸料	442.1	7.9	450
塑料	7.3	94.7	102.0
含铁金属	740.5	0.1	740.7
有色金属	114.1	1.2	115.3
厨余	0.0	54.7	54.7
玻璃	3.5	11.2	14.7
橡胶轮胎	0.0	5.8	5.8
纺织物	0.2	7.1	7.3
木材	0.0	4.1	4.1
废电器及电子设备	4.3	36.8	41.1
园林废物	0.0	2.0	2.0
总计	1312.0	225.6	1537.7

注：1. 本地循环再造的厨余数量包括由工业营运商、有机资源回收中心、厨余预处理设施及离岛废物转运设施和
非政府机构所回收的数量。

2. 表中数量不包括本地饮品制造商以按瓶退款方式回收的玻璃饮品瓶。

3. 表中数量包括再用、翻新、循环再造的汽车轮胎以及在本地翻新的飞机轮胎。

4. 本地循环再造的园林废物数量包括原地循环再造及香港其他地方循环再造的园林废物。

5. 0.0 表示数量少于 50t。

在 2020 年，香港本地回收再造业继续扩展本地循环再造的规模。从都市固体废物回收作本地循环再造的物料数量约 23 万 t，高于 2019 年的 20 万 t。其中，厨余、污泥共厌氧消化试验计划预处理设施的启用促进了厨余的本地再造。2020 年，塑胶物料本地循环再造量较 2019 年上升 27%。

废电器及电子设备的回收率由 2019 年的 69% 上升至 2020 年的 71%，在回收物品当中仅次于金属回收物料。类似金属回收物料，废电器及电子设备的回收物料价值相对较高，吸引本地回收商积极进行回收及重用活动。政府的废电器及电子设备处理与回收设施（WEEE·PARK）已于 2018 年 3 月全面投入运作，而废电器及电子设备的生产者责任计划将进一步推动妥善回收及重用受管制电器。

厨余的本地循环再造量由 2019 年的 4.6 万 t 上升至 2020 年的 5.5 万 t。有机资源回收中心第一期于 2018 年 7 月开始接收及处理来自工商业界的厨余。此外，环境保护署已于 2019 年在大埔污水处理厂进行"厨余、污泥共厌氧消化"试验计划以处理厨余。这些设备均有助于推动厨余回收。

塑胶回收物料的回收率由 2019 年的 8％上升至 2020 年的 11％。由于进口塑胶回收物料经济体更严格执行进口管制政策，本地回收业已逐步转变为营运模式，塑胶回收物料本地循环再造量由 2019 年的 7.4 万 t 显著上升至 2020 年的 9.5 万 t。此外，《巴塞尔公约》修正案将从 2021 年开始加强对废塑胶越境转移的管制，因此本地回收业需要时间来调整和适应影响全球贸易市场的这种变化。

8.2　主要举措

8.2.1　目标及策略

惜物减废、让资源循环再生是废物管理的核心理念。我国香港环境保护署在 2013 年发表了《香港资源循环蓝图 2013—2022》，2020 年《施政报告》中公布推出新一份废物管理的长远策略蓝图《香港资源循环蓝图 2035》（图 8-2），亦因时制宜新增额外举措，同时鼓励整个社会携手减废、减少碳排放以应对气候变化。

图 8-2　《香港资源循环蓝图 2035》的愿景及目标

在新一份蓝图的倡导下，地方政府将与业界及市民共同朝着两大目标迈进。中期目标是通过推行都市固体废物收费，把都市固体废物的人均弃置量逐步减少 40％～45％，同时把回收率提升至约 55％；长期目标是发展转废为能设施，长远摆脱依赖堆填区直接处置废物。

为达目标，地方政府引领各项政策及措施推进，携手社会各界朝着"全民减废、资源循环、零废堆填"的愿景，力争于 2050 年前实现碳中和的目标，必须更积极实行低碳转型，建立更完备的转废为能配套设施，发展循环经济，支持绿色就业机遇，长远迈向废物更全面资源化，减废又减碳，不断朝着建设循环经济及可持续的绿色生活环境方向前进。

8.2.2 规划及政策

我国香港地区目前垃圾处理主要针对可回收物和厨余，相对我国内地生活垃圾四分类来说，要稍微简单一点。在地少人多的香港地区，垃圾处理主要是通过填埋和回收再处理两种方式进行。其中，约 63％的垃圾以填埋方式处理。但平均每人每天弃置 1.3kg 的垃圾，整个城市每天超过 9000t 的总弃置量，给香港地区带来了严峻的考验。

基于"污染者自付"及"共同承担环保责任"的原则，立法会在 2012～2017 年通过三项条例草案，实施塑胶购物袋、受管制电器和玻璃饮料容器的生产者责任计划。

我国香港地区在 2013 年 5 月推出《香港资源循环蓝图 2013—2022》，涉及废物管理的各个环节，需建立健全减废、收费、收集、处置及弃置的综合管理系统，希望将香港都市固体废物每日人均弃置量减少到 0.8kg 或以下。除了对固体废物实行按量收费及生产者责任计划等减废政策和法规，政府还投放大量资源以完善废物处理的相关基建，主要包括有机资源回收中心、综合废物管理设施及堆填区的建设。

随后，环境保护署在 2014 年发表《香港厨余及园林废物计划 2014—2022》，整合和更新了处理厨余的策略，把人均弃置在堆填区的厨余量减少 40％。厨余计划以全民惜食、食物捐赠、厨余收集和转废为能作为主题。整体策略以源头减废为主导，对食用过后所产生的厨余则尽量回收和循环再造。

香港特区政府公布的《香港资源循环蓝图 2035》，将建设转废为能设施作为长期目标之一，将支援业界列为行动重点，以期通过发展循环经济，强化疫情后香港地区的绿色经济复苏。

8.2.3 实施措施

1. 推行垃圾计量收费

根据《2018 年废物处置（都市固体废物收费）（修订）条例草案》，香港按两种模式落实垃圾收费：第一种是按袋适用于大部分住宅、楼宇、地铺和公共机构处所等，约占每日弃置在堆填区都市固体废物量的 80％，市民弃置垃圾前必须用指定垃圾袋包妥或贴上指定标签；第二种是按废物重量收费，主要适用于工商业处所弃置的垃圾。

（1）按袋计量收费

市民处理生活垃圾需购买指定容量的垃圾袋，可在获授权的销售点购买，包括超级市场、便利店、邮局、自动售卖机和网上平台，收费定为每千克 0.11 元（港币，本节同）（表 8-4）。无法用指定垃圾袋包裹的大型垃圾，包括家具等每件统一收费 11 元，市民须在弃置前贴上指定标签。考虑到垃圾收费可能会增加贫困户的经济负担，政府会在实施垃圾收费后向领取综合援助金的家庭提供每人每月 10 元的补助金，以帮助其降低相关开支。在都市固体废物收费实施的前三年，指定垃圾袋的收费建议定为每千克 0.11 元。指定垃圾袋有 9 种不同大小，容量为 3～100kg，以配合不同使用者的需要，如有市民违规弃置垃圾将会被罚款甚至遭检控。

香港按量计费垃圾袋售价表　　　　　　表 8-4

指定袋的容量（kg）	每个袋的售价（元）
3	0.3
5	0.6
10	1.1
15	1.7
20	2.2
35	3.9
50	5.5
75	8.5
100	11.0

（2）按重量收入闸费

由私营废物收集商使用非压缩型垃圾车收集的废物，直接送往堆填区或废物转运站的处所，征收入闸费，主要适用于工商业处所弃置的大型或形状不规则的废物。垃圾产生者排放这类垃圾到垃圾转运站、堆存站或处置场前，必须先称重并缴纳"入闸费"。

在执法方面，我国香港食品环境卫生署人员将拒收没有以指定垃圾袋包妥或没有贴上指定标签的弃置物，并会突击检查垃圾收集车和收集站，如发现违规行为会发出 1500 元定额罚款通知书或提出检控。

2. 构建分类回收系统

香港为加强地区的减废回收，在 18 个区开展不同项目以构建社区新的回收网络，当中包括回收环保站、回收便利点、回收流动点，均会接收不少于 8 种回收物，包括废纸、金属、塑料、玻璃容器、四电一脑、小型电器、光管、充电池等固体废物。收集到的回收物经过分拣，再运送至合适的回收商作后续处理，以支持公众实施减废回收，让绿色生活扎根社区。

鼓励市民使用社区回收设施，2020 年 11 月 16 日推出的"绿绿赏"智能积分卡，通过收集积分兑换礼品的方式鼓励市民回收，有效建立起依托社区和居民的回收网络（图 8-3）。市民在社区所办的新回收网络提交 2kg 及以上回收物后，即可免费领取一张"绿绿赏"积分卡。此后提交回收物时，只需出示"绿绿赏"积分卡或印于积分卡背面的二维码，即可赚取相应"绿绿赏"电子积分以兑换礼品。可利用"绿绿赏"积分换购的礼品主要包括日常生活用品及粮油干货，也有环保产品，例如：竹浆厕纸、毛巾以及环保回收袋等，以提高市民的环保意识，将减废回收的习惯逐步融入日常生活之中。

（1）回收环保站

2015 年起，由环境保护署以公开招标方式委聘非牟利团体营办回收环保站，设立环保教育和社区资源回收相结合的回收环保站（图 8-4）。回收环保站通过不同的回收计划和教育活动，由一些公益团体接手运营，积极联系区内屋苑和物业管理公司建立服务网络，在区内设立回收流动点、回收车来收集可回收物，从而将绿色生活融入社区。

图 8-3　"绿绿赏"积分卡

图 8-4　回收环保站

（图片来源：回收环保站｜绿在沙田［Online Image］.

https：//sc. isd. gov. hk/gb/www. info. gov. hk/gia/general/201505/11/P201505110592. htm）

　　截至 2020 年 10 月，已有 9 个回收环保站投入服务，累计收集超过 7000t 可回收物，举办了 5900 次展览、讲座、工作坊或其他形式的环保教育活动，招待访客超过 125 万人次。

　　（2）回收便利点

　　2020 年起，环境保护署为社区回收中心项目提供常规化拨款，以合约形式委聘合资格的非牟利机构在香港 18 个区设立并营运 22 个回收便利点，为人口较密集地区的市民提供相对方便的回收途径来强化社区回收网络（图 8-5）。所有回收便利点已投入服务。

图 8-5　回收便利点

（图片来源：回收便利点［Online Image］．［2021-11-12］.

https：//www. wastereduction. gov. hk/sites/default/files/6green/CRC7＿0. JPG）

（3）回收流动点

香港各区设立超过 100 个回收流动点，以每周定时定点街站形式运作（图 8-6）。为方便和鼓励公众参与废物源头分类及干净回收，回收流动点主要位于缺乏分类回收设施的单幢式及"三无"住宅楼宇附近，以便于居民参与回收，做到多分类，有助于更多市民把减废回收的习惯融入日常生活。

图 8-6　回收流动点

（图片来源：回收流动点［Online Image］．［2021-11-12］.

https：//www. wastereduction. gov. hk/sites/default/files/6green/Recycling％20spot％203. png）

3. 建筑废物处理模式

为减少产生废物，提高建筑废物的回收利用和循环再造，减少堆填区接收混杂的建筑废物，须改善规划、设计及施工管理，减少在源头产生的公众填料总数量；把木材、纸张或塑胶等废料从公众填料中分类筛选出来，确保可再用或再造的公众填料不会被弃置在堆填区；尽量把公众填料再用于填海、场地平整或填土工程。

根据污染者自付原则，2005 年颁布了《建筑废物处置收费计划》，要求建筑废物产生者支付合理的处置费用。通过收费计划鼓励建筑废物产生者减少产生废物，以及将废物筛选分类、再利用及循环再造，从而节省成本和善用堆填区。

环境保护署于 2005 年 12 月 1 日实施办理账户的申请。承办价值 100 万元或以上建造工程合约的主要承包商，必须为有关合约开立专用的缴费账户。主要承包商必须在合约批出后 21d 内申请，否则即触犯法例；至于价值少于 100 万元的建造工程合约，例如小型建造工程或装修工程，任何人士，例如处所拥有人或其承包商，均可开立缴费账户，该等账户可用于多个价值少于 100 万元的建造工程合约。处所拥有人亦可聘请持有有效缴费账户的工程承包商负责建筑废物的处置安排。

建筑废物处置收费于 2006 年 1 月 20 日开始，任何人士使用废物处置设施处置建筑废物前，必须开立账户（表 8-5）。

我国香港地区建筑废物处置收费 表 8-5

建筑废物处置设施	接收的建筑废物种类	每吨收费（元）
公众填料接收设施	完全由惰性建筑废物组成	71
筛选分类设施	含有按重量计多于 50% 的惰性建筑废物	175
堆填区	含有按重量计不多于 50% 的惰性建筑废物	200
离岛废物转运设施	含有任何百分比的惰性建筑废物	200

注：1. 除离岛废物转运设施外，最低收费为 1t（即载量不足 1t，亦作 1t 计算），超过 1t 的废物载量以每 0.1t 计算收费。离岛废物转运设施每 0.1t 收费 20 元。

2. 惰性建筑废物指石块、瓦砾、大石、土、泥、砂、混凝土、沥青、砖、瓦、砌石或经使用的润土。

3. 堆填区和离岛废物转运设施：如废物载量含有建筑废物及其他废物，计算收费时，该载量须视作完全由建筑废物组成。

可对建筑废物进行回收再用和循环再造。作为建材可以采用均衡的挖填设计，重复使用围板、板模、棚架等物料，并且把金属、混凝土及沥青等物料循环再用。拆卸重建时，拆卸工程的废物，可作为新建筑物的砖块和瓷砖，在原地循环再用。在拆卸工地把混凝土凿碎，则可提供碎石骨料，用于在原地重建新楼宇。

对建筑废物分类是回收再用和循环再造中十分重要的环节。为方便建筑废物分类，需预留地方堆放，即废物分类之地。此外，还应以合适的箕斗，暂时贮存已分类的物料，例如金属、混凝土、木料、塑胶、玻璃、弃土、砖头和瓷砖等。当范围有限，难以对废物进行详细分类时，应把废物分为惰性及非惰性两类。

物料在弃置前，应先行分类，在原地或其他工地循环再用；如可再造物料，应交由回收商循环再造。公众填料应运往公众填料设施；剩余的建筑废物，应运往堆填区弃置。为避免非法弃置废物，承建商应遵照相关制度规定的做法，确保泥头车司机在适当的地点弃置建筑废物。

建筑废物的管理策略最具有挑战性的是从源头减少废物数量和种类，在物料和产品变成废物之前重新加以使用。回收涉及再加工而减少堆填，使用现代技术从废物回收能源循环再造，然而不能从废物中回收再用的则弃置堆填。

8.2.4　设施建设

1. T·PARK［源·区］

T·PARK［源·区］位于屯门稔湾，是地方政府耗资 50 亿元兴建的污泥处理综合设施（图 8-7），也是全球最大的污泥焚烧处理设施。其利用多项先进科技，包括污泥焚化、发电、海水淡化等，转废为能，当中更设有绿化园景区、教育、自然生态设施，以推广废物循环利用。环保基础设施在实现污染物消除的前提下，同时具有环境友好、能源自给与回收、资源循环、公众教育等功能，打造提供综合生态服务的绿色基础设施。

图 8-7　T·PARK［源·区］主要设施布局

与传统填埋处理方式相比，T·PARK［源·区］可以实现 90％以上的污泥减量化，仅产生灰和少量的残渣，同时焚烧过程将热能转化为电力，并入公共电网后可供给 4000 户家庭，实现资源化能量利用（图 8-8）。2016 年调试期间，焚烧厂运行实现三种模式：孤岛模式，即全厂自给自足，不输出电量也不购电，运行时长占总调试时间的 3.4％；输入模式，即不输出电量，但需要外购电量的运行模式，时长占 0.6％；输出模式，发电量满足自身使用外，还可以向外网输出，占总时长的 96％。

2. WEEE·PARK——废电器电子产品处理设施

WEEE·PARK 位于屯门环保园，在全香港地区扩展收集网络，设立了 5 个区域收集中心或收集点。收集网络备有智能追踪及报告系统，配合车队收集市民弃置的"四电一脑"（即空调、冰箱、洗衣机、电视机、电脑），提供物流支援（图 8-9）。WEEE·PARK 占地 3hm²，为废电器电子产品生产者责任计划的实施提供了所需的设施，也是配合《香

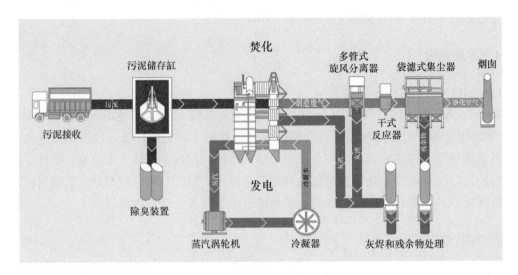

图 8-8 焚烧工艺示意图

港资源循环蓝图 2013—2022》的重要基建之一。

图 8-9 WEEE·PARK 俯视航拍图

废电器电子产品含有铅、水银及温室气体等有害物质，如未妥善处理或弃置，会对环境和人体健康构成危害。WEEE·PARK 是国际上先进的同类型设施之一，采用先进的技术和设备处理废电器电子产品，通过除毒、拆解和循环再造等工序，转化为有价值的二次物料，过程中对废电器电子产品中的有害物质采取严格监控（图 8-10）。WEEE·PARK 内设有公众展览廊，通过参观让公众深入了解回收处理废电器电子产品的运作过程，并从中体会到"转废为材"的重要性。

自 2017 年 10 月开始，WEEE·PARK 从本地收集和处理的"四电一脑"受管制电器，以及产生的回收物料数量如表 8-6 所示。

图 8-10　废电器电子产品处理流程展示

废电器电子产品处理量及循环再造过程产生的回收物料　　　　表 8-6

时间	废电器电子产品处理量（t）	循环再造过程所产生的回收物料				
		含铁金属（t）	有色金属（t）	塑胶（t）	其他回收物料（t）	总物料回收量（t）
2017 年 10～12 月	930	257	25	71	26	379
2018 年	10830	3842	2103	1931	1456	9332
2019 年	23980	8028	5397	3964	3521	20910
2020 年	23383	7930	4688	3832	3824	20274

注：其他回收物料，如玻璃、混凝土方块、印刷电路板、碳粉盒、电脑零件等。

3. 有机资源回收中心（O·PARK 1）

O·PARK 1 位于北大屿山小蚝湾，是香港首个有机资源回收中心（图 8-11）。采用厌氧分解技术将厨余垃圾转化为生物气（一种与天然气相近的可再生能源资源）并用作发电，所产生的电力除供 O·PARK 1 内部使用外，预计每年亦可输出约 1400 万度的剩余电力，相当于约 3000 户家庭的用电量。

O·PARK 1 设计处理量为每日 200t 厨余，在厌氧分解过程中所产生的生物气会转化为热能和电力，足够供应整个设施的需求。当达至设计处理量时，减少使用化石燃料发电和堆填有机废物，每年可减少约 4.2 万 t 的温室气体排放。处理过程中产生的残余物可转化为副产品堆肥，每日会产生约 20t 的堆肥作为副产品用于园林绿化和农业生产，大大减少需要弃置于堆填区的厨余量。

图 8-11 有机资源回收中心（O·PARK 1）鸟瞰图

（图片来源：有机资源回收中心第 1 期（O·PARK 1）｜环境保护署［Online Image］．［2021-12-7］.
https：//www.epd.gov.hk/epd/sites/default/files/epd/tc_chi/environmentinhk/waste/prob_solutions/
images/Full%20Site%201.jpg）

8.3 实施效果

8.3.1 人均产废指标逐步下降

香港地区采用了与台湾地区类似的"随袋征收"模式向垃圾"宣战"，成为人口高密度城市破局垃圾围城步伐加速的重要信号。根据自身情况制定了全面的中长期垃圾分类处理发展规划。因地制宜，采用以规划为先导，计划为引领，以源头分类为抓手的回收利用和填埋处置并用的处理体系。在废物管理方面，通过推动都市固体废物收费（垃圾收费）立法，逐步落实一系列生产责任计划等减废政策及法规，推动源头减废及干净回收。

8.3.2 成功构建分类回收体系

在香港 18 个区设立 9 个回收环保站、22 个回收便利点和上百个回收流动点，组成全新的"绿在区区"社区回收网络。回收便利点以商铺模式营运，自推出后短短 3 个多月已接待超过 5 万人次，而新设的"绿绿赏"电子积分计划也已有接近 3 万家庭或个人会员。为响应特区增加就业的号召，在"绿在区区"开设约 100 个临时职位，为有志于从事环保事业的青年提供就业机会。

8.3.3 开启近零填埋转型之路

固体废物分类处理相对应处理设施，如 T·PARK［源·区］、WEEE·PARK，还有正在规划建设的第一座生活垃圾焚烧厂，逐步摆脱填埋的处置方式。

香港改变了依赖填埋的方法，发展以焚化发电为主的废物处理设施。建设高效能的转废为材或转废为能的设施取代过度依赖堆填区，善用土地资源及科技，并将弃置物转化为各种有用的资源。于 2018 年启用两所先进回收设施、废电器电子产品处理设施（WEEE·PARK）和专门处理厨余的有机资源回收中心（O·PARK 1）。在此之前，T·PARK［源·区］设施已于 2016 年投入服务，采用转废为能技术缩减污泥的体积，同时产生可再生能源，自供自给外，把余电供应给公共电网（图 8-12）。

图 8-12　大型废物管理基础设施

8.3.4　创新公众宣传教育方式

1. 垃圾分类公众普及

为提高香港本地公众环保意识和参与，举办社区活动，开展形式多样的宣传教育，积极利用媒体发布等方法，科普固体废物相关知识，动员公众积极践行垃圾分类、废物利用等绿色生活方式。例如在 2018 年我国香港地区政府推出"外卖走塑、餐具先行"的餐饮包装减塑活动，与餐饮店合作减少了约 240 万套一次性餐具的使用；推广落实有主流民意支持的"废物按量收费"制度。

2. 倡导减废低碳生活

2020 年 6 月开展了为期两年的"减废回收 2.0"宣传活动，继续推动源头减废的同时，增设社区可回收物投放收集点，加强引导市民善用社区回收网络，实践惜物减废的绿色生活。为向"少拿点，省多点，懂回收"的环保方式转型，我国香港地区政府增加资源投放到基层，加强相关减废宣传教育及社区支援，当中新成立的"绿展队"就是创新实践成果（图 8-13）。

"绿展队"的工作主要是主动对外接触，如物业管理公司、居民团体、地区组织及前线清洁员工等，串联并维持有效的绿色减废联系网络，旨在于"贴地"支援社区有需要帮

图 8-13 香港减废基层宣传队伍"绿展队"

助的群组，同时加强源头减废及分类回收，强调在地及实用的建议和协作，帮助社区在未来更顺畅地迎接"废物按量收费"的绿色生活。"绿展队"先从东区、观塘区及沙田区三区开始试点，建立 8 类生活垃圾回收，包括废纸、废塑胶、金属、玻璃樽、电胆/光管、充电池、电子产品及小型电器。

"绿展队"重在接地气（贴地），深入基层和居民区进行指导。例如，会不定期组织夜访"三无小区"（即没有业主立案法团、没有任何居民组织及没有管理公司），走访不同楼层了解居民垃圾分类认识情况和投放效果，在街头巷尾等候相关清洁工以查询实地运作细节，举办宣传回收塑料的活动，包括背心袋、米袋、胶樽、胶桶、胶箱、微波炉胶盒、乳酪杯、水果网、发泡胶箱、发泡胶防撞物料等，协助街坊培养妥善回收塑胶的好习惯。

3. 公开环境监测信息

我国香港地区政府致力于推进各类环境信息公开，保障公众知情权，加强社会监督。会定期在环境保护署官方网站上发布环境保护的统计数据和检测报告，如《香港固体废物监察报告》、各类固体废物处理设施污染排放监测报告、垃圾收费良好作业指引等（表 8-7），让公众及时了解固体废物治理和减废措施的最新情况与监测结果，发挥民主监督的权力，降低邻避效应和维护社会稳定。

香港污泥焚烧厂烟气排放监测数据 表 8-7

序号	参数	排放限值（kg/hr）	幅度（kg/hr）	平均值（kg/hr）	达标（是/否）
（a）	持续监测-每小时平均值（由持续排放监测系统量度）				
	微粒	2.277	0.003～0.047	0.006	是
	总有机碳	1.512	0.002～0.812	0.046	是
	氯化氢（HCl）	4.545	0.068～0.338	0.235	是
	氟化氢（HF）	0.306	0.010～0.067	0.033	是
	二氧化硫（SO_2）	15.147	0.006～4.484	2.235	是
	一氧化碳（CO）	7.578	0.000～0.464	0.044	是
	氮氧化物（NO_x）以二氧化氮（NO_2）计算	30.303	0.513～6.209	1.581	是

序号	参数	排放限值 （kg/hr）	幅度 （kg/hr）	平均值 （kg/hr）	达标 （是/否）
（b）	持续监测-日均值（由持续排放监测系统量度）				
	微粒	0.756	0.004～0.008	0.006	是
	总有机碳	0.756	0.016～0.132	0.046	是
	氯化氢（HCl）	0.756	0.167～0.298	0.236	是
	氟化氢（HF）	0.072	0.024～0.047	0.033	是
	二氧化硫（SO_2）	3.789	1.942～2.580	2.234	是
	一氧化碳（CO）	3.789	0.007～0.104	0.044	是
	氮氧化物（NO_x） 以二氧化氮（NO_2）计算	15.147	1.084～3.237	1.578	是
	参数	排放限值（kg/hr）	监察结果（kg/hr）		达标（是/否）
（c）	每月监测（由认可化验所量度）				
	汞	0.003789	<0.0003		是
	镉及铊的总量	0.003789	<0.0011		是
	重金属总量	0.0378	<0.0051		是
	二噁英及呋喃	$7.575×10^{-9}$	$<5.702×10^{-10}$		是

来源：香港环境保护署［Online Image］. https：//www. epd. gov. hk/epd/sites/default/files/epd/STFreportOctober2021c _ 0. pdf.

同时，积极拓宽公众参与渠道，凝聚各利益相关方，形成固体废物污染治理和生态环境保护的合力。如组织多样化的听证会和公众咨询会，让公众参与到全过程决策和政策制定中。其中，在推动垃圾按量收费的重大公共政策上，地方政府从法律制定到执行细则、常见问题咨询等，都组织开展多轮公众咨询和听证会，让这一政策实施的背后原因、必要性、可预期的成效以及执行方式充分向公众传达，保障了公众的知情权，提高公众参与的主动性。

8.4　可借鉴经验

我国香港地区在推广环保及废物利用方面已取得很大成效，可借鉴经验如下。

8.4.1　城市开发边界前瞻性预留弹性

我国香港地区严格限制自己开发的建设用地规模，在建设用地开发上利用率较低，多用于建设固体废物处理设施、填埋场这些大面积的邻避设施，在需要修建设施时有地可供选择，从而确保设施建设的土地充裕。应在空间布局上统筹协调，"一体化规划"应打破各自为政的区划格局，对重大环保基础设施实施统一的空间布局，充分考虑各区域土地、重大环保基础设施技术、管理水平等，扬长避短，实现资源的最优配置，最大限度地提高资源利用效率。

8.4.2 设施建设坚持高起点高标准

香港大型固体废物处理厂注重设施内部质量的高标准建设，在固体废物处理设施处理中采用最严格的环境控制标准，好的环境质量使居民体会不到以前的处理设施场所带来的环境恶臭等，并且能实现垃圾的减量化、无害化、资源化处置。场内设有回馈居民的设施，如宣传教育场所和娱乐中心，适合家长带小朋友参观学习了解处理设施，旨在将环保理念"从娃娃抓起"。

如 T·PARK［源·区］高标准建设，为确保排放的气体符合严格的国际标准，中控室全天候监控。从处理厂的设计、建设到工艺处置的全过程都做到对环境及人的友好。为更好地解决臭味问题，依靠一系列更精细的技术和管理，做到全细节、全方位防控，配置先进的通风系统。由废物转化成工艺品，原本被嫌恶的废物被营造出浓浓的艺术气息，让参观者有亲切感。基于提供综合生态服务，尝试了创新的基础设施绿色化构建模式。注重展示设施环境建设，还注重根据当地的自然环境和户外条件因地制宜地设计开发教学场地。

8.4.3 探索固体废物按量计费制度

我国香港地区固体废物以分类为标准按袋和重量计费，固体废物的分类是离不开民众的参与的，民众的行为意愿直接关系到垃圾分类处理的目标是否能够顺利开展。一方面，要制定合理的收费制度和相应的激励机制，推行固体废物征费可提供经济诱因，推动市民改变行为，从而减少固体废物的弃置量，确保民众愿意参与到垃圾分类过程中来。另一方面，也要制定一些惩罚措施应对那些不按要求进行垃圾分类处理的居民，推进垃圾分类处理的进程。要让居民看到生活垃圾回收利用的益处，逐步提高居民的垃圾分类行为意愿与支付意愿，实行污者自费原则，按垃圾分类的量和效果收取相应的费用。

8.4.4 善用市场经济促进资源循环

回收产业需要足够的产能将回收物转化为有用资源和稳定市场出路。香港每日产生超过 15000t 都市固体废物，包括约 4200t 废纸、2500t 废塑胶及 3500t 厨余等。经处理的废纸纸浆的价值可达每吨 2400 元，把一半的废纸材料转化为纸浆再出口，每年的收入总值可高达 18 亿元。废塑胶经处理再生成胶粒或其他原材料，根据物料的品质价格为每吨 1200～15000 元。厨余方面 O·PARK 1 每日可把 200t 的厨余转化为每年 1400 多万度电，足以满足约 3000 户家庭的电力需求。采用生物科技将厨余转化为其他产品可创造出更高的收益。

第 3 篇

规划方法篇

　　本篇论述无废城市的主要规划理论与方法策略。开篇概述了无废城市规划编制总论,从规划任务、规划体系、审批程序、城市分类分别进行简要论述,并概述了无废城市规划中最基本的规划方法;随后从"源头减量化—中端高效运输—末端资源化"的全过程介绍了常用的规划方法和实施策略。

　　相比常规的规划,无废城市规划体系不仅在设施处理规模、用地要求、空间布局上进行考量与谋划,同时还增加制度体系、市场体系、技术体系和监管体系四大保障体系,从而大大地丰富了规划维度和考量要素,为规划的实施提供有力的指导。

第9章　无废城市规划编制总论

9.1　无废城市规划任务

无废城市规划任务是提高固体废物全过程全生命周期的减量化、资源化和无害化的效率，将固体废物管理提升到城乡治理的层面，把固体废物资源化处理与产业和经济社会融合，最终达到循环利用的目标。具体而言，无废城市规划任务有以下六大方面。

9.1.1　强化顶层设计引领，发挥政府宏观指导作用

建立无废城市建设指标体系，发挥导向引领作用。研究建立以固体废物减量化和循环利用率为核心的无废城市建设指标体系，并与绿色发展指标体系、生态文明建设考核目标体系衔接融合。健全固体废物统计制度，统一工业固体废物数据统计范围、口径和方法，完善农业固体废物、建筑垃圾统计方法。

优化固体废物管理体制机制，强化部门分工协作。根据城市经济社会发展实际，以深化地方机构改革为契机，建立部门责任清单，进一步明确各类固体废物产生、收集、转移、利用、处置等环节的部门职责边界，提升监管能力，形成分工明确、权责明晰、协同增效的综合管理体制机制。

加强制度政策集成创新，增强试点方案系统性。落实《生态文明体制改革总体方案》相关改革举措，围绕无废城市建设目标，集成目前已开展的有关循环经济、清洁生产、资源化利用、乡村振兴等方面改革和试点示范政策、制度与措施。在继承与创新基础上，试点城市制定无废城市建设试点实施方案，同城市建设与管理有机融合，明确改革试点的任务措施，增强相关领域改革系统性、协同性和配套性。

统筹城市发展与固体废物管理，优化产业结构布局。组织开展区域内固体废物利用处置能力调查评估，严格控制固体废物产生量大、区域难以实现有效综合利用和无害化处置的新建、扩建项目。构建工业、农业、生活等领域间资源和能源梯级利用、循环利用体系。以物质流分析为基础，推动构建产业园区企业内、企业间和区域内的循环经济产业链运行机制。明确规划期内城市基础设施保障能力需求，将生活垃圾、城镇污水污泥、建筑垃圾、废旧轮胎、危险废物、农业固体废物、报废汽车等固体废物分类收集，并将无害化处置设施纳入城市基础设施和公共设施范围，保障设施用地。

9.1.2　实施工业绿色生产，推动大宗工业固体废物贮存处置总量趋零增长

全面实施绿色开采，减少矿业固体废物产生和贮存处置量。以煤炭、有色金属、黄金、冶金、化工、非金属矿等行业为重点，按照绿色矿山建设要求，因矿制宜采用充填采

矿技术，推动利用矿业固体废物生产建筑材料或治理采空区和塌陷区等。

开展绿色设计和绿色供应链建设，促进固体废物减量和循环利用。大力推行绿色设计，提高产品可拆解性、可回收性，减少有毒有害原辅料使用，培育一批绿色设计示范企业；大力推行绿色供应链管理，发挥大企业及大型零售商带动作用，培育一批固体废物产生量小、循环利用率高的示范企业。以铅酸蓄电池、动力电池、电器电子产品、汽车为重点，落实生产者责任延伸制，建立废弃产品逆向回收体系。

健全标准体系，推动大宗工业固体废物资源化利用。以尾矿、煤矸石、粉煤灰、冶炼渣、工业副产石膏等大宗工业固体废物为重点，完善综合利用标准体系，分类别制定工业副产品、资源综合利用产品等产品技术标准。推广一批先进适用的技术装备，推动大宗工业固体废物综合利用产业规模化、高值化、集约化发展。

严格控制增量，逐步解决工业固体废物历史遗留问题。以磷石膏等为重点，探索实施"以用定产"政策，实现固体废物产销平衡。全面摸底调查和整治工业固体废物堆存场所，逐步减少历史遗留固体废物贮存处置总量。

9.1.3　推行农业绿色生产，促进主要农业固体废物全量利用

以规模养殖场为重点，以建立种养循环发展机制为核心，逐步实现畜禽粪污就近就地综合利用。在牛、羊和家禽等养殖场鼓励采用固体粪便堆肥或建立集中处置中心生产有机肥，在生猪和奶牛等养殖场推广快速低排放的固体粪便堆肥技术、粪便垫料回用和水肥一体化施用技术，加强二次污染管控。推广"果沼畜""菜沼畜""茶沼畜"等畜禽粪污综合利用、种养循环的多种生态农业技术模式。对于规模养殖场，通过农业指导＋行政监督＋市场运行的机制，提高粪污处理设施装备配套率（95％以上），对于条件适宜的地区，开展畜禽粪污综合利用工作。

以收集、利用等环节为重点，坚持因地制宜、农用优先、就地就近原则，推动区域农作物秸秆全量利用。以秸秆就地还田，生产秸秆有机肥、优质粗饲料产品、固化成型燃料、沼气或生物天然气、食用菌基料和育秧、育苗基料，生产秸秆板材和墙体材料为主要技术路线，建立肥料化、饲料化、燃料化、基料化、原料化等多途径利用模式。

以回收、处理等环节为重点，提升废旧农膜及农药包装废弃物再利用水平。建立政府引导，企业主体、农户参与的回收利用体系。推广一膜多用、行间覆盖等技术，减少农膜使用。推广应用标准农膜，禁止生产和使用厚度低于 0.01mm 的农膜。有条件的城市，将农膜回收作为生产全程机械化的必要环节，全面推进机械化回收。按照"谁购买谁交回、谁销售谁收集"原则，探索建立农药包装废弃物回收奖励或使用者押金返还等制度，对农药包装废弃物实施无害化处理。

9.1.4　践行绿色生活方式，推动生活垃圾源头减量和资源化利用

以绿色生活方式为引领，促进生活垃圾减量。通过发布绿色生活方式指南等，引导公众在衣食住行等方面践行简约适度、绿色低碳的生活方式。支持发展共享经济，减少资源浪费。限制生产、销售和使用一次性不可降解塑料袋、塑料餐具，提倡减塑行动。加快推

进快递业绿色包装应用，推动同城快递环境友好型包装材料全面应用。推动公共机构无纸化办公。在宾馆、餐饮等服务性行业，推广使用可循环利用物品，限制使用一次性用品。创建绿色商场，培育一批应用节能技术、销售绿色产品、提供绿色服务的绿色流通主体。

多措并举，加强生活垃圾资源化利用。全面落实生活垃圾收费制度，推行垃圾计量收费。建设资源循环利用基地，加强生活垃圾分类，推广可回收物利用、焚烧发电、生物处理等资源化利用方式。垃圾焚烧发电企业实施"装、树、联"（垃圾焚烧企业依法依规安装污染物排放自动监测设备、在厂区门口树立电子显示屏实时公布污染物排放和焚烧炉运行数据、自动监测设备并与生态环境部门联网），强化信息公开，提升运营水平，确保达标排放。以餐饮企业、酒店、机关事业单位和学校食堂等为重点，创建绿色餐厅、绿色餐饮企业，倡导"光盘行动"。促进餐厨垃圾资源化利用，拓宽产品出路。

开展建筑垃圾治理，提高源头减量及资源化利用水平。摸清建筑垃圾产生现状和发展趋势，加强建筑垃圾全过程管理。强化规划引导，合理布局建筑垃圾转运调配、消纳处置和资源化利用设施。加快设施建设，形成与城市发展需求相匹配的建筑垃圾处理体系。开展存量治理，对堆放量比较大、比较集中的堆放点，经评估达到安全稳定要求后，开展生态修复。在有条件的地区，推进资源化利用，提高建筑垃圾资源化再生产品质量。

9.1.5 提升风险防控能力，强化危险废物全面安全管控

筑牢危险废物源头防线。新建涉危险废物项目，严格落实《建设项目危险废物环境影响评价指南》等管理要求，明确管理对象和源头，预防二次污染，防控环境风险。以有色金属冶炼、石油开采、石油加工、化工、焦化、电镀等行业为重点，实施强制性清洁生产审核。

夯实危险废物过程严控基础。开展排污许可"一证式"管理，探索将固体废物纳入排污许可证管理范围，掌握危险废物产生、利用、转移、贮存、处置情况。严格落实危险废物规范化管理考核要求，强化事中事后监管。全面实施危险废物电子转移联单制度，依法加强道路运输安全管理，及时掌握流向，大幅提升危险废物风险防控水平。开展废铅酸蓄电池等危险废物收集经营许可证制度试点。落实《医疗废物管理条例》及医疗废物集中处置设施建设责任，推动医疗废物集中处置体系覆盖各级各类医疗机构。加强医疗废物分类管理，做好源头分类，促进规范处置。

完善危险废物相关标准规范。以全过程环境风险防控为基本原则，明确危险废物处置过程二次污染控制要求及资源化利用过程环境保护要求，规定资源化利用产品中有毒有害物质含量限值，促进危险废物安全利用。

9.1.6 激发市场主体活力，培育产业发展新模式

提高政策有效性。将固体废物产生、利用处置企业纳入企业环境信用评价范围，根据评价结果实施跨部门联合惩戒。落实好现有资源综合利用增值税等税收优惠政策，促进固体废物综合利用。构建工业固体废物资源综合利用评价机制，制定国家工业固体废物资源

综合利用产品目录，对依法综合利用固体废物、符合国家和地方环境保护标准的企业，免征环境保护税。按照市场化和商业可持续原则，探索开展绿色金融支持畜禽养殖业废弃物处置和无害化处理试点，支持固体废物利用处置产业发展。在试点城市危险废物经营单位全面推行环境污染责任保险。在农业支持保护补贴中，加大对畜禽粪污、秸秆综合利用生产有机肥的补贴力度，同步减少化肥补贴。增加政府绿色采购中循环利用产品种类，加大采购力度。加快建立有利于促进固体废物减量化、资源化、无害化处理的激励约束机制。在政府投资公共工程中，优先使用以大宗工业固体废物等为原料的综合利用产品，推广新型墙材等绿色建材应用；探索实施建筑垃圾资源化利用产品强制使用制度，明确产品质量要求、使用范围和比例。

发展"互联网＋"固体废物处理产业。推广回收新技术新模式，鼓励生产企业与销售商合作，优化逆向物流体系建设，支持再生资源回收企业建立在线交易平台，完善线下回收网点，实现线上交废与线下回收有机结合。建立政府固体废物环境管理平台与市场化固体废物公共交易平台信息交换机制，充分运用物联网、全球定位系统等信息技术，实现固体废物收集、转移、处置环节信息化、可视化，提高监督管理效率和水平。

积极培育第三方市场。鼓励专业化第三方机构从事固体废物资源化利用、环境污染治理与咨询服务，打造一批固体废物资源化利用骨干企业。以政府为责任主体，推动固体废物收集、利用与处置工程项目和设施建设运行，在不增加地方政府债务前提下，依法合规探索采用第三方治理或政府和社会资本合作（PPP）等模式，实现与社会资本风险共担、收益共享。

9.2　规划体系与审批程序

现状的国土空间规划体系类别，暂无无废城市该类具体规划，但从规划性质和工作内容上判断，无废城市规划属于固体废物治理领域的专项规划。根据规划的深度不同，又分为总体规划、专项规划、详细规划和实施方案。规划框架如图 9-1 所示。

9.2.1　各级相关规划

（1）总体规划层面

考虑到城市固体废物资源循环利用体系的系统性和整体性，无废城市总体规划一般在市级及以上层面开展，规划范围为相应的行政区划范围，开展的主要工作包括规划范围内固体废物产生类别的梳理、产生规模调查摸底、现状资源化水平评估、产生规模预测、分类体系规划、末端资源化处理设施的规划、主要设施布局规划、主要设施空间需求规划、中小型设施发展方向论证等，是指导区域城市固体废物规划和建设的纲领性文件。总体规划层面的无废城市规划包括在国土空间规划（包括全市和分区两级）上提出的总体目标、原则性的方向和要求，并提出"无废细胞"建设形式和试点范围。

（2）专项规划层面

在专项规划层面中，可制定《"无废城市"专项规划》，或在环卫设施等专项规划中提

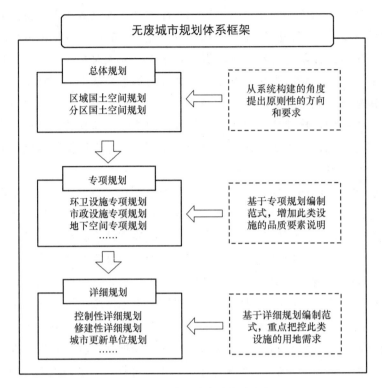

图 9-1 无废城市规划框架图

出无废城市构建方案，包括固体废物分类体系、目标指标体系、设施类型、空间布局、能力规模、用地指标要求等规划内容，并根据专项规划的深度，制定相关方案成果。《"无废城市"专项规划》是统筹各固体废物类别的综合性专项规划，具有专业领域上位规划和指导性核心文件的重要作用，是无废城市各类下层次规划的总体依据和专业指引。

（3）详细规划层面

无废城市详细规划一般分为两类：分区详细规划、重点片区详细规划。分区详细规划一般在区、镇或街道级层面开展，开展的主要工作包括相应规划范围内涉及的各类固体废物产生规模的核实、分类类别的细化、区域资源化处理体系构建、大中型设施用地的落实、小型设施的布点规划、其他设施的发展方向论证等。分区详细规划中更注重将规划目标所需空间及用地的落实作为核心工作内容，以纳入相应的国土空间规划及详细规划，确保用地提前预控以及用地的合法性。

重点片区详细规划一般在总体规划层次的规划批准后开展。重点片区详细规划将通过与总体规划、专项规划、控制性详细规划、法定图则等成果的协调，构建该片区内各类固体废物的微循环体系，并明确具体的空间边界和用地规模，结合上层次规划对产生量的预测，开展规划建设项目筛选、工艺技术研究、功能分区划分、用地细化分类、用地标准研究、规划布局与指标控制、道路交通规划、生态建设与污染防治、市政工程规划等，是指导片区固体废物治理的法定蓝图。

（4）实施方案层面

实施方案是建立在总体规划和详细规划两层面的工作基础上，提出具体建设实施的试点目标、试点任务、预期成果（预期指标值）、任务分解（责任主体）、进度安排和措施保障等，实施方案更偏向于政府行政指令和工作方案，是指导规划工作落实的抓手和指引。

对于前端收集设施，如生活垃圾分类收集点、危险废物收集暂存点等"无废细胞"小型设施，可在地块内的总平面布局设计中落实，确定建筑面积、建筑尺寸、竖向关系、建设形式等，用于指导工程实施。

9.2.2　编制与审批程序

（1）规划编制主体

由于无废城市是城市固体废物统筹治理的大平台，是跨部门合作的工作，涉及多个细分行业和领域的事务，因此适宜由市/县一级人民政府统筹推进（可采用领导小组或指挥部的具体责任主体），并宜由生态环境部门作为规划编制牵头部门。具体视规划层次与阶段工作核心诉求，可由生态环境部门联合相关职能部门共同编制。分区层面的规划编制，由辖区政府组织，也可委派区生态环境部门牵头编制，并由区政府审议。

（2）规划编制程序

无废城市专项规划的工作程序一般包括前期准备、现状调研、规划方案编制和规划成果形成等四个阶段。

前期准备阶段是指专项规划正式启动之前的准备工作，包括明确规划目的、规划目标、工作内容、成果需求、费用预算、资金申请、招标资格要求、招标需求文件以及实际的招标投标工作、中标公示、合同签订等。

现状调研阶段是指规划编制单位开展的现状情况调研工作，包括调查城市现状自然环境、社会经济、城市规划、行业管理等情况，收集行业主管部门、生态环境部门和其他相关政府部门及骨干企业的发展规划、统计公报、管理台账、设施清单及意见建议等。工作的形式包括现场踏勘、资料收集、部门走访和问卷调查等。

规划方案编制阶段是指规划编制单位基于现状调研阶段收集到的资料和数据分析现状的基本特征和主要问题，并依据国土空间规划（或城市总体规划）、环境保护规划和行业发展规划，编制专项规划的送审方案。

规划成果形成阶段是指对专项规划送审成果进行技术审查和行政审批的工作，组织召开专家评审会对送审成果进行技术审查，召开规划部门行政审查会和城市规划技术委员会（或授权城市规划策略委员会、市政府办公会议）对通过专家评审后的修改成果进行行政审议，根据技术审查意见和行政审议的成果进行修改完善，完成最终成果并按规定归档。

（3）规划审批主体

总体规划层面的无废城市相关内容一般由市或县一级政府审批，往往与国土空间规划一并报送；专项规划层面的无废城市规划，由地方生态环境局审查后，报送至市或县一级政府审批；分区或重点片区层面的规划一般由区规划管理部门或区政府审批，也可由城市规划委员会或其授权的城市规划策略委员会审批。详细规划层面的无废城市规划因为涉及较多设施用地的落实，须经编制主体审查后，报送至市或县规划和自然资源部门审议，并在规划系统内协调多个规划中涉及的相同用地，以免出现"用地打架"的情况，具体的报审流程如图9-2所示。

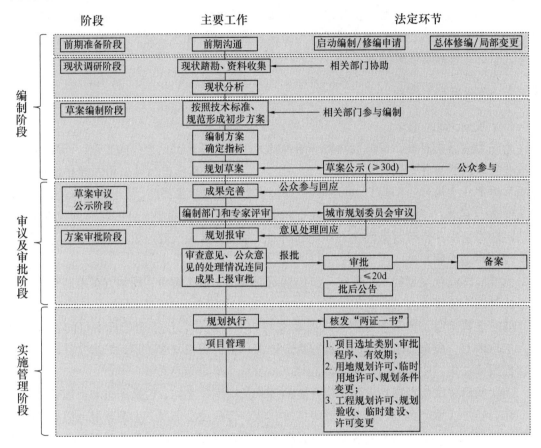

图9-2 详细规划层面无废城市编制报审程序

9.3 城市分类与规划方法

9.3.1 试点城市分类

各省或地区开展无废城市试点选取时，可借鉴《国务院办公厅关于印发"无废城市"建设试点工作方案的通知》（国办发〔2018〕128号）的要求，由地方生态环境部门牵头组织推荐，并会同相关部门综合考虑候选城市政府积极性、代表性、工作基础及预期成效等因素，选取具备一定条件和代表性的县市。如全国第一批无废城市试点建设，国家确定了广东省深圳市、内蒙古自治区包头市、安徽省铜陵市、山东省威海市、重庆市（主城区）、浙江省绍兴市、海南省三亚市、河南省许昌市、江苏省徐州市、辽宁省盘锦市、青海省西宁市

11 个城市作为无废城市建设试点。这些试点城市具有对应的代表性，本书为便于后续规划中进行参考借鉴，总结了这 11 个试点城市的特征，并对其进行了分类（表 9-1）。

第一批试点城市经济产业结构情况表　　　　表 9-1

编号	城市	人口密度 （人/km²）	三产比例 （2019 年）	三产比例 （2020 年）	城市特色
1	深圳市	8793	0.1：39：60.9	0.1：37.8：62.1	全国经济中心城市、科技创新中心、区域金融中心、商贸物流中心
2	包头市	98	3.5：39.3：57.2	3.8：41.4：54.8	拥有内蒙古最大的钢铁、铝业、装备制造和稀土加工企业，是国家和内蒙古自治区重要的能源、原材料、稀土、新型煤化工和装备制造基地，被誉称"草原钢城""稀土之都"
3	铜陵市	436	5.5：45.6：48.9	5.5：45.5：49.0	是长江经济带重要节点城市和皖中南中心城市。资源丰富、基础厚实的沿江城市。这里物产丰饶，探明的稀有金属矿种 30 余种，其中铜、黄金、白银和石灰石储量全省第一，硫铁矿储量华东第一、全国第二，全国八大有色金属工业基地之一
4	威海市	501	9.7：40.4：49.9	10.0：38.5：51.5	威海市有耕地面积约 19.4 万 hm²，是国家优质农产品的传统产区。全国重要的渔具、轮胎、地毯、医用高分子制品、专用打印机、新材料等生产基地
5	重庆市 （主城区）	389	6.6：40.2：53.2	7.2：40.0：52.8	老工业基地，全球重要电子信息业集群和国内重要汽车产业集群，战略性新兴产业蓬勃发展，大数据智能化创新驱动深入推进（工业战略性新兴制造业、高技术制造业、新一代信息技术产业、生物产业、新材料产业、高端装备制造产业）
6	绍兴市	541	3.7：47.7：48.6	3.6：45.2：51.2	浙江省最有前景的贵金属和有色金属成矿带。国家历史文化名城，江南生态宜居水城，长三角区域创新先行城市。素有水乡、桥乡、酒乡、书法之乡、名士之乡的美誉，是首批国家级历史文化名城、首批中国优秀旅游城市
7	三亚市	349	10.5：16.6：72.9	11.4：16.3：72.3	热带滨海旅游城市，海南自由贸易试验区和中国特色自由贸易港

编号	城市	人口密度 （人/km²）	三产比例 （2019）	三产比例 （2020）	城市特色
8	许昌市	877	4.8∶54.0∶41.2	5.3∶52.7∶42	现代工业体系齐全，是国家现代化机电研发基地、中国重要的烟草生产加工基地（烟草王国）和中药材生产加工基地
9	徐州市	807	9.6∶40.2∶50.2	9.8∶40.1∶50.1	中国重要的煤炭产地、华东地区的电力基地；第一批国家农业可持续发展试验示范区
10	盘锦市	341	7.9∶53.6∶38.5	8.0∶54.9∶37.1	缘油而建、因油而兴的石化之城。中国"湿地之都""鹤乡""鱼米之乡"，新兴港城
11	西宁市	321	10.2∶39.1∶50.7	4.2∶30.5∶65.3	旅游；矿产丰富；商贸服务型国家物流枢纽承载城市

本书将城市划分为工业型、农业型、资源型、滨海旅游型和综合型五类，具体如表 9-2、图 9-3 所示。需要特别说明的是，不同于一般的按人口规模划分、按地理位置划分、按功能划分、按城市作用的范围划分或者按空间分布特征划分，本书主要是根据固体废物的产生类别以及固体废物管理重点突破方向进行划分。其中，大部分城市可能兼具其中 2～3 种城市的特征，因此，在编制无废城市建设规划时，应参照对应规划要点进行。

城市类型划分   表 9-2

序号	城市类型	定义	代表城市	规划要点
1	工业型城市	指以工业生产为主要职能的城市（这类城市工业职工占城市人口的比例高，工业用电、用水、用地所占比例也很大）	包头、铜陵、重庆、绍兴、许昌、徐州、盘锦	绿色制造工业体系、工业园区循环化改造、危险废物治理
2	农业型城市	指种植、养殖业较为发达的城市	铜陵、重庆、绍兴、许昌、徐州、盘锦、西宁	农膜、秸秆回收；农药、农肥管理；养殖管理；无废乡村
3	资源型城市	指本地区以矿产、森林等自然资源开采、加工为主导产业的城市	包头、铜陵、重庆、徐州、盘锦、西宁	绿色矿山建设、尾矿库污染防治、矿区生态修复
4	滨海旅游型城市	指中心城区滨海而建的城市	深圳、威海、三亚、盘锦	绿色海洋经济，防治海洋垃圾污染（生态海岸、海上环卫），"无废景区"
5	综合型城市	人口高度密集（≥1000 人/km²）、各个领域发展较为均衡，无明显上述各类特征的城市	深圳	生活垃圾、垃圾分类、"无废细胞"、市政污泥、建筑废物等各类固体废物

图 9-3 五类城市代表性图片

（a）滨海旅游型城市（三亚）；（b）农业型城市（盘锦）；（c）综合型城市（深圳）；

（d）工业型城市（徐州）；（e）资源型城市（铜陵）

9.3.2 物质流分析法

1. 概念与类型

在开展现状分析和规划方案时，往往需要对某一地区固体废物从源头产生到末端处理的全过程进行分析，而常用的方法即物质流分析法。物质流分析法是一种以物质守恒为基本原理，定量评估具有时空边界的经济—环境系统中物质的存量与流量，从而追踪物质在该系统中流动的源、路径和汇的研究方法，它可以有效地刻画物质代谢系统反馈，支持资源循环利用和再生等相关政策的制定。

广义的物质流分析主要有两种形式：一种是针对既定系统内的综合流，关注物质的总量与结构，称为宏观经济系统物质流分析（EW-MFA），主要框架如图 9-4 所示，物质对象可包含生物质、化石能源、金属矿、非金属矿等；另一种则是针对既定系统内的某一特定物质流（如有机物、金属元素、营养元素或特定的产品流、物质流等），即元素流分析（SFA），以某餐厨垃圾处理设施为例，其元素流分析如图 9-5 所示。宏观经济系统物质流分析有助于理解固体废物管理系统的运行情况，便于构建利益相关方、政府、固体废

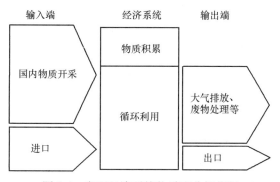

图 9-4 宏观经济系统物质流分析范围

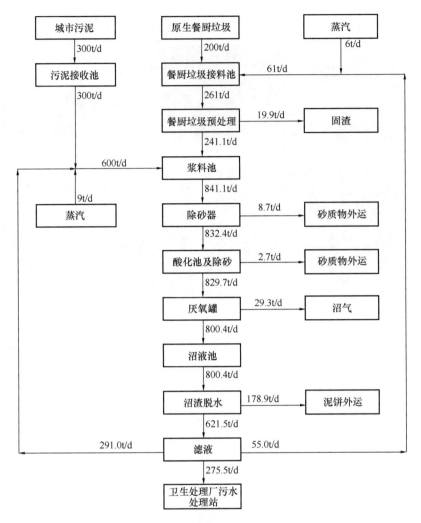

图 9-5　以某餐厨垃圾处理设施为例的元素流分析（SFA）

处理企业之间的关系，从而为产能规划、技术选择等工作提供决策辅助；而特定系统内的物质流分析可以更直观展示特定物质在转化、运输、储存等过程中的相关信息，帮助决策者识别出过程物质的资源潜力或健康、环境风险。

2. 方法应用成效

物质流分析方法在固体废物管理领域的应用大致有以下方面：

（1）回溯固体废物产生源头，精准推动绿色生产和生活方式

物质流分析涉及物质从开采、制造、消费到处理处置等全过程的流动情况，利用物质流分析方法，可逆向回溯废物回收利用情况，并为产业链中的上游绿色生产制造和中间环节的绿色消费过程提供管理决策的方向，有助于开发绿色产品和应用设计，还有助于识别出消费/消耗环节的重点产废单元，对此可针对性地制定减量化策略与措施。

生产者责任延伸制是具体的应用案例，物质流分析常被用于电子废物、废电池等生产者责任延伸制的研究中。从消费环节来看，物质流分析通过追踪城市消费环节的环境影响

可以确定减量消费的具体方向。此外，针对特定行业的元素流分析，可以从生产消费系统整体出发，寻求元素最合理的管理方式。

（2）衡量固体废物回收利用水平，保障重要资源可持续供给

循环经济可以发挥巨大的资源和能源利用价值，缓解资源和能源供给压力，而当前我国固体废物资源利用效率还有待提高。比如，低价值可回收物消耗量快速上升，但由于分布广、重量轻、附加值低、利用成本高等原因，难以形成完整的再生资源回收利用产业链，加之大量低值再生资源混入生活垃圾，加大了后端回收分拣难度，能进入回收利用环节的只是少量，多数作为普通垃圾进行焚烧或填埋处置。物质流分析可以在系统资源利用效率评估、重要资源替代潜力预判、资源化利用路径选择等方面加以应用，为科学有效促进固体废物资源化利用提供方向。

（3）追踪固体废物环境风险因子，促进环境政策协同增效

现有的较多规划和研究从产业尺度和空间尺度出发，应用物质流分析追踪固体废物全生命周期的环境影响。如从城市尺度模拟提升餐厨垃圾收集、垃圾焚烧、回收利用等不同政策情景下，废物流对于温室气体排放的影响。此外，在利用物质流分析评估环境影响的研究中，物质流分析常与生命周期评价相结合，或与生态及人类健康影响评估等方法相结合，通过引入环境影响指标，进行固体废物全链条管理的环境影响评估，从而使各类物质流动的环境影响指标化，为物质减量化相关的环境政策提供决策支持。

9.3.3 大数据分析法

在城市固体废物收集、运输、处理、处置全过程中，存在大量非结构化的数据，如源头收集端，往往因为物理性状的单位量度差异化、获取口径不统一等客观因素，存在大数据较多或凌乱混杂的数据。处在信息大爆炸的时代，我们秉持获取越多数据越好的理念，有层次、有范式地梳理分析，并能支撑有效的决策，达到高效率、精细化的管理目的。无废城市建设也对大数据的获取和分析提出了新要求，现状分析、定量评估、规模预测、设计测算等环节和过程，均需要对各类别固体废物的数据进行解构、分类、校正、标准化、模型化、可视化。

1. 大数据收集

城市固体废物数据包括源头产生端的产生量统计数据、中端分类转运统计数据、末端处理进厂统计数据、最终处置填埋数据等。此类数据较为敏感，大多数为政府内部统计的非公开数据，难以通过大数据抓取方式获得有效的数据。因此，需要分类分策地收集和梳理。

对于源头产生端的数据，具有明确责任主体和管辖主体的组织和单元，源头产生数据相对容易获取，如小区物业有各类生活垃圾、装修废物和有害垃圾的产生统计数据，企业有各类固体废物的产生统计，在小范围空间尺度内大部分的组织和单元有统计，但统计单位、时长、准确性和规范性有较大差异，因此需要收集后进行标准化。若立足于辖区甚至是整个城市的尺度去收集源头产生数据，由于目前大部分地区未建立起源头大数据在线收集统计系统，未能通过大数据技术将各来源数据进行统一归口汇总，因此，靠实地调研走

访获取大数据的时间成本较大。

对于中端分类转运统计数据，若转运设备安装传感器并具有称重功能，即可通过数据感知捕获实时数据。但现实中，大部分固体废物转运设备未实现车载实时称重的功能，如生活垃圾运输车辆，或者小型转运站也未实现进站实时数据统计的功能，只能靠进出站场箱体数进行大致推算。但对于危险废物、建筑垃圾等固体废物，由于多地已推行电子联单制度，中端数据可在相关记录系统中查询获取。

末端处理设施进场数据是研究区域和城市固体废物产生量的重要指标。由于进场处理前需要过磅称量并记录规模，依据实测的规模核实处理费用，因此该数据较为真实准确。

2. 模型预测法

（1）趋势递增法

趋势递增法是以历史产生量为样本，利用曲线（包括直线）拟合、以时间序列为变量的数学模型预测方法。趋势递增法的拟合曲线主要有线性回归、指数、线性、对数、多项式、幂函数、移动平均等数学模型，通过时间与历史样本的拟合，寻找二者的相关关系，并得出拟合方程和相关系数 R。相关系数是由统计学家卡尔·皮尔逊设计的统计指标，是研究变量之间线性相关程度的量，通过 R 值可得出自变量和因变量的相关程度。R 值越高，相关性越强，意味着拟合得出的数学模型越符合实际趋势。通过历史产生量样本得出最佳拟合预测模型（一般取 R 值最高的拟合方程），再输入预测年限进行预测计算，得到预测结果。

以一元线性回归为例。根据生活垃圾产生量（基数）计算对应给定自变量 X（预测年）的因变量 Y 值（预测年生活垃圾产生量），采用逼近生活垃圾年产生量的最小二乘法计算 Y 关于 X 的回归曲线，线性回归方程如下：

$$Y = a + bX$$

式中，a，b 均为回归系数，需通过历年产生量 Y 与对应年份 X 求出，具体计算如下。

$$a = \frac{\sum_{i=1}^{n} y_i - b \sum_{i=1}^{n} x_i}{n}$$

$$b = \frac{n \sum_{i=1}^{n} x_i y_i - \left(\sum_{i=1}^{n} x_i \right) \left(\sum_{i=1}^{n} y_i \right)}{n \sum_{i=1}^{n} x_i^2 - \left(\sum_{i=1}^{n} x_i \right)^2}$$

式中，n——有效历史数据样本个数，不应少于 6 年；

x_i——第 i 个历史数据对应的年度；

y_i——第 i 个历史数据对应的生活垃圾年产生量（t）。

$$R = \frac{n \sum_{i=1}^{n} x_i y_i - \left(\sum_{i=1}^{n} x_i \right) \left(\sum_{i=1}^{n} y_i \right)}{\sqrt{\left[n \sum_{i=1}^{n} x_i^2 - \left(\sum_{i=1}^{n} x_i \right)^2 \right] \left[n \sum_{i=1}^{n} y_i^2 - \left(\sum_{i=1}^{n} y_i \right)^2 \right]}}$$

通过公式代入回归方程，计算得到回归系数 a 和 b。最后通过计算得到相关系数 R，判别拟合程度。当 $R>0.9$ 时，可视为拟合度较好，即该一元线性回归方程能有效用于预测。

除了一元线性回归，趋势递增法还有指数、线性、对数、多项式、幂函数、移动平均等数学模型，在同一统计软件中可采用这些拟合方法逐一拟合，通过对比各个相关系数值，以及拟合的趋势线走势，选取最佳拟合模型；也可通过多种趋势递增拟合模型预测的结果取平均值，作为最终的预测结果。

（2）灰色模型法

灰色系统即信息不完全的系统。若一个系统的系统因素、因素关系、系统结构及作用原理等不完全明确，即可称之为灰色系统。灰色系统理论研究的是"部分信息已知，部分信息未知"的"小样本""贫信息"不确定性系统。通过将离散序列的数据作累加生成运算，弱化其随机性，加强其规律性，呈现系统固有的一些本质特征。灰色预测法通过鉴别系统因素之间发展趋势的相异程度，寻找系统变动的规律，生成有较强规律性的数据序列，然后建立相应的微分方程，预测事物的发展趋势。

灰色系统理论将已知无规则的原始数据序列按照某种规则变换成较有规律的生成数列，进而寻找其内在规律进行建模，考虑到该模型是灰色系统的本征模型，且为近似的、非唯一的，故称之为灰色模型（Grey Model）。最常用的灰色模型为一阶单变量微分方程灰色模型，即 GM（1，1），其模型预测流程如图 9-6 所示。

基于 GM（1，1）的预测称为灰色预测。灰色预测的特点是：允许少数据预测，允许对灰因果事件进行预测，具有可检验性。

灰色预测建模的可行性及精确度可通过灰色预测检验来实现。灰色预测检验通常包括事前检验、事中检验和事后检验。

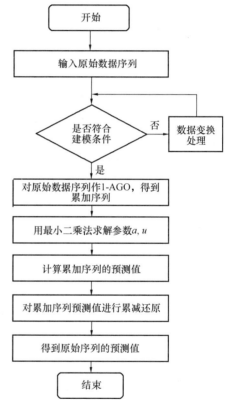

图 9-6　GM（1，1）模型预测流程图

灰色预测模型可在数据较少的情况下对非线性、不确定系统的数据序列进行预测。但是当系统中出现了突变、切换、故障或大扰动等情况，对预测序列造成了干扰，就会出现异常数据，从而破坏预测数据的平稳性，导致预测误差大幅上升。

城市固体废物存在大量已知和未知信息，是典型的灰色系统。一般来说，城市生活垃圾的产生量单调递增，变化率不均匀，符合灰色理论的建模条件。

（3）多元线性回归法

回归分析是研究因变量和自变量之间数量变化规律，并通过一定的数学表达式来描述这种关系，进而确定一个或几个自变量的变化对因变量的影响程度。回归分析是常规统计预测方法中常用的一种方法。多元线性回归分析的依据是各种可能影响城市生活垃圾产生量的影响因素（一般为社会经济指标）对产生量的影响具有历史的延续性，利用这些影响因素作为自变量，应用数理统计回归揭示这些影响因素与城市生活垃圾产生量之间的数量关系。这一关系可应用于在确定相关指标变化趋势的前提下，对城市生活垃圾产生量的趋势进行定量分析。

多元线性回归模型的通式如下：

$$y = a_0 + a_1x_1 + a_2x_2 + \cdots + a_kx_k$$

式中，y——城市生活垃圾产生量；

x_k——各项影响城市生活垃圾的社会经济指标，$k=1，2，\cdots，n$；

a_0——回归常数；

a_k——回归参数，$k=1，2，3，\cdots，n$。

多元线性回归模型建好后，需要对其拟合优度、方程显著性及回归系数显著性进行检验。

对于多元线性回归模型，回归方程是显著的并不能说明每个自变量对因变量的影响都是显著的，因此还需要对回归系数进行显著性检验以确定某个自变量对因变量的影响是否显著。回归系数的显著性检验通常通过 t 检验来完成。

多元线性回归模型在建立过程中，社会经济指标的选取是与模型的精密度、预测趋势可信度有关的重要因素，通常可以在回归前和回归中对相关指标进行筛选，回归前的筛选可采用定性分析讨论，如从世界各地的实践看，人口和经济发展综合指标是废物产生量关系最密切的因素，因此也是多元线性回归模型中选取的基本回归变量指标。使用社会经济指标建立固体废物产生状况回归模型时，延迟（指标影响的提前或滞后出现）是普遍要修正的因素。

多元线性回归模型能综合考量多个因素对生活垃圾产生量发展变化的影响，相对单因素（时间）预测模型，能从多维因素反映产生量与其他因素的相关性，并能从多因素作用下对产生量进行综合预测，但需要从大量的各个因素的数据样本中筛选主要影响因子。

（4）BP 神经网络预测法

人工神经网络是从信息处理角度对人脑神经元网络进行仿真，建立某种简单模型，按不同的连接方式组成不同的网络。人工神经网络系统由于具有信息的分布存储、并行处理以及自学习能力等优点，已经得到越来越广泛的应用。尤其是 BP 神经网络，可以以任意精度逼近任意连续函数，所以广泛地应用于非线性建模、函数逼近和模式分类等方面。

由于城市固体废物产生量受多种因素的影响，具有较强的非线性特性，而 BP 神经网络具有自学习、自组织、自适应和较强的容错性等特点，正好是描述非线性系统的一种有效工具，特别适用于对具有多因素性、不确定性、随机性、非线性和随时间变化特性的对象进行研究。

城市固体废物产生量的影响因素主要分为四类：内在影响、自然影响、个体影响、社会影响。内在影响主要是对垃圾产生量相关的部分，例如人口、经济发展水平和居民消费水平等。自然影响主要是季节和地域造成的影响，主要与能源结构相关。个体影响是指垃圾产生个体生活习惯、环保意识等不同造成的影响。社会影响是指垃圾减量、回收利用相关法律法规对于垃圾产生量造成的影响。在这四类影响情况中，内在因素对于生活垃圾产生量的影响是主要地位。人口因素是主要因素之一，各个城市有各自人口结构特征，如深圳市工业经济中加工和高新技术占主导地位。随着经济发展，劳动力结构需求必然升级，劳动力需求也会相应增加。所以，深圳市的人才结构和经济结构决定了经济和人口是深圳市人口增长的主要动力。

因此，在进行 BP 神经网络预测时，可选取人口、人口密度、居民人均消费性支出、垃圾收费等多因素作为神经网络模型的基本变量，而居民环保意识等不能够被准确量化的指标通过政策因素来体现。

BP 神经网络的运算可用 Matlab 软件实现。Matlab 软件集数学计算、图形计算、语言设计、计算机仿真等于一体，具有极高的编程效率。其中的神经网络工具箱是以神经网络理论为基础，用 Matlab 语言构造出的典型神经网络工具函数。运用此工具箱，可以简便地实现运算求解。

9.3.4　城市体检工具

1. 背景与概念

2017 年 9 月，北京市在全国率先探索建立"一年一体检、五年一评估"的城市体检评估机制，为城市体检评估工作在全国的开展积累了有益经验。2019 年 5 月，《中共中央　国务院关于建立国土空间规划体系并监督实施的若干意见》提出"建立国土空间规划定期评估制度"。2020 年 5 月，《自然资源部办公厅关于加强国土空间规划监督管理的通知》进一步明确："按照'一年一体检、五年一评估'的要求开展城市体检评估并改进规划管理的意见，以促进城市的健康发展。"

同时，为确保国土空间规划城市体检评估的规范性和可操作性，自然资源部制定了《国土空间规划城市体检评估规程》，要求全国各城市全面部署开展城市体检评估工作，标志着国土空间规划城市体检评估工作在全国全面启动。

2. 方法过程介绍

城市体检评估是对城市发展阶段特征及国土空间总体规划实施效果的定期分析和评价，是城市在社会经济发展中发现和识别空间治理问题的重要抓手，也是提高国土空间规划实施有效性的重要举措。城市体检能够推进城市治理体系和治理能力的现代化，实现由事后发现、检查和处理问题向事前监测、预警和防范问题转变，最终提高城市人居环境水平，推动城市高质量发展。

城市体检评估以问题和目标为双导向，建立了"评估—问题反馈—决策调整—持续改进"的工作机制。长沙市融合遥感影像、社会开放大数据、统计资料等多源数据，运用归一法和层次分析法对城市运行展开计算评估。广州市的城市体检提出"六维诊断法"，从国家或地方标准规范、城市指标、国际指标、城市发展目标、历史数据到满意度调查共 6 个维度对城市体检指标进行对比综合判断，并且每个维度都由不同的多个指标因子组成，通过对不同的因子进行线性和非线性运算,最后形成一套城市体检指标分析与诊断方法。

城市体检中运用到的各类方法对无废城市规划及实施跟踪均有借鉴意义,尤其在指标完成情况、各规划措施与其他相关规划的衔接传递、规划措施落实成效等方面,城市体检可为无废城市规划提供有力的实施验证工具,如图9-7所示。

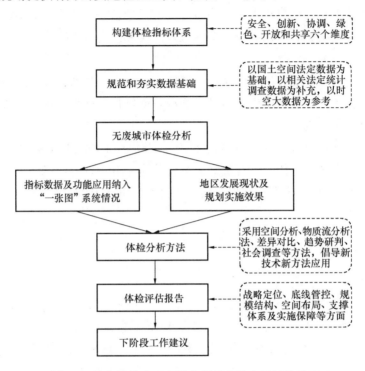

图 9-7　城市体检在无废城市规划中的应用过程示意

9.3.5　统筹体系构建

1. 分类模式构建方法

着手开展某地无废城市规划,首先应梳理该地区的固体废物类别及分类模式。根据经验,一个城市的固体废物分类模式构建大致可按三种思路开展:一是按固体废物物理化学特征,通常可划分为不可生物降解、可生物降解两大类,如图9-8所示;二是根据末端资源化处理或处置设施的特征,可分为焚烧处理类、生物处理类、综合利用类、填埋处置类,如图9-9所示;三是根据各固体废物所归属当地职能部门的管辖范围进行划分,即按行政职能分工进行分类,这一思路也是国内最为常见的分类模式,如图9-10所示。

第一种分类思路能从横向上打破部门管辖壁垒,从固体废物的物理化学基础特性进行归类,强调善于利用自然的力量(例如细菌、真菌等自然微生物,以及日照和自然温度等),促进固体废物降解消化等资源化处理;第二种思路依据现有末端处理设施的类型与工艺特征进行适度的分类协调资源化,并能更好地促进协同处理设施工艺技术的研发优化;第三种思路是管理责权较为清晰,对于打通协调资源化处理具有一定的管理难度,体制机制可能存在一定的阻力。

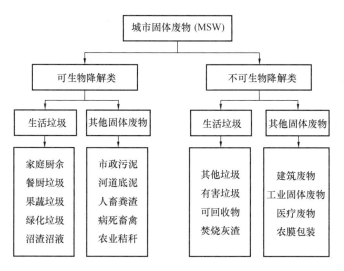

图 9-8　以固体废物物理化学特征分类的参考思路

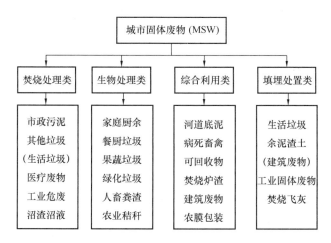

图 9-9　以末端资源化处理或处置设施特征分类的参考思路

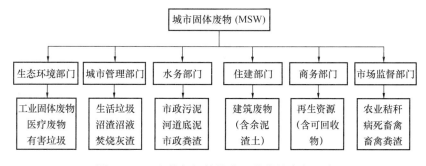

图 9-10　以职能部门管辖分工分类的参考思路

目前国内多地出台的生活垃圾分类管理办法、管理条例、无废城市实施方案等，大多是结合这三种分类思路进行综合考量。国外垃圾分类做得较为精细的地区，例如日本、德国等地，同样也是遵循类似的分类逻辑。不管以何种分类方法构建何种分类体系，其最根本的目的是提高后端资源化利用和再生循环的效率和规模，减少最终浪费和填埋的部分。

2. 全生命周期识别

所有固体废物类别，可根据物料全生命周期经过的阶段，分为原料开采、生产制造、产品分配、消费使用、回收利用、排放废弃 6 大环节。从规划逻辑的空间聚合与空间联系的视角看，可将 6 个环节整合成三个大阶段，即源头产生阶段、物流运输阶段、末端资源化协同处理设施阶段。

其中源头产生阶段包括资源的开采、生产加工制造、消费使用排放；物流运输阶段包括收运（从源头到末端处理设施）与回收（从源头到中端循环再利用环节）两个并行过程，即在分类收集后能回收利用的部分，优先以再生资源进入循环再造部门进行回收利用，其他固体废物则集中进入末端资源化处理设施进行物质与能源的回收利用和最终处置；末端资源化协同处理设施阶段，则是固体废物进入处理设施和环境园进行集中处理阶段。下面以生活垃圾为例，识别其从原材料到最终处置的全生命周期过程，如图 9-11 所示。通过物质或者某一类固体废物的全生命周期过程识别，能更好地掌握其过程物料质量、形态、过程去除及处理工艺的情况，便于为构建固体废物全生命周期资源化处理网络形成方向和数量关系台账。

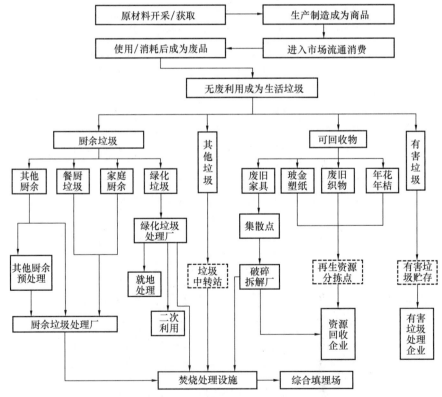

图 9-11 以生活垃圾为例的全生命周期识别过程

3. 统筹协同治理

由本小节可知，国内外对于每一类固体废物均有对应的职能主管部门，并且每一类固体废物都存在一定程度的市场化，自然就存在利益相关者，因此通过识别各环节和阶段的责权及利益相关主体（政府、企业、公众）显得尤为重要。政府部门管辖更多的是通过行政管理的手段对某一类固体废物治理进行监管，而固体废物收集运输及资源化处理的工艺、效果、设施建设等全过程治理行为的运行，往往有更多的驱动力，故要对其进行利益驱动研判，即到底这一类固体废物治理在当地是市场自发行为，还是政府兜底行为，还是政府引导、市场主体参与，同时在剖析其驱动力因素时，不能仅仅以经济效益为唯一考量，还应从社会效益、环境效益、品牌外溢等方面进行梳理辨别，才能判断出各类固体废物治理在各环节中倾向哪种运作机制，从而通过规划工作，有针对性地设计分类运作体系，并力求在能耗最低、效率最大化的目标下，促进各类固体废物的统筹管理。

结合城市的产业结构、能源结构、区域合作互联度等因素的相互影响，并根据全生命周期的三大阶段划分，各类固体废物的规划和管理具有各自的逻辑，如何保证责权清晰的同时，能统筹多专业及行业的规划和管理，这就需顶层设计中予以明确。

本书提出固体废物的统筹协同治理分为三方面：一是利益统筹，这包括政府部门的权力与责任的统筹，以及相关市场化主体的利益统筹；二是工艺技术统筹，即各类固体废物根据物化特征及处理技术工艺特征进行横向设施工艺协同，或根据物质循环与能量协调特性在产业上下游形成纵向上物质能量网络，提升这个产业链或工业系统的效率；三是资源及空间的统筹，尤其是土地空间，当各部门或利益主体能达成协同治理的共识，并能通过法定规划或法律规范落实，往往可以节省较多占地面积，从而提高固体废物资源化过程所需要的土地资源，提高土地利用效率，为城市发展释放其他更有价值的用地资源。

下面以深圳市的固体废物协同化、资源化处理流程为例，通过横向整合各类固体废物的处理，实现固体废物统筹协同治理，能大幅提升深圳市各类环卫设施用地的效率，也能减少总体运输的成本，降低总体碳排放强度，如图 9-12 所示。

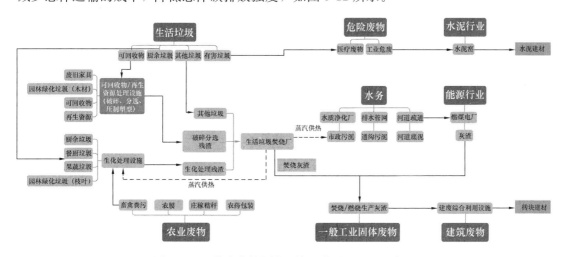

图 9-12　固体废物协同化、资源化处理流程示意图

在识别规划范围内产废特征要素后，即可明确涉及固体废物种类，按行业特性和管辖部门进行划分和整合，如生活垃圾类固体废物可根据地区分类条例，细分为厨余垃圾、可回收物、其他垃圾和有害垃圾，每类生活垃圾可通过分类收集暂存后，由各自行业转运方式进行

清运，或根据物理化学特性，进行原位协同资源化预处理等，进而减少对外排放量。

9.3.6 指标体系构建

1. 指标体系选取

落实规划目标是编制规划的最终任务，同理，无废城市规划最为核心的任务就是确立科学合理的目标群，需要通过一系列具体的指标进行量化或定性进而形成规划指标体系，并通过指标体系能在一定程度反映出规划实施后的预期成效，例如判断这一地区未来是否先进，是否创新，是否卓有成效，因此指标体系的构建就显得尤为关键。本书以生态环境部研究制定的《"无废城市"建设试点实施方案编制指南》（以下简称《编制指南》）和《"无废城市"建设指标体系（2021年版）》（以下简称《指标体系》）为基础，分析无废城市规划指标的选取及指标值确立的参考方法。

《指标体系》由一级指标、二级指标和三级指标组成，其中一级指标5个、二级指标18个、三级指标60个，未赋值的指标体系如表9-3所示。三级指标划分为两类：第1类为必选指标（标注★），共24项，是所有城市均需开展建设的约束性指标（城市具体情况不涉及的个别必选指标，可出具说明材料申请该项指标不纳入建设内容）；第2类为可选指标，共36项，各地可结合城市类型、特点及任务安排选择。此外，各地可结合城市自身发展定位、发展阶段、资源禀赋、产业结构、经济技术基础等特征，合理设置自选指标。

无废城市建设指标体系（2021年版）   表9-3

序号	一级指标	二级指标	三级指标	指标说明
1	固体废物源头减量	工业源头减量	一般工业固体废物产生强度★	指标解释：指纳入固体废物申报登记范围的工业企业，每万元工业增加值的一般工业固体废物产生量。该指标是用于促进全面降低一般工业固体废物源头产生强度的综合性指标。 计算方法：一般工业固体废物产生强度＝一般工业固体废物产生量÷工业增加值。 数据来源：市生态环境局、市统计局
2			工业危险废物产生强度★	指标解释：指纳入固体废物申报登记范围的工业企业，每万元工业增加值的工业危险废物产生量。该指标是用于促进全面降低工业危险废物源头产生强度的综合性指标。 计算方法：工业危险废物产生强度＝工业危险废物产生量÷工业增加值。 数据来源：市生态环境局、市统计局
3			通过清洁生产审核评估工业企业占比★	指标解释：指需开展清洁生产审核评估的工业企业中，按《清洁生产审核评估与验收指南》要求通过审核评估的工业企业数量占比。城市应重点抓好钢铁、建材、有色、化工、石化、电力、煤炭等行业清洁生产审核。该指标用于促进企业实施清洁生产，从源头控制资源和能源消耗，提高资源利用效率，削减固体废物产生量，减少进入最终处置环节的固体废物量。 计算方法：通过清洁生产审核评估工业企业占比（％）＝通过清洁生产审核评估的工业企业数量÷需开展清洁生产审核评估的工业企业数量×100％。 数据来源：市生态环境局、市发展改革委、市工信局

序号	一级指标	二级指标	三级指标	指标说明
4		工业源头减量	开展绿色工厂建设的企业占比	指标解释：绿色工厂是指按照《绿色工厂评价通则》和相关行业绿色工厂评价导则，实现了用地集约化、原料无害化、生产洁净化、废物资源化、能源低碳化的工厂，包括国家级、省级、市级等各级绿色工厂。该指标用于促进工厂减少有害原材料的使用，提高原材料使用效率和工业固体废物综合利用率。 计算方法：开展绿色工厂建设的企业占比（％）＝开展绿色工厂建设的企业数量÷城市在产企业数量×100％。 数据来源：市工信局
5			开展生态工业园区建设、循环化改造、绿色园区建设的工业园区占比	指标解释：指开展生态工业园区建设、循环化改造、绿色园区建设的各级各类工业园区数量。生态工业园区建设、工业园区循环化改造可推动实现区域内物质的循环利用，减少固体废物产生量。该指标用于促进各地对现有工业园区开展改造升级，建成生态工业园区、循环化园区、绿色园区；对新建园区，应按照生态工业园区、循环化园区、绿色园区建设标准开展建设。对拥有省级及以上工业园区的城市，本项为必选指标。 计算方法：开展生态工业园区建设、循环化改造、绿色园区建设的工业园区占比（％）＝开展生态工业园区建设、循环化改造、绿色园区建设的工业园区数量÷城市在产工业园区总数×100％。 数据来源：市生态环境局、市发展改革委、市工信局
6	固体废物源头减量		绿色矿山建成率★	指标解释：指城市新建、在产矿山中完成绿色矿山建设的矿山数量占比。绿色矿山指纳入全国、省级绿色矿山名录的矿山。该指标用于促进降低矿产资源开采过程中固体废物产生量和环境影响，提升资源综合利用水平，加快矿业转型与绿色发展。 计算方法：绿色矿山建成率（％）＝完成绿色矿山建设的矿山数量÷矿山总数量×100％。 数据来源：市自然资源局
7			重点行业工业企业开展碳排放清单编制的数量占比	指标解释：指城市钢铁、建材、有色、化工、石化、电力、煤炭等碳排放重点行业中，开展碳排放清单编制工作的工业企业数量占比。该指标用于促进钢铁、建材、有色、化工、石化、电力、煤炭等重点行业工业企业开展碳排放清单编制，为科学核算和评估无废城市建设对城市碳达峰、碳中和的贡献提供重要数据支撑。 计算方法：重点行业工业企业开展碳排放清单编制的数量占比（％）＝钢铁、建材、有色、化工、石化、电力、煤炭等重点行业中开展碳排放清单编制工作的工业企业数量÷钢铁、建材、有色、化工、石化、电力、煤炭等重点行业工业企业总数×100％。 数据来源：市生态环境局
8		农业源头减量	绿色食品、有机农产品种植推广面积占比	指标解释：指城市绿色食品、有机农产品的种植面积占全市种植土地面积的比率。绿色食品是根据《绿色食品标志管理法》许可使用绿色食品标志的安全、优质农产品及相关产品；有机农产品是根据有机农业原则和有机农产品生产方式及标准生产加工，并通过有机食品认证机构认证的农产品。该指标用于促进生态农业、循环农业发展，减少农药化肥使用量，促进种养平衡和农业废弃物综合利用。 绿色食品、有机农产品的种植推广面积占比（％）＝绿色食品、有机农产品面积÷农作物种植面积×100％（绿色食品、有机农产品重叠面积不重复计算）。 数据来源：市农业农村局

序号	一级指标	二级指标	三级指标	指标说明
9	固体废物源头减量	畜禽养殖标准化示范场占比	畜禽养殖标准化示范场占比	指标解释：指城市畜禽养殖标准化示范场数量占全市畜禽养殖场总数的比率。根据《畜禽养殖标准化示范创建活动工作方案（2018—2025年）》，畜禽养殖标准化示范场是指以标准化、现代化生产为核心，生产高效、环境友好、产品安全、管理先进，具有示范引领作用的畜禽规模养殖场，包括国家级、省级、市级等各级畜禽规模养殖场。该指标用于促进推广畜禽养殖规模化、规范化发展。 计算方法：畜禽养殖标准化示范场占比（%）＝畜禽养殖标准化示范场数量÷畜禽养殖场总数×100%。 数据来源：市农业农村局
10		建筑业源头减量	绿色建筑占新建建筑的比率★	指标解释：指城市新建民用建筑（住宅建筑和公共建筑）中绿色建筑面积占比。绿色建筑是指达到《绿色建筑评价标准》或省市级相关标准的建筑。该指标用于促进城市新建建筑的建筑垃圾源头减量，提高建筑节能水平。 计算方法：绿色建筑占新建建筑的比率（%）＝新建绿色建筑面积总和÷全市新建建筑面积总和×100%。 数据来源：市住房和城乡建设局
11			装配式建筑占新建建筑的比率	指标解释：指当年度城市新建民用建筑（住宅建筑和公共建筑）中装配式建筑面积占比。装配式建筑是指用预制部品部件在工地装配而成的建筑。该指标用于促进装配式建筑应用，推动城市源头削减新建建筑的建筑垃圾量。 计算方法：装配式建筑占新建建筑的比率（%）＝当年度城市新建民用建筑（住宅建筑和公共建筑）包含的装配式建筑面积÷当年度城市新建民用建筑（住宅建筑和公共建筑）面积总和×100%。 数据来源：市住房和城乡建设局
12		生活领域源头减量	人均生活垃圾日产生量★	指标解释：指每人每日生活垃圾产生量。该指标是反映生活领域固体废物减量工作成效的综合性指标。各地可根据过夜旅游人口数量等实际情况调整人口数量的统计范围（需提供相应说明材料）。该指标用于促进城市生活垃圾源头减量。 计算方法：人均生活垃圾日产生量＝生活垃圾日清运量÷（生活垃圾收运系统覆盖率×城乡常住人口）。 数据来源：市住房和城乡建设局、市农业农村局
13			城市居民小区生活垃圾分类覆盖率	指标解释：指设市城市城区和县城开展生活垃圾分类收集、分类运输的小区数量占比。该指标用于促进各地实现生活垃圾分类收运系统市区全覆盖。 计算方法：城市居民小区生活垃圾分类覆盖率（%）＝开展生活垃圾分类收运的城市居民小区数量÷城市居民小区总数×100%。 数据来源：市住房和城乡建设局、市发展改革委
14			农村地区生活垃圾分类覆盖率	指标解释：指建制镇、乡和镇乡级特殊区域开展生活垃圾分类收集、分类运输的行政村数量占比。该指标用于促进各地实现生活垃圾分类收运系统乡村全覆盖。 计算方法：农村地区生活垃圾分类覆盖率（%）＝开展生活垃圾分类收运的行政村数量÷市域范围内行政村总数×100%。 数据来源：市农业农村局、市发展改革委、市住房和城乡建设局

序号	一级指标	二级指标	三级指标	指标说明
15	固体废物源头减量	生活领域源头减量	快递绿色包装使用率	指标解释：指城市寄出的快件（含邮件）中，使用符合《快递业绿色包装指南（试行）》及相关标准的绿色包装材料占比。该指标用于促进快递绿色包装的推广应用。 计算方法：快递绿色包装使用率（％）＝快递绿色包装使用量÷快递包装使用总量×100％。 数据来源：市邮政管理局
16		工业固体废物资源化利用	一般工业固体废物综合利用率★	指标解释：指一般工业固体废物综合利用量占一般工业固体废物产生量（包括综合利用往年贮存量）的比率。城市可根据实际情况，增加具体类别。一般工业固体废物综合利用率作为自选指标，如煤矸石综合利用率、粉煤灰综合利用率等。该指标用于促进一般工业固体废物综合利用水平，减少工业资源、能源消耗。 计算方法：一般工业固体废物综合利用率（％）＝一般工业固体废物综合利用量÷（当年一般工业固体废物产生量＋综合利用往年贮存量）×100％。 数据来源：市生态环境局、市工信局
17			工业危险废物综合利用率★	指标解释：指工业危险废物综合利用量占工业危险废物产生量（包括综合利用往年贮存量）的比率。该指标用于促进工业危险废物综合利用水平，减少工业资源、能源消耗。 计算方法：工业危险废物综合利用率（％）＝工业危险废物综合利用量÷（当年工业危险废物产生量＋综合利用往年贮存量）×100％。 数据来源：市生态环境局、市工信局
18	固体废物资源化利用	农业废弃物资源化利用	秸秆收储运体系覆盖率	指标解释：指城市纳入秸秆收储运体系的行政村占比。该指标用于促进提高秸秆收集水平，有助于推动秸秆的资源化利用。 计算方法：秸秆收储运体系覆盖率（％）＝纳入秸秆收储运体系的行政村数量÷行政村总数×100％。 数据来源：市农业农村局
19			畜禽粪污收储运体系覆盖率	指标解释：指城市纳入畜禽粪污收储运体系的行政村占比。该指标用于促进畜禽粪污收集水平，有助于推动畜禽粪污的资源化利用。 计算方法：畜禽粪污收储运体系覆盖率（％）＝纳入畜禽粪污收储运体系的行政村数量÷行政村总数×100％。 数据来源：市农业农村局。
20			秸秆综合利用率★	指标解释：指秸秆肥料化（含还田）、饲料化、基料化、燃料化、原料化利用总量与秸秆可收集资源量（测算）的比率。该指标用于促进秸秆的资源化利用，实现部分替代原生资源，鼓励各地推进秸秆综合利用。 计算方法：秸秆综合利用率（％）＝秸秆综合利用量÷秸秆可收集资源量（测算）×100％。 数据来源：市农业农村局
21			畜禽粪污综合利用率★	指标解释：指综合利用的畜禽粪污量占畜禽粪污总量的比率。畜禽粪污产生量和综合利用量根据畜禽规模养殖场直联直报信息系统确定。该指标有助于推动畜禽粪污资源化利用。鼓励各地推进畜禽粪污资源化利用。 计算方法：畜禽粪污综合利用率（％）＝畜禽粪污综合利用量÷畜禽粪污产生总量（测算）×100％。 数据来源：市农业农村局

序号	一级指标	二级指标	三级指标	指标说明
22	固体废物资源化利用	农业废弃物资源化利用	农膜回收率★	指标解释：指农膜回收量占使用量的比率。该指标用于促进加强农膜回收。 计算方法：农膜回收率（%）＝农膜回收量÷农膜使用量×100%。 数据来源：市农业农村局
23			农药包装废弃物回收率	指标解释：指农药包装废弃物回收量占产生量的比率。该指标用于促进农药包装废弃物回收和集中处置体系建设，保障农业生产安全、农产品质量安全和农业生态环境安全。 计算方法：农药包装废弃物回收率（%）＝农药包装废弃物回收量÷农药包装废弃物产生量（测算）×100%。 数据来源：市农业农村局
24			化学农药施用量亩均下降幅度	指标解释：指无废城市建设期间全市域亩均化学农药施用量与基准年相比下降的幅度。该指标用于促进减少化学农药施用量。 计算方法：化学农药施用量亩均下降幅度（%）＝（基准年亩均化学农药施用量－评价年亩均化学农药施用量）÷基准年亩均化学农药施用量×100%。 数据来源：市农业农村局
25			化学肥料施用量亩均下降幅度	指标解释：指无废城市建设期间全市域亩均化学肥料施用量与基准年相比下降的幅度。该指标用于促进减少化学肥料施用量。 计算方法：化学肥料施用量亩均下降幅度（%）＝（基准年亩均化学肥料施用量－评价年亩均化学肥料施用量）÷基准年亩均化学肥料施用量×100%。 数据来源：市农业农村局
26		建筑垃圾资源化利用	建筑垃圾综合利用率★	指标解释：指城市建筑垃圾综合利用量占建筑垃圾产生量的比率。建筑垃圾综合利用指除填埋以外的城市建筑垃圾综合利用。建设期间，建筑垃圾产生总量可根据施工面积估算，相关系数取值由城市根据具体情况确定。该指标用于促进建筑垃圾综合利用。 计算方法：建筑垃圾综合利用率（%）＝建筑垃圾综合利用量÷建筑垃圾产生量（估算）×100%。 数据来源：市住房和城乡建设局
27			建筑垃圾资源化利用率	指标解释：指该城市建筑垃圾资源化利用量占建筑垃圾产生量的比值。根据《建筑垃圾处理技术标准》，建筑垃圾资源化利用包括建筑垃圾用作制砖和道路工程等原料，废旧混凝土、碎砖瓦等作为再生建材原料，废沥青作为再生沥青原料，废金属、木材、塑料、纸张、玻璃、橡胶等作为原料直接或再生利用。该指标用于促进建筑垃圾资源化利用，减少资源、能源和其他建筑材料的开采和生产过程产生的碳排放。 计算方法：建筑垃圾资源化利用率＝建筑垃圾资源化利用量÷建筑垃圾产生量（估算）×100%。 数据来源：市住房和城乡建设局
28		生活领域固体废物资源化利用	生活垃圾回收利用率★	指标解释：指未进入生活垃圾焚烧和填埋设施进行处理的可回收物、厨余垃圾的数量，占生活垃圾产生量的比率。该指标用于促进提高生活垃圾回收利用水平。 计算方法：生活垃圾回收利用率（%）＝生活垃圾回收利用量÷生活垃圾产生量×100%。 数据来源：市住房和城乡建设局

序号	一级指标	二级指标	三级指标	指标说明
29	固体废物资源化利用	生活领域固体废物资源化利用	再生资源回收量增长率	指标解释：指当年再生资源回收量相对于上一年再生资源回收量的增长率。再生资源类别包括报废机动车、废弃电器电子产品、废钢铁、废铜、废铝、废塑料、废纸、废玻璃、废旧轮胎、废动力电池等。该指标用于促进提升再生资源回收利用水平。 计算方法：再生资源回收量增长率（％）＝（当年再生资源回收量－上一年再生资源回收量）÷上一年再生资源回收量×100％。 数据来源：市商务局
30			车用动力电池、报废机动车等产品类废物回收体系覆盖率	指标解释：指纳入车用动力电池、报废机动车等回收体系的产品类废物产生单位（汽车销售、维修企业等）数量占产品类废物产生单位总数的比率。该指标用于促进产品类废物的收集回收，有助于提升产品类废物资源化利用水平。 计算方法：车用动力电池、报废机动车等产品类废物回收体系覆盖率（％）＝纳入产品类废物回收体系的产生单位数量÷产品类废物产生单位总数×100％。 数据来源：市发展改革委、市生态环境局、市工信局
31	固体废物最终处置	危险废物安全处置	工业危险废物填埋处置量下降幅度★	指标解释：指创建地区建设期间工业危险废物填埋处置量与基准年相比下降的幅度。该指标用于促进减少工业危险废物填埋处置量，引导提高工业危险废物资源化利用水平。 计算方法：工业危险废物填埋处置量下降幅度（％）＝（基准年工业危险废物填埋处置量－评价年工业危险废物填埋处置量）÷基准年工业危险废物填埋处置量×100％。 数据来源：市生态环境局
32			医疗废物收集处置体系覆盖率★	指标解释：指城市纳入医疗废物收运管理范围（包括城市和农村地区），并由持有医疗废物经营许可证单位进行处置的医疗卫生机构占比。该指标用于促进提高医疗废物收集处置能力。 计算方法：医疗废物收集处置体系覆盖率（％）＝纳入医疗废物收集处置体系的医疗卫生机构数量÷医疗卫生机构总数×100％。 数据来源：市卫生健康委
33			社会源危险废物收集处置体系覆盖率	指标解释：指纳入危险废物收集处置体系的社会源危险废物产生单位（建设期间可以高校及研究机构实验室、第三方社会检测机构实验室、汽修企业为主）数量占社会源危险废物产生单位总数的比率。该指标用于促进提升社会源危险废物的收集处置能力。 计算方法：社会源危险废物收集处置体系覆盖率（％）＝纳入危险废物收集处置体系的社会源危险废物产生单位数量÷社会源危险废物产生单位总数×100％。 数据来源：涉及社会源危险废物的主管部门
34		一般工业固体废物贮存处置	一般工业固体废物贮存处置量下降幅度★	指标解释：指创建地区建设期间一般工业固体废物贮存处置量与基准年相比下降的幅度。该指标用于促进减少一般工业固体废物贮存处置。该指标用于促进一般工业固体废物的利用，控制一般工业固体废物贮存处置量增长。 计算方法：一般工业固体废物贮存处置量下降幅度（％）＝（基准年一般工业固体废物贮存处置量－评价年一般工业固体废物贮存处置量）÷基准年一般工业固体废物贮存处置量×100％。 数据来源：市生态环境局

序号	一级指标	二级指标	三级指标	指标说明
35	固体废物最终处置	一般工业固体废物贮存处置	开展大宗工业固体废物堆存场所（含尾矿库）综合整治的堆场数量占比	指标解释：指完成综合整治的大宗工业固体废物堆存场所（含尾矿库）占比。大宗工业固体废物指我国各工业领域在生产活动中年产生量在1000万 t 以上、对环境和安全影响较大的固体废物，主要包括：尾矿、煤矸石、粉煤灰、冶炼渣、工业副产石膏、赤泥和电石渣等。该指标用于促进大宗工业固体废物堆存场所的规范管理。 计算方法：开展大宗工业固体废物堆存场所（含尾矿库）综合整治的堆场数量占比（%）＝开展大宗工业固体废物堆存场所（含尾矿库）综合整治的堆场数量÷堆场总数×100%。 数据来源：市自然资源局、市生态环境局、市应急管理局
36		农业废弃物处置	病死畜禽集中无害化处理率	指标解释：指采取焚烧、化制等工厂化方式统一收集、集中处理的病死畜禽数量占病死畜禽总数的比率。该指标用于促进病死畜禽集中无害化处理。 计算方法：病死畜禽集中无害化处理率（%）＝集中无害化处理的病死畜禽数量÷病死畜禽总数×100%。 数据来源：市农业农村局
37		建筑垃圾消纳处置	建筑垃圾消纳量降低幅度	指标解释：指创建地区建设期间全市域范围内建筑垃圾消纳量与基准年相比下降的幅度。该指标用于促进建筑垃圾消纳量的不断降低，推动建筑垃圾源头减量与综合利用。 计算方法：建筑垃圾消纳量降低幅度（%）＝（基准年建筑垃圾消纳量－评价年建筑垃圾消纳量）÷基准年建筑垃圾消纳量×100%。 数据来源：市住房和城乡建设局
38		生活领域固体废物处置	生活垃圾卫生填埋量降低幅度★	指标解释：指创建地区建设期间全市域（包括城市和农村）范围内采用卫生填埋方式处置生活垃圾的总量与基准年相比下降的幅度。该指标用于促进生活垃圾填埋量的不断降低，推动生活垃圾源头减量与回收利用。 计算方法：生活垃圾卫生填埋量降低幅度（%）＝（基准年生活垃圾卫生填埋量－评价年生活垃圾卫生填埋量）÷基准年生活垃圾卫生填埋量×100%。 数据来源：市住房和城乡建设局、市农业农村局
39			生活垃圾焚烧处理率	指标解释：指创建地区建设期间全市域（包括城市和农村）范围内采用垃圾焚烧方式集中处置生活垃圾的总量占生活垃圾产生量的比率。该指标用于促进发展以焚烧为主的生活垃圾处理方式，推动2023年基本实现原生生活垃圾"零填埋"。 计算方法：生活垃圾焚烧处理率（%）＝生活垃圾焚烧处理量÷生活垃圾产生量×100%。 数据来源：市生态环境局、市住房和城乡建设局、市农业农村局
40			城镇污水污泥无害化处置率★	指标解释：指无害化处置的城镇污水污泥量占城镇污水污泥总产生量的比率。该指标用于促进城市污水污泥处理处置设施建设。 计算方法：城镇污水污泥无害化处置率（%）＝无害化处置的城镇污水污泥量÷城镇污水污泥总产生量×100%。 数据来源：市住房和城乡建设局

序号	一级指标	二级指标	三级指标	指标说明
41	保障能力	制度体系建设	无废城市建设地方性法规、政策性文件及有关规划制定★	指标解释：指城市涉及固体废物减量化、资源化、无害化的地方性法规、政策性文件、有关规划出台情况。该指标用于促进因地制宜制定无废城市建设相关的地方性法规或政策性文件。 数据来源：负责无废城市建设的相关部门
42			无废城市建设协调机制★	指标解释：指市委市政府牵头组织成立、市委市政府主要领导同志负责，生态环境、发展改革、经信、住建、农业、商务等相关部门共同参与的组织协调机制，以及工作专班、协作机制建设情况。该指标用于促进各地形成无废城市建设的有效工作机制。 数据来源：负责无废城市建设的相关部门
43			无废城市建设成效纳入政绩考核情况	指标解释：指将无废城市建设重要指标及成效纳入城市、县区各级政府及其组成部门政绩考核情况。该指标用于促进各地无废城市建设相关部门持续高效开展工作。 数据来源：市委组织部门、监察部门
44			开展"无废城市细胞"建设的单位数量（机关、企事业单位、饭店、商场、集贸市场、社区、村镇）	指标解释：指按照无废城市建设要求开展固体废物源头减量和资源化利用工作的机关、企事业单位、饭店、商场、集贸市场、社区、村镇等单位数量（含开展绿色工厂、绿色矿山、绿色园区、绿色商场等绿色创建工作的单位）。各地因地制宜编制"无废城市细胞"行为守则、倡议、标准等，并推动实施。该指标用于促进"无废城市细胞"推广建设，推动实现绿色生活和绿色生产方式。 数据来源：各相关部门
45		市场体系建设	无废城市建设项目投资总额★	指标解释：指无废城市建设相关项目资金投入总额。项目资金渠道来源包括中央和地方各级财政资金（含基本建设投资资金和相关专项资金）、地方政府部门自筹资金（指地方政府部门的各种预算外资金以及通过社会筹集的资金）、企业自筹资金、其他资金。该指标用于促进政府有关部门、金融机构、企业加大对无废城市建设相关项目的投资。 数据来源：市生态环境局、当地人民银行分支机构、银保监会派出机构或地方金融监管局及相关部门
46			纳入企业环境信用评价范围的固体废物相关企业数量占比	指标解释：指城市纳入环境信用评价的固体废物相关企业占全部固体废物相关企业的比率。固体废物相关企业指固体废物产生企业，以及从事固体废物回收、利用、处置等经营活动的各类企业。该指标用于促进固体废物相关企业开展企业环境信用评价。 计算方法：纳入企业环境信用评价范围的固体废物相关企业数量占比（%）＝纳入环境信用评价的固体废物相关企业数量÷全部固体废物相关企业数量×100%。 数据来源：市生态环境局
47			危险废物经营单位环境污染责任保险覆盖率	指标解释：投保环境污染责任保险的危险废物经营单位数量占危险废物经营单位总数的比率。该指标用于促进危险废物经营单位投保环境污染责任保险。 计算方法：危险废物经营单位环境污染责任保险覆盖率（%）＝纳入环境污染责任保险的危险废物经营单位数量÷危险废物经营单位总数×100%。 数据来源：市生态环境局、银保监会派出机构或地方金融监管局

序号	一级指标	二级指标	三级指标	指标说明
48	保障能力	市场体系建设	无废城市绿色贷款余额	指标解释：指银行业金融机构用于支持无废城市建设的绿色贷款余额。根据《中国人民银行关于建立绿色贷款专项统计制度的通知》（银发〔2018〕10号）以及《中国人民银行关于修订绿色贷款专项统计制度的通知》（银发〔2019〕326号）建立的绿色贷款专项统计制度，绿色贷款包括支持节能环保产业、清洁生产产业、清洁能源产业、生态环境产业、基础设施绿色升级和绿色服务等的贷款。贷款余额可以反映国内主要银行业金融机构在该领域的贷款规模情况。该指标用于促进相关机构加大对无废城市建设的贷款支持力度。 数据来源：当地人民银行分支机构
49			无废城市绿色债券存量	指标解释：指银行业金融机构用于支持无废城市建设的绿色债券存量。根据《中国人民银行 发展改革委 证监会关于印发〈绿色债券支持项目目录（2021年版）〉的通知》（银发〔2021〕96号），绿色债券是将募集资金专门用于支持符合规定条件的绿色产业、绿色项目或绿色经济活动，依照法定程序发现并按约定还本付息的有价证券。债券存量可以反映国内主要银行业金融机构在该领域的市场规模情况。该指标用于促进相关机构加大对无废城市建设的融资力度。 数据来源：市地方金融监管局、当地人民银行分支机构
50			政府采购中综合利用产品占比	指标解释：指城市各级人民政府及各有关部门纳入政府采购的综合利用产品价值占政府采购总值的比率。综合利用产品指纳入《国家工业固体废物资源综合利用产品目录》，并按《工业固体废物资源综合利用评价管理暂行办法》要求通过评价的工业固体废物资源综合利用产品。该指标用于促进政府采购综合利用产品。 计算方法：政府采购中综合利用产品占比（%）＝政府采购中综合利用产品价值÷政府采购总值×100%。 数据来源：各相关部门
51		技术体系建设	主要参与制定固体废物资源化、无害化技术标准与规范数量	指标解释：指城市内各机构作为主要完成单位在大宗工业固体废物、农业废弃物、生活垃圾、危险废物资源化、无害化等方面参与制定的技术标准与规范的数量。技术标准包括国家标准、行业标准、地方标准和团体标准；规范包括各级技术规范、导则和指南。该指标用于促进固体废物资源化、无害化技术的标准化，有助于相关成熟技术在全国范围推广应用。 数据来源：市工信局、市发展改革委、市农业农村局、市住房和城乡建设局、市生态环境局、市市场监管局
52			固体废物回收利用处置关键技术工艺、设备研发及成果转化	指标解释：指企业、科研单位、高等院校等开展固体废物减量化、资源化、无害化相关关键技术工艺和设备研发及工程应用示范的数量。该指标有助于促进提升固体废物回收利用处置的科技水平。 数据来源：市科技局

序号	一级指标	二级指标	三级指标	指标说明
53	保障能力	监管体系建设	固体废物管理信息化监管情况★	指标解释：指落实新修订《固体废物污染环境防治法》关于信息化建设的相关要求，城市建成覆盖一般工业固体废物、危险废物、生活垃圾、建筑垃圾、农业固体废物管理数据的信息化监管服务系统，通过打通生态环境、住建、农业农村、卫生健康等各部门相关数据，实现全过程信息化追溯相关情况。该指标用于促进城市加强固体废物管理信息系统建设，打通多部门间固体废物管理信息壁垒。 数据来源：负责无废城市建设的相关协调部门
54			危险废物规范化管理抽查合格率	指标解释：指参照《危险废物规范化管理指标体系》，对全市域范围内的危险废物产生单位和经营单位进行规范化管理及抽查考核评估得到的合格率。该指标用于促进危险废物规范化管理。 数据来源：市生态环境局
55			发现、处置、侦破固体废物环境污染刑事案件立案率★	指标解释：指城市全市域范围内固体废物环境污染刑事案件立案数量占所有固体废物环境污染刑事案件线索数量的比例。该指标反映对固体废物环境污染违法行为的打击力度和工作成效，用于促进加大监管执法力度，震慑和防范固体废物相关违法违规行为。 计算方法：发现、处置、侦破固体废物环境污染刑事案件立案率（％）＝城市全市域范围内固体废物环境污染刑事案件立案数量÷城市全市域范围内所有固体废物环境污染刑事案件线索数量×100％。 数据来源：市公安局、市生态环境局
56			涉固体废物信访、投诉、举报案件办结率	指标解释：指城市涉固体废物信访、投诉、举报案件中，经及时调查处理、回复的案件占比。该指标用于促进相关部门做好固体废物信访、投诉、举报案件的应对和处理。 计算方法：涉固体废物信访、投诉、举报案件办结率（％）＝及时调查处理、回复的涉固体废物案件数量÷城市涉固体废物信访、投诉、举报案件数量×100％。 数据来源：市生态环境局
57			固体废物环境污染案件开展生态环境损害赔偿工作的覆盖率	指标解释：指对城市辖区内年度发生的符合生态环境损害赔偿条件的固体废物环境污染案件开展生态环境损害赔偿工作的覆盖率。该指标用于深入打击固体废物环境违法行为，全面推进实施生态环境损害赔偿制度。 计算方法：固体废物环境污染案件开展生态环境损害赔偿工作的覆盖率＝对年度发生的固体废物环境污染案件开展生态环境损害赔偿工作的数量÷年度发生的符合生态环境损害赔偿条件的固体废物环境污染案件总数×100％。 数据来源：市生态环境局
58	群众获得感	群众获得感	无废城市建设宣传教育培训普及率	指标解释：指无废城市建设宣传教育培训开展情况，包括通过电视、广播、网络、客户端等方式，对党政机关、学校、企事业单位、社会公众等开展宣传教育培训等的情况；城市固体废物利用处置基础设施向公众开放情况等。该指标用于促进各地加强公众对无废城市建设的了解程度。 数据来源：第三方调查

续表

序号	一级指标	二级指标	三级指标	指标说明
59	群众获得感	群众获得感	政府、企事业单位、非政府环境组织、公众对无废城市建设的参与程度	指标解释：指政府、企事业单位、非政府环境组织、公众参与无废城市建设的程度，例如参加生活垃圾分类、塑料制品的减量替代、厨余垃圾减量等情况。该指标用于促进各地不断提升无废城市建设期间的全民参与程度。 数据来源：第三方调查
60			公众对无废城市建设成效的满意程度★	指标解释：反映公众对所在城市工业固体废物、生活垃圾、建筑垃圾、农业废弃物等的减量、利用、处置等管理现状的满意程度。该指标用于促进各地加大工作力度，提升公众对无废城市建设成效的满意程度。 数据来源：第三方调查

注：① ★表示必选指标。城市具体情况不涉及的个别必选指标，可出具说明材料申请该项指标不纳入建设内容。
② 数据来源单位供参考，各地可根据具体情况调整涉及的主管部门。

2. 指标取值法

各项指标数值的确定，首先，以现状数据和水平值作为依据，现状值主要来源于现有统计调查数据或专项调查数据，用于反映城市该项指标的真实水平。其次，根据各指标计算方法，结合未来城市宏观数据，例如人口规模、行政管辖面积、经济总量、社会发展等要素的预测值，代入计算公式计算而得；最后，部分指标无足够的预测数据作为依据而无法直接计算得到的，可通过类比法进行推测。

下面以《深圳市"无废城市"建设试点实施方案》中生活垃圾回收利用率和建筑垃圾资源化利用率为例进行说明。对比我国深圳与日本东京、新加坡、德国、欧盟等国家、城市或组织的现状人均垃圾产生量、工业固体废物产生强度等因素，发现深圳市在某些指标上已经接近这些城市和地区，以此作为推断，在规划末期，生活垃圾回收利用率和建筑垃圾资源化利用率会与这些对标地区的普遍水平相当，甚至领先于这些对标对象，从而定性与定量结合确定未来符合深圳市发展趋势和试点建设成效的指标值。在实施方案中，确立了深圳市近期（2025 年）生活垃圾回收利用率为 38%，建筑垃圾资源化利用率为 80% 的指标水平。

第 10 章　源头减量的"无废细胞"规划

以往的固体废物治理重在末端管控，忽略了源头端的减量化和中端洁净分类运输，从而忽略了全社会参与的作用和影响力。无废城市建设作为全民参与的事项，需要从固体废物治理全流程鼓励全社会参与，让各环节的行为人履行自己的义务，在源头减量、资源循环利用的实践中获得真切的体验，形成一种可持续发展的社会新风尚。

从源头端减量化做起，意味着无废城市建设从以往政府管控为主的方式转变为全社会相互激励、相互监督的自生动力方式，是将固体废物处理从专业范畴事务上升至城市现代化治理的新起点和重要体现，是将资源循环理念拔高到城市发展理念层面的出发点。居民可从随手可得的源头端参与，是城市践行源头减废目标的切入点和起点；通过新型设施的推广和融合，以及过时设施的提标改造，提升固体废物前端设施的空间品质，如转运站、危废中转暂存点、污泥出厂脱水设施等，对城市公共空间品质的提升起助推效果。

通过在源头端的实践，形成较为行之有效的经验做法及设施空间布局，由此产生具有复制推广意义的"无废细胞"的概念。"无废细胞"是无废城市的有机组成部分，有城市内涵表达、价值取向、景观传达媒介的作用。理念普及与公众参与：公众可在设施空间或文化活动中，或节约耗费的日常行为中感受低碳无废生活的意义和收获，形成可持续理念与日常行为习惯。

10.1　"无废细胞"的价值与内涵

"无废细胞"是指社会生活的各个组成单元，包括机关、企事业单位、饭店、商场、集贸市场、社区、村镇、家庭等，是无废城市最小空间形态和最基本功能单元，更强调从以往的末端管控前溯到前端源头，从政府管控为主转变为全社会参与的模式。

"无废细胞"不仅承担着城市资源循环的最基础功能，其涉及的建筑、设施、举措还有城市内涵表达、价值取向、景观传达媒介的作用（图 10-1）。以"无废细胞"的环卫基础设施为例，在空间品质塑造中可以发挥以下价值：

（1）公共建筑价值。作为公共建筑，在建筑功能需求、风貌审美、设计理念、建造手法方面都可兼容并蓄地体现城市多元包容、传承文化、面向未来的创新特色与时代气息，形成融洽的建筑风格。

图 10-1　"无废细胞"对高品质空间的贡献层级

营造"无废"文化氛围

提升设施景观美感度

提升设施能力建设，提高应对韧性

（2）环境质量价值。通过密闭化、自动化、智能化的"无废细胞"设施，杜绝固体废物臭气的外溢，规避了垃圾视觉外露，提升空间的环境卫生质量。

由上可知，无废城市已将城市固体废物从行业管理层面的工作提升到城市安全与资源循环层面需要考量的工作，并将空间单元以"无废细胞"的形式落地和生长，最终形成无废城市。在这过程中，固体废物收集、转运与处理的需求得到满足，且赋予了设施一定程度韧性，以应对负荷冲击造成的溢出问题，这是"无废细胞"对空间品质提升的第一层贡献。

其次，"无废细胞"建设不仅提高城市固体废物减量化和循环利用水平，同时提升城市基础设施高质量发展，例如，采用密闭化隐蔽化建设，提升设施景观美感度，使之更好地融入城市景观与风貌中，这是对空间品质提升的第二层贡献。

此外，通过营造高品质的"无废细胞"，让社会各界广泛参与。如增加社区花园营造、公益活动、科普宣教设施，皆在向公众传达绿色生活方式，赋予物理空间可持续发展的文化氛围，这是"无废细胞"对空间品质提升的第三层贡献。

10.2 "无废细胞"空间衍生类型及特征

根据用地性质、功能划分和人群空间聚类度，可将"无废细胞"细分为无废机关、无废园区、无废餐厅、无废酒店、无废商场、无废学校等，对各自人群特点、产废特点、可适配的源头减量措施类型进行划分，并形成针对地块/建筑空间特性的"无废细胞"规划思路。同时，可将无废城市建设要求融入当地绿色家园创建系列活动及考评细则，建立"无废细胞"考评体系，积极引导各类社会主体参与到无废城市的建设过程中。

10.2.1 无废机关

无废机关的规划场所主要指党政机关的办公场所，其规划思路及内容是在党政机关、政府部门、事业单位、国企等机构开展无纸化办公，减少会议、汇报、日常公务上的纸质化材料传播使用。开发和升级电子办公系统，对各类公文利用电子办公系统以电子方式处理。除特殊情况外，全市所有公文一律通过电子办公系统以电子方式发送、流转，停止使用纸质文件。落实内部办公场所不得使用一次性杯具和垃圾分类要求，全部配置生活垃圾分类容器，实现再生资源高效回收、废旧电池等有害垃圾合规收集处置。

10.2.2 无废酒店

无废酒店更多以主动遵守行政规则和管理办法进行规划落实，如不得主动向消费者提供客房一次性日用品，行业主管部门制定不主动提供的一次性日用品动态目录。经营单位落实经营区域内垃圾分类设施，增加生活垃圾分类指引宣传，引导住客正确分类。

10.2.3 无废商场

无废商场可从推广商品绿色包装设计应用，加快制定推广绿色包装设计与应用的地方性法规及标准体系，加快包装技术升级，推行产品简约设计，减少单个商品的包装材料使用量，分阶段推行商品绿色包装等环节进行规划建设。开展"拒绝过度包装"主题宣传活动，增强消费者简化包装意识，推动商场限制销售过度包装商品。商场禁止主动提供一次性购物袋，鼓励购物者使用可重复利用的环保购物袋、布袋等塑料购物袋替代品。积极开展经营区域内垃圾分类工作，引导消费者正确分类。

10.2.4　无废餐厅

无废餐厅以餐饮酒店、机关事业单位和学校食堂等为重点，加大绿色餐饮宣传力度，加强消费行为引导，形成"厉行勤俭节约、反对餐饮浪费"的良好社会风气。充分发挥社会协同力量，深入开展"光盘行动"，培育一批绿色餐厅、绿色餐饮企业（单位），广泛宣传和倡导合理消费、适量点餐、剩菜打包，养成节约、文明的用餐习惯。动员市民群众践行环保理念，促进餐厨垃圾源头减量。推动餐饮经营单位落实经营区域内垃圾分类工作，实现餐厨垃圾与其他生活垃圾有效分类，落实不混装、不混运。

10.2.5　无废园区

无废园区主要针对工业园区、科技园区等具有园区空间形态的产业集群空间进行营造，开展生态工业园区建设以及工业园区的循环化改造。可首先从引导工业企业清洁生产做起，严格实施"双超双有"企业强制清洁生产审核，重点推进线路板、电镀、印染等传统产业企业、饮用水源二级保护区依法设立的工业企业、污染物排放超标的污染严重企业、使用有毒有害原料进行生产或者在生产中排放有毒有害物质的企业强制实行清洁生产审核。持续推进企业清洁生产审核行动，加大自愿清洁生产普及力度，鼓励企业开展自愿清洁生产审核。构建多元化的清洁生产技术服务体系，为企业提供优质的相关技术和咨询服务。

加快建设绿色工厂，是无废园区另一大可操作措施。绿色工厂是制造业的生产单元，是绿色制造的实施主体，属于绿色制造体系的核心支撑单元，侧重于生产过程的绿色化。加快创建具备用地集约化、生产洁净化、废物资源化、能源低碳化等特点的绿色工厂。优先在汽车、电子设备、手机等重点行业选择一批工作基础好、代表性强的企业开展绿色工厂创建工作。根据工业和信息化部《绿色工厂评价通则》出台深圳市绿色工厂评定标准和管理办法，明确汽车、电子设备、手机等主要制造业绿色工厂的工业固体废物综合利用率要求，开展市级绿色工厂示范创建。

开展绿色供应链认定，有助于园区产业链整体实施绿色制造，是无废园区建设的另一大法宝。打造绿色供应链，企业要建立以资源节约、环境友好为导向的采购、生产、营销、回收及物流体系，推动上下游企业共同提升资源利用效率，改善环境绩效，实现资源利用高效化、环境影响最小化、链上企业绿色化的目标，在汽车、电子设备、手机等供应链较长的行业中选择具备条件的企业，建立绿色供应商信息管理体系。

10.3 "无废细胞"规划方法及营造策略

10.3.1 "无废细胞"基础特性辨析

源头分类梳理，即按照无废城市体系的分类模式，搭建"无废细胞"源头的分类模式，并分别进行产生量预测。

1. 特征要素识别

高品质"无废细胞"规划的核心是识别规划范围内的关键要素，主要概括为三大类：第一类为空间要素，包括人口数量、空间尺度、建筑密度、主要用地性质类型；第二类为产废特征要素，包括产废种类、源头特点、产废规模、现状设施情况等；第三类为景观风貌要素，如绿化率、绿化空间分布、景观特征、设施与景观风貌融合度等。

将三大类要素识别和梳理后，对规划范围内的对象进行现状评估，主要从设施能力负荷、潜在原位资源化程度、空间环境品质、外观设计美感等方面进行客观分析，评估与规划目标的差距。

2. 产废情况摸排

产废特征要素方面，可采取调研走访、现场实测、资料收集与物质流分析等方法，收集分析规划范围内固体废物的产生类别、数量规模、现状设施等信息，并挖掘资源化潜力。因"无废细胞"空间范围不大，边界有限，其产废数据通常难以呈现在官方统计或末端处理设施进场统计中（如焚烧厂的进厂统计往往是以街道、辖区为最小来源单位统计），因此，在资料收集上，难以从政府官方发布的公报和监测报告中获取。同时，"无废细胞"往往以小区、工业园区、学校、党政机关等组织形态开展，其管理主体明确，物业、后勤等往往有产废统计，因此，可找范围内责任主体提供基础统计资料。若部分产废数据缺失，可在现场开展为期一段时间的实测统计，但需根据季节、节假日、天气等情况，挑选有代表性的采样时机，减少非常态化事件造成的实测数据波动性。

3. 分类协同定策

在识别规划范围内产废特征要素后，即可明确涉及固体废物种类，按行业特性和管辖部门进行划分和整合，如生活垃圾类固体废物可根据地区分类条例，细分为厨余垃圾、可回收物、其他垃圾和有害垃圾，每类生活垃圾可通过分类收集暂存后，以各自行业转运方式进行清运，或根据物理化学特性，进行原位协同资源化预处理等，进而减少对外排放量。同时，根据处理工艺特点，部分固体废物种类间可进行协同处理的，需在顶层设计时统筹其协同处理模式。需要说明的是，由于"无废细胞"侧重于源头端，除了工业生产外，大部分的"无废细胞"难以进行大规模的循环利用设施或无害化设施处理，因此，"无废细胞"侧的协同，更多的是在完成固体废物的分类收集、分装、存放后，首先判断能否在本范围内进行脱水、减容、生物降解等预处理，如居民小区内绿化垃圾、年花年桔和厨余垃圾的协同小型堆肥，在小区内实现就地降解、腐熟和原位施肥利用；其次是最大程度地协同运输，如生活垃圾类尽量通过城市管理部门指定的收运渠道、收运商同类运输工具进行分类外运。每类"无废细胞"的分类资源化协同需要具体定策，其涉及的不仅仅是工艺和技术上的可行性，还需要融入社区治理的范畴中，在社区利益相关方中达成共识。

10.3.2　"无废细胞"空间规划策略

"无废细胞"空间布局规划首先要把握空间层级，可参考"从内部到外部，从个体到公共"的空间逻辑，识别各建筑单元、权属单位的需求和可行性措施，制定因地制宜的"无废设施"空间布局方案。本节从各空间单元出发，列举"无废细胞"常见的产废源和空间类别，并以"建筑单元＋公共空间＋重要设施节点＋道路"的设施布局空间等级加以说明。

（1）在各地块单元的室内空间，应根据楼宇里产废数量和时序规律，设置建筑废物中装修垃圾、危险废物（如消杀用品、除虫除草剂、废旧电池、荧光灯管等有害垃圾）的暂存场所，此部分固体废物往往产生量较少、无须日产日清，妥善存放一定规模后由指定收运商上门清运即可，因此在建筑内部需单独设置暂存空间，一般不低于30m²/栋（图10-2）。

图10-2　室内暂存点

（2）各地块单元的室外空间，采用景观地埋垃圾分类收集点替代传统垃圾桶收集点。景观地埋垃圾分类收集点，是通过电动升降式设备，在非清运状态下，将收集容器置于地面以下，投放口露出地面，在清运工作状态下，通过控制开关将地下容器抬升，完成收集清运工作。该设施的优势是密闭化、智能化程度高，能有效防止蚊虫进入垃圾桶，地面平整美观，无视觉、臭气污染，配合周边的景观美化设计，改变传统环卫收集作业脏、乱、臭的现象。

（3）市政设施节点。若"无废细胞"内设有生活垃圾收集转运站、再生资源回收站等市政设施的，可将设施提升为分类收集转运设施，设置不同的收集容器和设备；有条件的，可充分挖潜地下空间，将设施下沉至地下，释放地面空间作为社区公园和绿地等空间形态，并配合景观设计，塑造生态绿色的高品质"无废细胞"设施节点。

总而言之，根据片区的定位，区分空间需求梯度：如高端地区对品质空间的需求、用地条件区域对空间集约利用的需求、生产区域对于物料循环利用和运输效率的需求、建筑工程对土方平衡与拆建废料最小化外运需求、医院对于公共卫生的需求等。根据各需求特征，在各建筑空间层级精准配置无废设施设备，如升降式地埋收集点、真空管道收集系统、原位资源化设施（尤其是农业领域）等。

10.3.3 "无废细胞"人本营造经验

利用理念科普和文化活动的持续推进，提升无废可持续性。"无废细胞"的营造，不仅是物理空间的规划和设施的配置，更需要通过"社群思维"进行运营和维护，让公众都具有自发参与的觉悟和内生动力，甚至可在物质利益获得感、文化优越感、荣誉获得感、教育优越感和社会影响力等方面"尝到甜头"。

1. 充分融入社区治理制度

对于大多数"无废细胞"而言，往往处于社区的范畴，小到独栋建筑、中到小区、大到片区，都有明确的管理组织，如小区的业主委员会、社区的居委会等，这些组织都有相关的管理规定和运作制度，可将"无废细胞"的具体建设事宜写入相关规则，逐步形成良好的运作机制，从而获得长期有效的运作。通过社区治理制度的吸纳、完善和健全，并逐渐内化为生态文明、无废文明和社区自治文明等文化建设制度，夯实"无废细胞"作为改善人居环境、提高民生福祉、倡导低碳绿色生活的基础自治方式，实现广泛的、普遍性的推广。

2. 积极引入"社区花园"实践

目前全国各地都在探索实践"社区花园"，作为公民参与提升公共空间环境景观的创新形式，"社区花园"也是完整社区营造的其中一环，能调动社区居民的积极性。其中家庭力量是主力军，家长们通过带领孩子们沉浸式参与"社区花园"的建设，增进亲子关系，并通过劳动实践让孩子收获喜悦和相关知识，是一种生动、活泼、创新的基础自治方式探索。而"无废细胞"与"社区花园"营造有较多相同之处，首先，都是视为基础自治的日常性事务，需要广大群众的配合；其次，二者存在物质循环利用的环节，从而实现部分的社区固体废物闭环。例如，将小区产生的厨余垃圾、绿化垃圾进行原位协同预处理后（可通过自然堆肥降解腐熟，也可以利用小型厨余处理机催化降解），残渣往往可作为土壤改良剂和炭基肥，回用于社区的绿化养护和居民家里的植物栽培，从而实现厨余垃圾、绿化垃圾的原位闭环。

3. 契合"近零碳排放社区"实践

随着"双碳"目标的提出，全国各地同步开展"近零碳排放示范区"的试点建设，社区作为"近零碳排放示范区"的其中一个重要空间区域，在深圳、成都等多地的近零碳排放区试点建设实施方案中明确将社区、园区、企业、建筑作为代表性试点对象。这些空间形态与"无废细胞"选取开展的要求和体量规模是相似的，同时，"近零碳排放社区"和"无废细胞"有较多重叠之处，例如垃圾分类、源头减量、固体废物循环利用等。可以说，"无废细胞"的具体指标追求、具体措施和预期成效均可纳入"近零碳排放社区"范畴内，作为构建"近零碳排放社区"的一类重要指标。公众践行"无废细胞"、无废城市建设，实际上也在同步参与"近零碳排放社区"的建设，与此同时，公众在践行无废城市建设过程中形成的良好习惯和意识，通常可以帮助其在低碳节能、节约资源等方面发挥影响作用，实现拓展发散正影响。这也是近零碳排放社区文化、低碳绿色生活文化的培育过程，是与"无废文化"相辅相成的。

4. 融合儿童友好型社区建设

在儿童友好型城市倡导下，各地也积极探索深入前端的儿童友好型社区营造。正如上述所言，"无废细胞"建设契合了大量社区公众行为活动，也应纳入社区自治行为准则中，因此"无废细胞"的建设自然也与儿童友好型社区建设挂钩，从而形成相互契合、相互激发的文化氛围。如在社区中开展普及低碳可持续生活方式的公益活动，利用园区的公园、广场、草坪、展厅，不定期举办"物-物交换""图书漂流"、露天环保工作坊等公益活动，吸引社区公众周末参与低碳可持续生活方式的体验，尤其是家长带着孩子共同参与，大人带着孩子从小植入"无废文化"的概念，孩子出于好奇和玩心，自发要求家长陪伴和带领，从而形成自发且面广的"无废文化"氛围。

第11章　高效全面的无废运输规划

随着我国经济的快速发展以及城市化进程的加快，城市固体废物产生和排放问题日益严峻，但城市固体废物管理大多较为落后，无论是源头的排放管理还是后续的收集、转运和处理等均缺乏科学合理的管理，垃圾围城现象屡见新闻。固体废物物流运输体系是固体废物系统的重要组成部分，是连接固体废物产生源头和处置设施的重要环节，科学合理地规划固体废物物流运输体系，有利于提高固体废物转运效率，降低转运成本，减少环境污染风险。本章将围绕固体废物物流运输体系的概念、运输模式规划、节点场站规划以及体系优化四方面进行详细阐述。

11.1　固体废物物流运输体系概述

11.1.1　固体废物物流运输概念

物流是社会再生产过程中的重要环节，物流不仅包括物质的能量转化、物质的循环利用，也包括价值的转移和实现，因此，物流系统是动态的、复杂的、开放的大系统。物流的概念较为广泛，不同国家、不同机构、不同时期均有所不同，但总体而言，其代表了与产品和材料再利用相关的操作，包括运输、设施运行和管理。物流活动具体包括各种原因的商业退货流程、对包装材料和运输包装的回收利用流程、对产品的再制造或翻新流程、对废弃设备设施的处置流程、对危险品的处置流程和资产价值再生流程。

根据物流过程中的物质流向，物流可分为正向物流和逆向物流。美国物流执行委员会将物流分为正向物流和逆向物流，且将逆向物流定义为以继续获取物品的应用价值或者进行妥当处置为目的，而对完成原使用价值的物资进行流转的过程。在我国目前的物流学科框架中，一般把企业物流分为供应物流、生产物流、销售物流、回收物流和废弃物物流，然后又将回收物流和废弃物物流统称为逆向物流或反向物流，以与传统的从生产者到消费者的正向物流相区别。因此，我国与固体废物物流运输相关的物流术语主要为废弃物物流，即将经济活动中已经失去原有使用价值的物品，根据实际需要进行收集、分类、加工、搬运、储运等，并分送到专门处理场所时所形成的物品实体流动。

由此可知，传统正向物流运输是指物品从供应地向接受地的实体流动过程中，将运输、储存、装卸、搬运、包装、流通加工、配送、信息处理等基本功能实现有机结合的一个整体，是产品从相对集中的商家到相对分散的消费者的过程。而固体废物物流运输则是指将固体废物从产生源头或集中收集点运输至末端处理设施或资源化利用设施的逆向物流过程（图 11-1）。

与传统正向物流运输体系相比，固体废物物流运输体系为逆向物流过程，它的作用是将消费者不再需要的废弃物运回生产、制造或处理领域，即固体废物物流运输体系是从相对分散的居民端或产生源头端将固体废物通过收集、转运、分拣等环节，运至相对集中的固体废物处理设施的过程，而传统正向物流体系则是将货物从货物相对集中的工厂或企业运至相对分散的客户的过程。

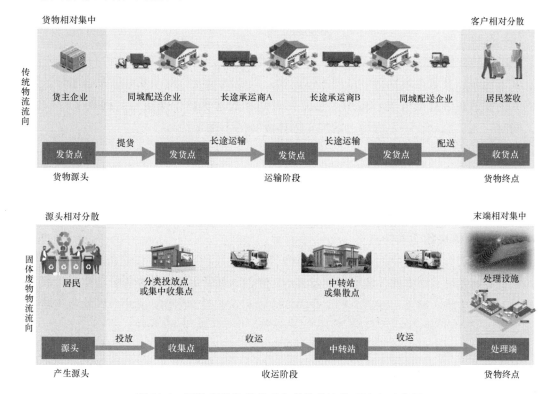

图 11-1　固体废物物流体系与传统物流体系流向示意图

11.1.2　固体废物物流运输特点

1. 固体废物物流运输系统与其他物流系统的差别

城市固体废物物流运输系统因为其特殊性而有别于其他物流，主要表现在以下几个方面：

（1）逆向性

与产品的回收物流类似，城市固体废物物流也具有逆向性。商品的回收物流是沿着正向物流的反方向流动，而城市固体废物物流则通过不同于正向物流的渠道对资源、能源进行回收以及无害化处置。逆向性决定了城市固体废物物流管理策略与传统正向物流存在着本质差异。

（2）主动性差

一般情况下，固体废物中有价值且易于回收的部分已通过其他途径提前进入再循环，剩下的部分价值较低，同时由于管理制度不完善，且民众普遍不具有环境保护意识或环境保护意识较薄弱，因而在固体废物收集过程中主动性比较差，存在极大的不确定性。

（3）复杂性

复杂性体现在来源与成分组成方面，城市固体废物产生量与居民生活水平、教育经历、生活习惯以及季节、突发事件等紧密相关，且成分复杂，易对周围环境造成很大影响；尤其在管理方面，归属问题不明确导致多部门职权交叉、统计困难，使得城市固体废物物流的复杂性进一步加剧。

（4）不确定性

城市固体废物包括人类活动产生的生活垃圾、建筑废物、危险废物、一般工业废弃物、城市污泥以及农业废物等一系列固体废物。以生活垃圾为例，城市居民居住分散使城市固体废物散布于社会各处，增加了物流在时间和数量上的不确定性，提高了回收的难度。同时，人口流动在一定程度上增加了固体废物的不确定性。

（5）邻避性较强

固体废物物流运输体系中涉及的收集和转运设施对周边环境的影响较大，较易遭到周边居民投诉及反对，因而导致固体废物收集及转运设施较难落地，进而增加了固体废物物流运输体系的规划实施难度。

2. 各类固体废物运输特点

由于不同类型固体废物的产生特性、主管部门以及其利用价值存在较大差异，其物流运输组织也有所差异。根据固体废物类别及其产生特性，通常可将固体废物分为生活垃圾、建筑废物、危险废物、城市污泥、一般工业固体废物和农业固体废物，其相应的物流运输特点分别如下。

（1）生活垃圾

生活垃圾是指人们在日常生活中或者为日常生活提供服务的活动中产生的固体废物，主要包括居民生活垃圾、集市贸易与商业垃圾、公共场所垃圾、街道清扫垃圾及企事业单位垃圾等。根据其是否进入环卫系统，生活垃圾又分为未进入环卫系统的再生资源和进入环卫系统的部分生活垃圾，随着垃圾分类工作的不断推进，进入环卫系统的部分生活垃圾又进一步分为其他垃圾、厨余垃圾、可回收物和有害垃圾。

未进入环卫系统的再生资源主要是指废弃的玻璃、金属、塑料和纸张，其回收利用价值较高（图 11-2）。通常被拾荒者拾取，而直接进入再生资源回收系统，通过市场化方式被相关企业回收利用，制成再生产品而返回城市，该部分固体废物通常由当地商务或工信部门主管。

进入环卫系统的生活垃圾主要包括其他垃圾、厨余垃圾、有害垃圾和可回收物。其中，其他垃圾主要通过转运后焚烧处理，餐厨垃圾、厨余垃圾主要通过厌氧发酵等技术进行资源化处理，可回收物则主要经过分拣、破碎等工艺后进入再生资源回收系统供回收利用企业利用，该部分固体废物通常由城市管理或住房和城乡建设部门主管。

综上，生活垃圾的物流运输体系可大致简化为图 11-3 所示的过程。

（2）建筑废物

建筑废物是指工程渣土、工程泥浆、工程垃圾、拆除垃圾和装修垃圾五类的总称，具体指建设单位、施工单位新建、改建、扩建和拆除各类建筑物、构筑物、管网以及居民装饰装修房屋过程中所产生的弃土、废料及其他废弃物。与其他固体废物相比，建筑废物具

图 11-2　再生资源示意图

（图片来源：韩蕙，刘艳菊，余蔚青．新加坡固体废物收运系统［J］．世界环境，2018（5）：51-54）

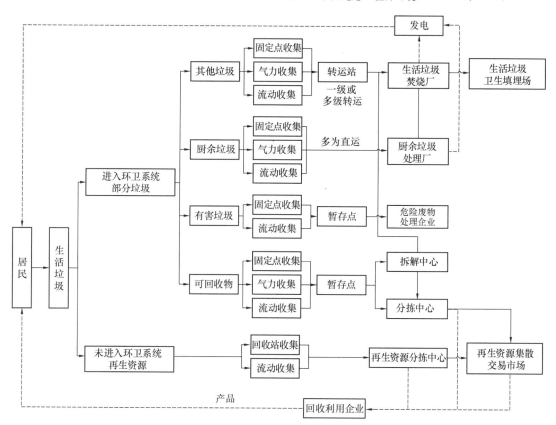

图 11-3　生活垃圾物流运输体系示意图

有鲜明的时间性、空间性和持久危害性。建筑废物根据产生源不同，可大致分为居民小区产生的建筑废物和工程施工场所产生的建筑废物，居民小区主要产生装修废弃物，通过固定收集后运往建筑废物综合利用设施进行处理，工程施工场所则主要采用直运方式，将建筑废物直接运往相应的建筑废物处理设施进行处理，当地住房和城乡建设部门负责监管，其物流运输体系如图 11-4 所示。

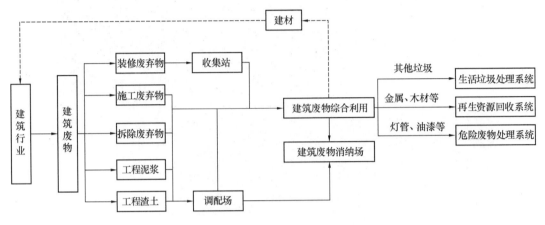

图 11-4　建筑废物物流运输体系示意图

（3）危险废物

危险废物是指对人体健康或环境造成现实危害或潜在危害的废弃物，或列入国家危险废物名录或者根据国家规定的危险废物鉴别标准和鉴别方法认定的具有危险特性的废物。通常我国将具有毒性、易燃性、腐蚀性、反应性、感染性的一种或几种危险特性的废弃物视为危险废物。根据产生源头的不同，危险废物可大致分为工业危险废物、医疗废物和社会源危险废物，主要由特许经营企业进行收集运输及分类贮存，进而运往危险废物处理处置企业进行处理，通常由当地生态环境部门主管，其物流运输体系如图 11-5 所示。

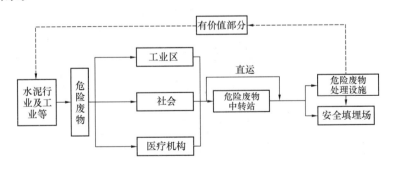

图 11-5　危险废物物流运输体系示意图

（4）城市污泥

城市污泥指在城市生活与城市生活活动相关的城市市政设施运行与维护过程中产生的污泥，其主要来自污水厂、给水厂、排水管以及河道淤泥/航道淤泥。给水厂、污水厂产生的污泥，通常会在给水厂、污水厂进行深度脱水，脱水后的污泥运往相应企业进行处理处置。排水管产生的污泥及河道淤泥/航道淤泥通常需要在排水管或河道处进行抽吸，抽吸至罐装车后运至相应的处理设施进行泥砂分离及干化处理，进而由相应企业进行处理处置，通常由当地水务部门主管，其物流运输体系如图 11-6 所示。

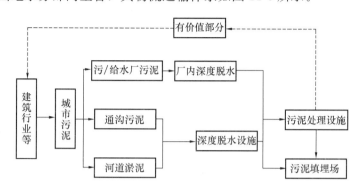

图 11-6　城市污泥物流运输体系示意图

（5）一般工业固体废物

一般工业固体废物是指企业在生产活动中产生且不属于危险废物的工业固体废物。根据其浸出液中一种或多种特征污染物浸出液的浓度是否超过《污水综合排放标准》GB 8978—1996 最高允许标准，可将一般工业固体废物分为第Ⅰ类一般工业固体废物和第Ⅱ类一般工业固体废物，并分别由一般工业固体废物资源化处理设施和一般工业固体废物填埋场分别进行处理处置，当地生态环境部门负责监管，其物流运输体系如图 11-7 所示。

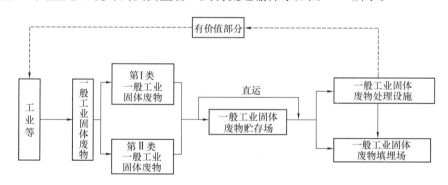

图 11-7　一般工业固体废物物流运输体系示意图

（6）农业固体废物

农业固体废物是指整个农林作物收获和加工过程中被丢弃的有机和无机成分物质，主要包括动物残余废物、秸秆果蔬废物、畜禽粪渣、农膜、农药包装物等，通常由当地农业部门主管。

针对以上固体废物运输特点，在进行固体废物物流运输体系设计过程中，应着重考虑以下两方面。

（1）固体废物物流运输体系的参与者。即参与整个固体废物物流运输系统运作的人、政府机关、企业或其他一些专门的团体（如二手货商家、零售商和物流服务的提供者）。参与者的不同将会给整个系统整合的可能性产生重要的约束和影响。

（2）固体废物物流运输体系功能及节点。不同固体废物，其物流运输体系有所差异，总的来说，固体废物物流运输体系功能包括收集、检测、分类、运输和处理等。固体废物物流运输体系的设计就是要确定这些功能实现的环节及其位置。对于危险废物而言，分类和检测功能的位置极为重要。前端检测可以有效剔除危险废物中的其他固体废物，从而对分类处理、节约运输成本、资源化利用具有重要意义。

11.2 固体废物物流运输模式规划

11.2.1 固体废物物流运输模式

固体废物物流运输方式是固体废物运输所赖以完成的手段、方法与形式，是为完成固体废物运输任务而采取的一定性质、类别的技术装备（运输线路和运输工具）和一定的管理手段。现代固体废物物流运输中的主要运输方式有公路运输、水路运输、铁路运输、真空垃圾收集系统运输，东京、大阪、北九州以及我国香港地区港岛西废物转运为船舶中转，伦敦、柏林等欧洲大城市有铁路中转基地。公路运输是固体废物物流运输最主要的运输模式，在选择固体废物物流运输模式方面，应当充分考虑当地的实际情况，如不同固体废物类别运输要求、末端处理设施建设情况等。

1. 公路运输

公路固体废物收运车辆是固体废物运输最主要的运输工具，不同类型的固体废物对固体废物收运车辆的密封要求及车型等有所区别，如生活垃圾产生的臭味较大，其收运车辆的密封要求通常较高，建筑废物由于易产生扬尘，其收运车辆对密封程度有一定要求（图11-8）。危险废物、一般工业固体废物由于环境风险相对较大，其收运不仅对收运车辆的密闭性要求较高，还对收运企业的资质情况有着较为严格的要求。

图 11-8 固体废物公路运输车

以生活垃圾收运车辆为例对公路运输工具进行介绍，生活垃圾主要的收运工具有半挂式转运车、车厢一体式转运车和车厢可卸式转运车，其中车厢可卸式转运车应用最为广泛，一方面是因为该类车辆无论是在山区还是在填埋场，都展现出优良和稳定的性能；另一方面是该车型由于汽车底盘和垃圾集装箱可自由分离、组合，在集装箱内压装垃圾时，司机和车辆不需要在站内停留等候，提高了转运车辆和司机的工作效率，因而设备投资和运行成本均较低，维护保养也更方便。可见，选择合适的车型，不仅有利于环境管控、适应不同地形地势，更有利于增加固体废物运输效率。

2. 铁路运输

铁路运输主要用于固体废物产生源头距离固体废物处理设施较远的地区，当需要远距离大量运输城市垃圾时，铁路运输是最有效的解决方法。特别是在比较偏远的地方，公路运输困难，但却有铁路线，且沿线有固体废物处理设施时，铁路运输方式就比较实用。

3. 水路运输

水路运输主要是指通过水路可廉价运输大量固体废物，因此也受到人们的重视。水路垃圾转运站需设在河流或者运河边，固体废物收运车可将垃圾直接卸入停靠在码头的驳船里，需要设计专用的转载和卸船码头，常见的采用水路运输的固体废物为建筑废物（图 11-9）。

图 11-9　垃圾转运码头

4. 真空垃圾收集系统运输

真空垃圾收集系统运输主要是指通过负压抽吸，将固体废物从产生源头收集至固定节点，常见的采用真空垃圾收集系统运输的固体废物主要有生活垃圾（图 11-10）。

图 11-10　深圳坝光生物谷公寓真空垃圾收集系统现场图

近年来，国外在建设新型公寓类建筑物时采用了一种新型的生活垃圾收集输送系统，即气力管道输送转运系统。该系统主要由中心转运站、管道和各种控制阀等组成。中心转运站内设有若干台鼓风机、消声器、手动及自动控制阀、空气过滤器、垃圾压缩机、集装箱及其他辅助设施等。管道线路上装有进气口、截流阀、垃圾卸料阀、管道清理口等。

11.2.2　前端收集模式

部分固体废物由于产生源头较为分散，在进入固体废物处理系统之前，通常需经过收集和转运两个环节。前端收集模式根据收集点是否固定及收集形式，可大致分为固定站收集模式、流动收集模式及真空垃圾收集系统模式。

1. 固定站收集模式

固定站收集是目前国内城市应用最为广泛的一种模式，指将一个区域内分散的固体废物集中到一处，进行装箱的收集方式。固定站收集模式一般需要建造独立占地或附属式的专用站房，站房内设置有固体废物收集厢体和压缩装箱设备等，如在生活垃圾产生的前端一般需要使用人力小车、电动收集车等小型运输工具，将生活垃圾源头的垃圾运输至固定站房内，并在站房内完成进一步的收集作业。由于一般固定站房均设有建筑，垃圾装料作业均在建筑内部进行，可以减少噪声、扬尘、污水等二次污染对周围环境的影响。

2. 流动收集模式

流动收集是指驾驶固体废物收集车辆至各固体废物产生源沿线收集垃圾的方法，如生活垃圾一般根据接收点垃圾的接收方式配备相应的收集车辆，采用垃圾桶接收时配备后装或侧装垃圾车，采用垃圾袋接收时一般配合后装垃圾车，目前在国内也有较多应用。流动收集的优点是无须设置建筑，灵活简便，也无须将接收点的固体废物运出来。但流动收集由于在室外对固体废物装载作业，会产生二次污染和噪声。流动收集车须进入接收点才能进行收集，故接收点最好设置于道路边，或收集车容易到达的地方。

3. 真空垃圾收集系统模式

真空垃圾收集系统是一种利用真空涡轮机和垃圾输送管道为基本设备的密闭化固体废物收集方式，主要包括投放系统、管网系统和中央收集站三大部分，与传统收集方式相比，其固体废物收集主要在真空管道中进行，固体废物收集中无裸露过程，可减少固体废物对周边环境的影响，提高收集效率，但由于该系统涉及预留与铺设等，通常适用于对环境品质要求较高的新开发片区（图11-11）。同时，由于真空垃圾收集系统设备的建设投资成本很高，运行费用也较其他收集方式高，因此目前在国内使用较少。

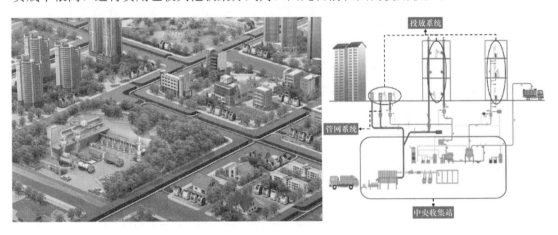

图 11-11　真空垃圾收集系统示意图

综上可知，在对前端收集模式进行规划时，应充分考虑固体废物产生源的分布、产生及片区建设情况，结合产生主体的投放习惯等，合理规划收集模式，如在产生源相对集中、产生量相对较大的区域，可采用固定站方式进行收集，在产生源不固定或产生量相对较少的区域，可采用流动收集模式，在对环境品质要求较高、经济较为发达的区域，可采用真空垃圾收集系统模式。

11.2.3　中间转运模式

固体废物中间转运模式主要是指将源头产生的固体废物集中后统一运往固体废物处理设施的过程，根据是否需要转运及转次数，主要分为直运、一级转运和二级转运。不同固体废物选择转运模式的要求差异较大，但大部分固体废物中间转运模式主要与固体废物处理设施距离有关。

1. 直运模式

当固体废物距离固体废物处理设施较近时，可采用直运模式（图 11-12）。以生活垃圾为例，当生活垃圾产生源距离生活垃圾末端处理设施距离不足 10km 时，该区域的生活垃圾可采用直运模式进行收运。

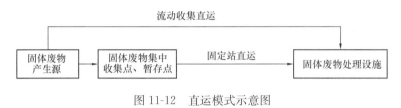

图 11-12　直运模式示意图

2. 一级转运模式

一级转运模式主要是指当固体废物产生源距离固体废物处理设施较远时，在固体废物运输过程中需经过一次转运，实现固体废物从源头运往固体废物处理设施的过程（图 11-13）。以生活垃圾一次转运为例，生活垃圾一次转运模式是指利用设立于垃圾生产区内的固定站来进行垃圾转运的一种方法，在距离生活垃圾末端处理设施不超过 20km 的情况下，生活垃圾通常采用一级转运模式，主要是指通过人力或机动小车（1～2t）对分散于各个垃圾收集点的垃圾进行收集运输至转运站，再由较大的车辆将收运至转运站的垃圾进行二次运输，运至垃圾处理场所。该生活垃圾转运模式适用于人口密度高、小区内道路狭窄、垃圾收集点距离垃圾处理场所较远的城区以及对噪声等污染控制要求较高或实行垃圾分类收集的地区。

图 11-13　一级转运模式示意图

3. 二级转运模式

二级转运模式是指在一次小规模中转运输方式的基础上，再增加一次大规模中转运输方式（图 11-14），其基本技术路线是：通过人力或者机动小车将固体废物收集点的垃圾运至小型中转站，然后用中型转运车辆将小型中转站的垃圾运至大型中转站进行压缩处理，最后使用大型运输车将固体废物运至固体废物处理设施。以生活垃圾为例，我国生活垃圾二次转运模式主要应用于北京、上海等大城市。此类城市具有城区面积辐射大、垃圾处理处置场所距离城区较远、对垃圾转运的污染控制要求较高等特点。因此，通常在中心城区内设置若干个生活垃圾中小型中转站，在城区周边设置几座大型垃圾中转站，以实现远距离、大吨位的经济运输。

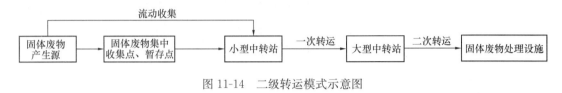

图 11-14 二级转运模式示意图

在实际规划过程中，转运模式通常是由直运、一级转运及二级转运复合而成，在进行转运模式规划时，应充分考虑不同地区的基础条件以及固体废物运输距离，对不同区域的转运模式进行合理选择与规划。

11.3 固体废物物流运输节点场站规划

在废弃物物流绿色化发展下，废弃物的流转就是基于循环经济模式在这种"节点—线路"所构成的复杂逆向物流网络中实现回收利用价值的。通常废弃物作业节点主要涵盖废弃物收集站、废弃物分拣站、废弃物回收中心、废弃物处理场、废弃物填埋地等场站。因此，在固体废物物流运输场站规划方面，可将其分为前端收集站、中间转运站和终端处理站。

11.3.1 前端收集站

前端收集站主要是指将固体废物从相对分散的产生源头，集中收集至相对固定的前端收集节点。典型的前端收集站主要是生活垃圾收集点，广泛分布在居民生活工作等场所，建筑废物、危险废物及城市污泥等固体废物的前端收集站由于产生源相对集中，通常在源头设置，如建筑废物前端收集站通常设在工地内，危险废物前端收集站通常设在危险废物产生企业及事业单位内等。建筑废物、危险废物及城市污泥等固体废物的前端收集站通常不需要在产生源外专门设置，因此，本节将重点介绍生活垃圾分类收集站设置原则。

生活垃圾分类收集站是指按规定设置的收集垃圾的地点（图 11-15），其形式主要有两种：一种是设有建筑物或构筑物的垃圾容器间的形式，另一种为不设建筑物或构筑物，仅放置垃圾容器的形式。垃圾容器间一般为内设垃圾容器的建筑物或构筑物。垃圾容器包括废物箱、垃圾桶、垃圾箱等；而废物箱是指置于道路和公共场所等处供人们丢弃废物的容器。它们的作用主要是收集垃圾、暂时存放垃圾、等待运输。

生活垃圾分类收集站应便于投放、方便运输，进行布点时，应结合城乡规划和路网规划，充分考虑当地的人口数量及分布情况、居民点分布及交通情况，以服务半径为基础进

图 11-15　生活垃圾分类收集站

行总体规划，其服务半径要求如下：

（1）城市垃圾收集站服务半径不宜超过 70m；

（2）镇（乡）建成区垃圾收集站的服务半径不宜超过 100m；

（3）村庄垃圾收集站的服务半径不宜超过 200m；

（4）市场、交通客运枢纽以及其他生活垃圾产量较大的场所附近应单独设置生活垃圾分类收集站。

11.3.2　中间转运站

中间转运站主要是指实现固体废物进一步汇集、分类、压缩或分拣等功能的场所。合理设置中间转运站，有利于节约成本、缓解交通拥堵及提高固体废物运输效率。目前，常见的固体废物中间转运站主要包括垃圾转运站、建筑废物调配场、危险废物中转站及一般工业固体废物中转站。下面将对上述几类中间转运站进行简要介绍。

1. 垃圾转运站

垃圾转运站主要是指用于转运生活垃圾的场所，宜布局在服务区域内并靠近生活垃圾产生量多且交通运输方便的场所，不宜设在公共设施集中区域和靠近人流、车流集中区段。同时，垃圾转运站的布局规划应满足作业要求并与周边环境协调，便于垃圾的分类收运、回收和利用。

垃圾转运站的合理布局，是城市垃圾管理的核心部分，有利于减少机动车尾气排放与降低成本，对提高城市生活质量有较强的现实意义。对于城市垃圾来说，垃圾转运站一般建在小型运输车的最佳运输距离之内，在对转运设施进行选址时，应当满足以下要求：

（1）选址应符合城镇总体规划和环境卫生专业规划的基本要求；

（2）选址应综合考虑服务区域、服务人口、转运能力、转运模式、运输距离、污染控制、配套条件等因素的影响；

（3）转运站应设在交通便利、易安排清运路线的地方；

（4）转运站应满足供水、供电、污水排放、通信等方面要求；

（5）在具备铁路或水路运输条件且运距较远时，宜设置铁路或水路运输垃圾转运站；

（6）转运站不宜设在大型商场、影剧院出入口等繁华地段以及邻近学校、商场、电影院等群众日常生活聚集场所和其他人流密集区域。

此外，垃圾转运站具有一定的服务半径（图11-16），采用不同的收运工具，其服务半径略有不同，采用人力方式运送垃圾时，收集服务半径宜小于0.4km，不得大于1.0km；采用小型机动车运送垃圾时，收集服务半径宜为3.0km以内，城镇范围内最大不超过5.0km，农村地区可适量增加运距。采用中型机动车运送垃圾时，可根据实际情况扩大服务收集半径。

图11-16　垃圾转运站示意图

2. 建筑废物调配场

建筑废物调配场主要是用于堆放暂时不具备填埋处置条件，且具有回填利用或资源化再生的建筑废物。根据《建筑垃圾处理技术标准》CJJ/T 134—2019，建筑废物调配场可采取市内或露天方式，且应采取有效的防尘、降噪等措施。当露天堆放建筑废物时，应对堆放的建筑垃圾及时进行遮盖，且堆放区地平面标高应高于周围场地至少0.15m，并在四周设置排水沟，满足场地雨水导排要求。建筑废物堆放高度高出地平面不宜超过3m，当超过3m时，需进行堆体和地基稳定性验算，以保证堆体和地基的稳定安全。

3. 危险废物中转站

危险废物中转站主要是指拥有危险废物收集经营许可的单位用于临时贮存、转运危险废物的设施，其选址及设计应满足危险废物贮存场的相关规定。根据《危险废物贮存污染控制标准》GB 18597—2023，危险废物贮存场应综合考虑所需贮存危险废物的类型、数量、形态、物理化学性质、环境风险和后续处理程序、工艺等因素，且应具备防扬散、防流失、防渗漏或者其他防止污染环境的措施，防止渗出液等衍生废物、废水和泄漏的液态废物、产生的粉尘和挥发性有机物等污染环境。与其他固体废物中转站相比，危险废物中转站的选址要求更为严苛，不应选在国务院和国务院有关主管部门及省、自治区、直辖市人民政府划定的生态保护红线区域、永久基本农田集中区域和其他需要特别保护的区域内，且不应选在江河、湖泊、运河、渠道、水库及其最高水位线以下的滩地和岸坡等。

与垃圾中转站不同，危险废物产生量较大的企业，通常采用直运方式即可实现危险废物的收运，而对于危险废物产生量较少的企业，由于单次收运成本较高，采用危险废物中转站能够有效实现危险废物收运全覆盖。

4. 一般工业固体废物中转站

一般工业固体废物中转站主要收集、贮存及转运一般工业固体废物，其选址及设计应满足一般工业固体废物贮存场的相关规定。根据《一般工业固体废物贮存和填埋污染控制标准》GB 18599—2020，贮存场的选址应当满足环境保护法律法规及相关法定规划要求，不得选在生态保护红线区域、永久基本农田集中区域和其他需要特别保护的区域内，此外，其与周边居民间的距离应根据环境影响评价文件及审批意见确定。

11.3.3　终端处理站

终端处理站主要是指各类固体废物处理设施，不同类别固体废物处理设施，其选址要求均有所区别。总体而言，在对固体废物处理设施进行规划时，应当尽量减少固体废物处理设施对周边环境的影响，达到环境效益和经济效益的最优效果，应当遵守以下几点布局原则。

（1）统筹衔接

固体废物处理设施的布局应符合城市总体规划和相关专业规划的要求，并符合相关法律法规、文件规划的规定。

（2）环保安全

应满足环境保护、安全生产要求。应设置在对周边环境影响较小的地段，避免建设在人口密集的地区，减少二次污染。

（3）因地制宜

针对不同地区的实际人口数量及垃圾产生量分布、交通条件、固体废物处理设施现状，结合城市发展阶段及城市定位，合理选择转运及处理设施，确保规划方案的可实施性和有效性。

（4）科学合理

固体废物处理设施应有科学依据，对重大问题、关键指标以及重要技术等环节进行多方位考虑。

11.4　固体废物物流运输体系优化

11.4.1　固体废物物流运输路径优化

固体废物物流运输体系是固体废物综合管理的重要环节之一，是连接固体废物产生源及固体废物处理的重要环节。在固体废物综合管理系统中，优化固体废物物流运输路径有利于提高系统运行效率，从而减少燃料消耗、污染物排放和固体废物收运成本。而固体废物收运路径优化问题的本质是固体废物从源头到中转站或固体废物处理设施的路径优化问题。

1. 固体废物物流运输路径问题模型

在实际生活中，固体废物的配送和运输构成了一个复杂的物流运输网络，主要由固体废物产生点、处置点、中转点和回收点等共同构成，并通过道路将以上各点连接在一起，通过收集及运输车辆在各点间进行收集，然后运往处置点进行统一处置。该过程可简单地描述成：已知需求点，结合每个节点的日常需求，选择合适的车辆行进路线，优化固体废物运输的行程安排。为了更好地完成路径的选择，在安排车辆前，企业需对整个运输网络、需求点的基本信息及自身的配送能力等进行充分且全面的了解。具体而言，可将固体废物物流运输路径优化问题分为旅行商问题、车辆线路问题、带时间窗的车辆线路问题。

（1）旅行商问题（Traveling Salesman Problem，TSP）

旅行商问题又称为旅行推销员问题，是车辆线路问题的一个特例，可理解为有一个旅行商人需要拜访多个城市，其必须选择所要走的线路，线路的限制是每个城市只能拜访一次，最终又回到出发地；而线路选择的目标即为所经线路总距离最短。实践证明，对于大规模的线路优化问题，无法获得最优解，但在实际生活中，很多实际情况都可转化为旅行商问题，如物资线路问题、管道铺设问题等。

（2）车辆线路问题（Vehicle Routing Problem，VRP）

车辆线路问题可理解为对一系列给定客户设计适当的行驶路线，使车辆从车库出发，有序地通过给定客户，并满足一定约束条件（如行驶路程最短、车辆容量限制、费用最少、时间最短、所需车辆最少、车辆利用率最高等）。它与旅行商问题的区别在于客户群体大，只有一条路线满足不了客户的需求，也就是说，它涉及了多辆交通工具的选择和路线确定服务顺序两方面问题。VRP 模型主要包括目标函数和限制条件两部分，构成 VRP 的三个实体为客户、车场和车辆。

（3）带时间窗的车辆线路问题（Vehicle Routing Problem with Time Windows，VRPTW）

带时间窗的车辆线路问题是 VRP 的扩展，在该类问题中，有车辆容量限制，且每个需求点 i 都有一个与之相联系的时间区间 $[e_i, l_i]$，称为时间窗。客户的服务时间必须在相应的时间窗范围内，其中，e_i 表示需求点允许的最早开始服务时间，当车辆提前到达需求点时，必须等待到特定时刻，才可以开始服务；l_i 表示需求点允许的最晚开始服务时间，当车辆晚到需求点时，必须受到一定的惩罚。VRPTW 的目标是在满足车辆容量限制和需求点时间窗约束的条件下，使满足所有需求的总费用最小化。

时间窗的限制是该问题的一个重要特点，车辆只能在需求点的时间窗内进行服务。如果车辆在时间窗约束范围之外到达，那么需求点拒绝被服务，我们称这样的时间窗为硬时间窗。若此时需求点仍能被服务，但给出一个惩罚函数，则称这样的时间窗为软时间窗。

2. 固体废物物流运输路径优化

固体废物物流运输路径优化旨在减少车辆行驶的距离，减少车辆空载率，提高运输效率。随着国家的经济发展，城市里的汽车保有量不断上升，早晚高峰交通道路拥堵情况日益恶化。因此，在实际工作中，应当收集城市交通路网的实时交通情况，固体废物物流运输路径优化问题可归属于车辆调度问题。车辆调度问题可分为静态车辆调度问题和动态车辆调度问题，因此，运输路径优化也可随之分为静态运输路径选择问题和动态运输路径选择问题。

静态运输路径选择问题是指在实施实际的运输之前，所有的限制条件都是已知的，并且所有条件在运输的过程中不发生变化。当运输开始之后，所有的信息不随时间的改变而改变。动态运输路径选择问题是相对于静态而存在的，指在实施实际的运输之前，只有部分条件是已知的，剩下的条件是不确定的，甚至是未知的，随时间的变化而变化。在这种情况下进行路径规划时，先根据当前状况进行规划，在真正的运输开始之后，再根据更新的信息不断地、重复地进行优化。

根据各类固体废物路径选择的要求和特点，城市固体废物物流运输路径选择模型可采用图 11-17 所示的模型。城市固体废物物流运输路径选择模型考虑了固体废物物流运输体系各节点数据、实时路网动态交通流数据以及各类固体废物路径选择的要求和特点等方面因素，结合自身车辆运输情况，制定车辆运输计划，即可实现固体废物物流运输的动态路线制定。实时路网动态交通流数据可根据大数据平台进行获取分析，也可通过实时路网动态交通流数据来预测各路段运行时间，将预测信息作为道路交通拥堵情况的动态反映。

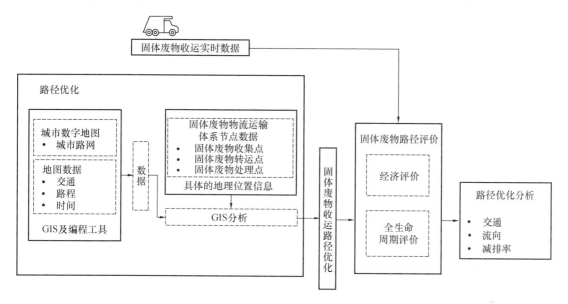

图 11-17　固体废物物流运输路径选择模型

11.4.2　全流程智慧化物流平台建设

全流程智慧化物流平台主要依托数据分析、GIS 技术和可视化技术，提供支撑决策的数字驾驶舱，将固体废物最新信息通过综合分析后进行直观展示，以便管理人员实时掌握辖区内的固体废物情况，为工作决策提供数据支持。加强全流程智慧化物流平台建设，有利于促进城市固体废物产生、运输和处理，以及整个生命周期的智慧感知、分析、集成和应对，实现管理决策的科学化和高效化，从而以更加精细和动态的方式管理城市固体废物，维护良好环境，提高生活质量。

可见，无论是运输模式选择还是运输路径优化，均可通过对信息资源进行整合优化，并加以提升，从而有效提高作业、调配及监管效率。

1. 固体废物全流程智慧化物流平台的作用

在固体废物全流程智慧化物流平台建设过程中（图 11-18），应当充分考虑固体废物的产生、收运及处置等各个环节，而固体废物的生命周期通常又与各种信息要素相关联，关联要素大致分为三类：环境因素、经济因素和社会因素。为科学有效地处理好关联要素之间的关系，固体废物全流程智慧化物流平台可实现以下功能：

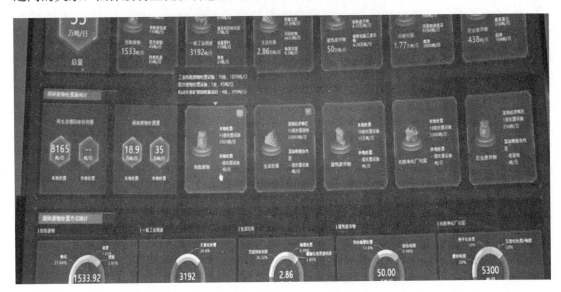

图 11-18　固体废物全流程智慧化物流平台示意图

（1）固体废物管理信息化

由于固体废物全流程智慧化物流平台涉及大量、多种、多元的信息，能够为政府部门决策提供依据，同时有利于加强政府部门对固体废物收运及处置的监督与管理工作，是智慧城市固体废物管理系统的基础。

（2）生活便捷化

固体废物全流程智慧化物流平台将社会、企业和政府部门紧密联系在一起，可以使相关利益者生活更加方便快捷，促进固体废物处理处置系统高效、绿色运行。

（3）环境维护自动化

目前的环境维护过程缺乏互联互通，信息流通缓慢，效率较低。建立城市固体废物管理系统，使环境维护信息流通顺畅，便于相关人员准确快速地得到有关信息，可以实现环境维护自动化，提高适应性和效率。

（4）社会管理自动化

城市固体废物管理与固体废物生产者、收集者、运输者、交易者、处理者和周围居民等人员均密切相关。

固体废物全流程智慧化物流平台是以固体废物管理信息化、生活便捷化、环境维护自动化和社会管理自动化为目标，以物联网、云计算、虚拟化和大数据等新一代信息技术为手段的固体废物信息处理中心，目的是实现城市固体废物管理的智慧运行。

2. 固体废物全流程智慧化物流平台的体系架构

建立高效的固体废物全流程智慧化物流平台，除了需要综合考虑环境、经济和社会等多方面因素，尽可能满足多方利益诉求外，还应满足安全、稳定、可靠和经济等需求。根据固体废物全流程智慧化物流平台的建设目标和需求分析，将体系框架分为基础设施层、数据层、平台层、应用层及用户层五方面，如图11-19所示。

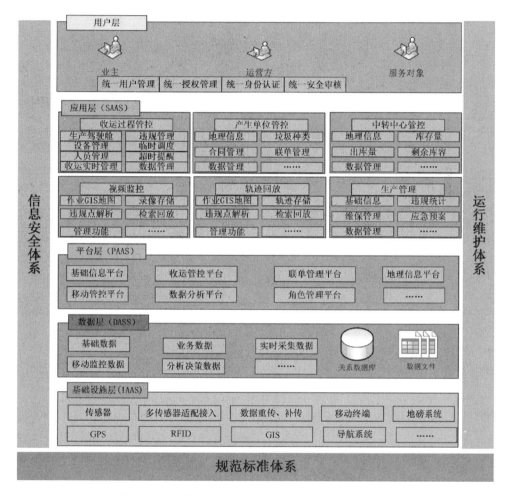

图11-19　固体废物全流程智慧化物流平台的体系架构

（1）基础设施层

基础设施层是全流程智慧化物流平台的基础硬件和软件运行环境，包含物联网基础设施（如GPS、RFID、各种传感器等）以及服务器、操作系统、数据库管理系统、网络硬件和网络协议等。物联网基础设施实现固体废物源状态、固体废物转运站状态等的感知，获取固体废物全生命周期的环境、经济和社会方面的信息要素内容。

（2）数据层

数据层作为固体废物信息要素内容的存储仓库，包括基础数据、GIS数据、业务逻辑、共享数据以及包含历史数据和城市固体废物管理系统运行数据的数据中心。其中，基础数据是城市固体废物管理系统中的各种属性数据以及用于相关服务功能的数据，各种属性数据如固体废物源类型、固体废物源编号、收运人员信息、收运车辆信息、固体废物处理企业信息等，用于相关服务功能的数据如人口数据、经济数据、收运处理成本、环境影响评价基础数据等。GIS 数据包含系统相关的空间地理信息，如固体废物源分布点、收运车实时位置、收运路线等。业务逻辑是系统提供服务的规则和流程，包括领域实体（如固体废物收集点、医疗废物处理企业、热解气化焚烧炉等对象）、业务规则、数据完整性规则及工作程序。共享数据是其他信息系统提供的数据，如环保行政部门提供的危险废物产生企业跨省转移信息、固体废物进口数据等。

（3）平台层

平台层为系统的安全性、可靠性和高效性提供保障，通过虚拟资源的建模定义、封装/注册/发布、实例化和部署管理、智能搜索管理等技术实现虚拟资源的合理分配与自适应动态调度，以及提供信息系统的系统管理、应用开发环境、系统集成支持中间件、高性能与高可靠性支持等四项基础支撑。其中，系统管理包括系统安全管理、网络管理、监控调度管理及主机系统管理。

（4）应用层

应用层为固体废物全流程智慧化物流平台的应用软件提供辅助支撑，简化应用系统开发过程，提高开发效率，具体包括电子表单、工作流、通信服务、集成管理、即时通信和信息交换等。应用层是平台的核心部分，通过数据交换和执行业务逻辑，实现平台的各种功能，提供包括公共服务、决策支持、指挥调度、经济核算、执法管理和规划管理等多种服务。

（5）用户层

用户层是通过互联网、移动客户端、APP 应用等多种媒介为公众、企业和政府直接展示呈现系统的服务内容。

3. 固体废物全流程智慧化物流平台应用案例

以生活垃圾为例，对固体废物全流程智慧化物流平台进行介绍。

在基础设施层方面，通过固体废物智能监测监控方案，如对车辆加装 GPS 以及对各节点设施加装重量收集等检测装置，获得固体废物起运点、转运点和运输终点等整个运输系统的实时数据，并将存储于本地或者云端的数据定期传送给本地或在紧急情况下立即传送。运营企业可通过平台中固体废物源固体废物产生量、车辆状态等实时数据的分析与解读及数据挖掘等，确定与固体废物路线运输设计相关的数据和问题，如固体废物产生量分布、车辆分布、可能路线的距离与成本等。另外，固体废物运输数据可与原有信息系统集成，实现获取工作人员、成本、车辆安排和调度等其他运输相关数据。

在上述基础上，固体废物运输相关信息，如数据分析结果、路况、成本等，可与运输系统的决策工具集成，通过大数据分析，为路线设计和优化改进提供决策依据，决策工具包括运输网络图、智能优化算法、数据可视化工具等。在日常规划、决策及优化收运方案过程中，优化模型的数据可根据需求设置为固定的或需要根据经验进行估计的，主观因素影响较大，而由物联网基础设施获取的数据通常是实时和真实的，因此，结合大数据分析，可获得较好的优化结果，并做出及时响应。

此外，固体废物全流程智慧化物流平台的数据可视化功能，能够便于管理者和工作人员掌握和评估运输路线情况。从运输路线图、车辆安排和运输节点安排等几个方面做出固体废物运输路线决策。做出的决策将传输给相关车辆和工作人员，指挥运输车辆按安排的路线运行，此时固体废物智能监测监控又在其中发挥作用，这是一个持续监控和改进的过程。

第 12 章　协同增效的处理设施规划

本章主要围绕多类固体废物协同处理的设施规划进行阐述，重点是以环境园形式的设施集群。从物质与能量协同模式设计、国空体系下设施规划方法、环保产业园迭代规划策略展开。

12.1　物质与能量协同模式设计

城市固体废物处理通常面临"可利用土地资源有限、邻避效应难化解、处理处置技术不成熟"等问题，导致城市固体废物处理设施建设面临形势严峻、建设进度滞后、难以满足快速增长的处理需求等问题。尤其随着居民对生活环境质量要求的提高，以生活垃圾焚烧厂、填埋场、生化处理厂为代表的设施建设往往面临周边居民的反对意见，选址落地十分困难。固体废物处理设施是健康发展必不可少的设施，各类固体废物处理设施的建设占用大量的土地资源，而由于其本身具有邻避效应，在各类标准规范中均提出防护距离、绿化隔离带等要求，也就是说，设施建设过程中需要消耗土地资源，同时，设施周边一定范围内均被限制开发建设，如不能建设学校、医院、居民区，部分区域仅能建设绿地等。

不同行业产生的固体废物，部分在物理化学性质上较为接近，若各行业独立建设，尽管管理上能够较为便捷，但会造成设施重复建设，浪费土地资源，不利于提高固体废物的利用处置效率。在规划中，应该考虑将相同性质的固体废物或中间产物一并进行处理，实现物质协同，提高固体废物的利用处置效率。此外，不同处理处置设施对能量的需求不一样，部分处理设施能够产生额外的能量，而部分设施则需要外部输入能量，在此情况之下，应考虑不同设施的能量协同，提高资源利用效率，助力"双碳"目标的实现。

为实现固体废物处理处置过程中的物质协同以及能量协同，实现对土地资源的高效利用，需要在处置末端将不同类别的固体废物集中，统筹规划建设各个类别的固体废物处理设施，如深圳规划建设四大环境园、北京建设循环经济产业园等。在本书中，我们将结合固体废物体系的规划，提出固体废物物质与能量协同的理想方案（图 12-1）。

在物质协同方面，园区内将可降解的残渣尽可能进行生物处理，各个处理设施产生的难以生物处理的杂质统筹进行焚烧处理，同时，应尽可能将园区内污水进行合并处理，以实现土地资源的集约。同时，由于生活垃圾焚烧需要一定的进气量，部分生物处理设施存在臭气需要进行处理，而臭气大多是可助燃的，因此，可在园区设计臭气负压抽吸系统，将处理设施臭气统一作为焚烧厂进气，既解决臭气问题，一定程度上提高焚烧设施的发电量，提高园区碳汇（图 12-2）。

在能量协同方面，一方面将生活垃圾焚烧产生的余热供给各类设施预处理系统，另一方面，对园区有机垃圾产生的沼气进行收集，统一输送至生活垃圾焚烧单元实现发电上

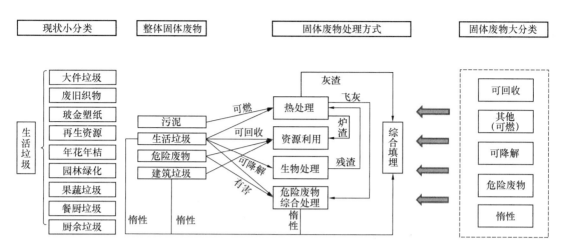

图 12-1 城市固体废物处理体系规划

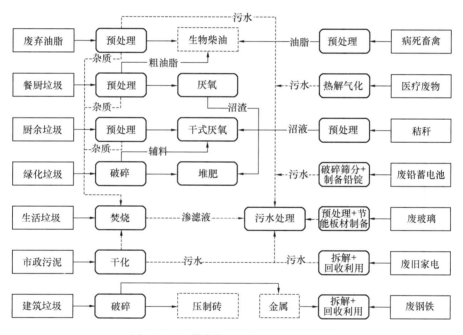

图 12-2 固体废物处理物质循环示意图

网，也可直接为园区提供自用电源，以此大大减少园区整体外部能源消耗量，实现垃圾资源化目标（图 12-3）。

通过园区内物质和能量协同的设计，所有的物质和能源要能在这个不断进行的经济循环中得到合理和持久的利用，以把经济活动对自然环境的影响降低到尽可能小的程度。把传统的"资源—产品—废物"的线性经济模式，改造为"资源—产品—再生资源"的闭环经济模式。

目前国内已经形成多座环境园，但在物质与能量协同上，始终有限。由于部门间壁垒的问题，大部分环境园仅简单地将各类设施组合建设，这会带来管理职权范围不清晰、边

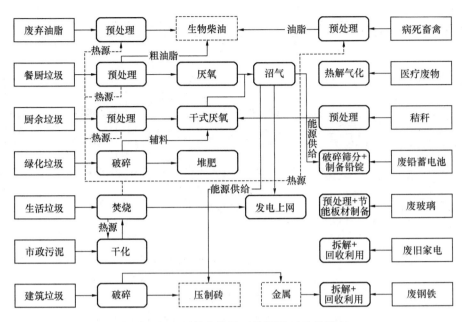

图 12-3 固体废物处理能源循环示意图

界难以界定、建设时序不统一等方面的问题，限制了设施之间的物质及能量协同，因此，需要从制度设计上解决根本问题。以深圳为例，目前固体废物的管理分属于城市管理和综合执法局、住房和城乡建设局、生态环境局、水务局和商务局五个部门，对应设施的建设管理由不同的部门负责，生态环境局负责统筹所有类别固体废物污染防治的监督管理，国内大部分地区管理模式大同小异（图 12-4）。各个部门通常各自为政地进行设施的规划建设，固体废物治理呈现"九龙治水"的状态，难以实现物质、能量协同。

　　研究国内外先进城市及地区的管理体制发现，他们都形成了以环保部门为主要管理机构的管理模式，以环保部门为核心，制定相应的"减废"计划、"3R"计划等，统筹进行

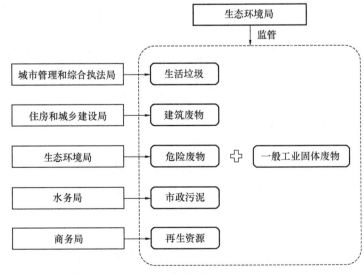

图 12-4 深圳市现状固体废物管理组织机构图

固体废物的管理以及处理，真正实现不同固体废物的协同。以日本京都市为例，各类固体废物治理职能由环境政策局统筹，组织架构如图12-5所示。环境政策局整合了对策研究、环境规划、资源循环和设施管理等部门，从研究、规划、实施到运行监管全过程统筹管理。同时，京都市也依据日本普遍的垃圾分类做法，严格执行垃圾分类收集和处理，围绕建立循环型社会的国家政策开展固体废物治理。

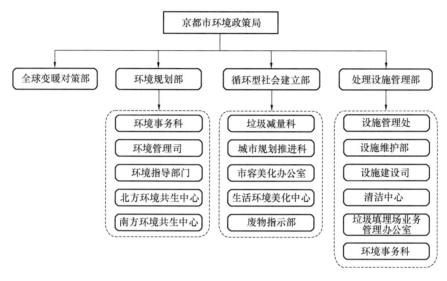

图 12-5 日本京都市固体废物管理组织架构图

本书认为，在无废城市建设过程中，要实现不同固体废物处理设施之间的物质和能量协同，有必要参考日本京都市的管理体制机制，建立统筹协调机制，组建一个具有统筹管理能力的正局级机构——资源循环委员会。资源循环委员会承担制定城市固体废物的治理政策，组织编制规划、技术标准和规范，组织开展年度重点课题研究，收集统计分析日常数据，监管城市固体废物的日常运作，全市层面地统筹调度垃圾量和设施使用，制定和申请年度经费预算等核心职能，做到"规划一张图、建设一盘棋、管理一张网、服从一思想"。

12.2 国空体系下设施规划方法

12.2.1 识别边界与本底

"国空"即国土空间规划，可概括为"四梁八柱"，并以"五级三类四体系"的构架进行分层次。其中，其设计边界划分、各功能空间、规划"一张图"等信息是城市固体废物资源化设施规划的前提和基底，需要充分识别各相关要素，并与之形成充分衔接和协调。

1. 空间规划"一张图"

2019年7月18日，《自然资源部办公厅关于开展国土空间规划"一张图"建设和现状评估工作的通知》发布，明确依托国土空间基础信息平台，全面开展国土空间规划"一张图"建设和市县国土空间开发保护现状评估工作。各地以第三次全国国土调查成果（简称"三调"）为基础，整合规划编制所需的空间关联现状数据和信息，形成坐标一致、边界吻合、上下贯通的一张底图，用于支撑国土空间规划编制；省、市、县各级应抓紧建设国土空间基础信息平台，并与国家级平台对接，实现纵向连通，同时推进与其他相关部门信息平台的横向连通和数据共享。基于平台，建设从国家到市县级的国土空间规划"一张图"实施监督信息系统，开展国土空间规划动态监测评估预警；各地自然资源主管部门在推进省级国土空间规划和市县国土空间总体规划编制中，及时将批准的规划成果向本级平台入库，作为详细规划和相关专项规划编制和审批的基础和依据。经核对和审批，形成可层层叠加打开的国土空间规划"一张图"，为统一国土空间用途管制、实施建设项目规划许可、强化规划实施监督提供支撑。

固体废物资源化处理设施一方面需要根据国土空间规划"一张图"作为规划与选址的边界范围依据，并在"一张图"上有恰当的表达，合理预留用地空间，作为后续设施用地用途管控的支撑；另一方面，需要与"一张图"上的邻近要素协调与衔接，避免出现设施性质与空间功能有重大冲突和无法协调的情况。

2. "三区三线"划定

所谓的"三区三线"，是根据城镇空间、农业空间、生态空间三类空间，分别划定的城镇开发边界、永久基本农田保护红线、生态保护红线三条控制线。

"三区"中的农业空间指以农业生产和农村居民生活为主体功能，承担农产品生产和农村生活功能的国土空间，主要包括永久基本农田、一般农田等农业生产用地和村庄等农村生活用地；生态空间指具有自然属性的以提供生态服务或生态产品为主体功能的国土空间，包括森林、草原、湿地、河流、湖泊、滩涂、荒地、荒漠等；城镇空间指以城镇居民生产、生活为主体功能的国土空间，包括城镇建设空间、工矿建设空间及部分乡级政府驻地的开发建设空间[①]。三类空间管控要求和划定方法弹性比较大，因此在其划定中，需要根据各地区保护重点和发展侧重，对指标进行细化设定。

城市开发边界是根据地形地貌、自然生态、环境容量和基本农田等因素划定的，可作为城市开发建设和禁止城市开发建设的区域之间的空间界线，是允许城市建设用地拓展的最大边界。简而言之，城镇开发边界指的是中心城区的边界而不是市辖区的边界。城市开发建设用地与非开发建设用地的分界线，是控制城市无序蔓延而采取的一种技术手段和政策措施。

永久基本农田保护红线，是按照一定时期人口和社会经济发展对农产品的需求，依法确定的不得占用、不得开发、需要永久性保护的耕地空间边界。永久基本农田保护红线是刚性管控要素，不得让预留的永久基本农田为建设项目占用留有空间，不能随意改变保护红线和开发边界；同时，坚决防止永久基本农田"非农化"，永久基本农田一经划定，任何单位和个人不得擅自占用，或者擅自改变用途。因此在设施选址时，应主动规避永久基

---

① 普安县人民政府，县自然资源局．释义：国土空间规划中的"三区三线"．https：//www．puan．gov．cn/zfbm/xzrzyj/gzdt/202205/t20220527_74280339．html．

本农田。

生态保护红线是指在生态空间范围内具有特殊重要生态功能、必须强制性严格保护的区域，是保障和维护国家生态安全的底线和生命线，通常包括具有重要水源涵养、生物多样性维护、水土保持、防风固沙、海岸生态稳定等生态功能的重要区域，以及水土流失、土地砂化、石漠化、盐渍化等生态环境敏感脆弱区域。生态保护红线同样作为刚性管控要素，在设施选址时要主动规避。

12.2.2　设施规划布局策略

1. 与国土空间规划充分衔接

目前各个县市均在开展/已完成国土空间规划的编制，设施规划选址必须要充分考虑国土空间规划编制过程中对当地本底和边界的识别，与其基底数据（若编制完成，则有"一张图"和国土空间基础信息平台）和划定的"三区三线"充分融合。同时，与相关的规划进行充分融合，如战略规划、总体规划、分区规划、专项规划等，对其他要素进行妥善地衔接协调，避免设施、用地和环境因素的重大冲突。

2. 夯实规划协调性分析

首先，要有效地对固体废物处理设施区域化管理，在垃圾产量更密集的区域必须切实有效地突破现行行政区的制约和限制，与相关的社会环境和生态环境进行有效协调、统一管理，对土地、资金、技术等各个方面的资源都要进行优化配置；其次，固体废物处理设施在最大程度上有效避免蓄滞洪区、生态保护区和集中居住区。

各类固体废物处理设施需要严格参照相应的行业标准和规范进行选址。对于生活垃圾焚烧设施类的选址，应根据《生活垃圾焚烧污染控制标准》GB 18485—2014、《生活垃圾焚烧处理工程技术规范》CJJ 90—2009等标准，符合当地城乡总体规划、环境保护规划以及环境卫生设施专项规划，并符合当地大气、水、自然生态保护的要求；综合考虑焚烧厂的服务区域、服务区的垃圾转运能力、运输距离、预留发展等因素；与周围人群的距离应依据环评确定；此外，还应选择在生态资源、地面水系、机场、文化遗址、风景区等敏感目标较少的区域。

对于厨余垃圾处理设施，相关国家标准为《城市环境卫生设施规划标准》GB/T 50337—2018，需要符合以下规定：餐厨垃圾应在源头进行单独分类、收集并密闭运输，餐厨垃圾集中处理设施宜与生活垃圾处理设施或污水处理设施集中布局；餐厨垃圾集中处理设施用地边界距城乡居住用地等区域不应小于0.5km；餐厨垃圾集中处理设施在单独设置时，用地内沿边界应设置宽度不小于10m的绿化隔离带。

对于建筑废物综合利用设施，有《建筑垃圾处理技术标准》CJJ/T 134—2019和《建筑废弃物再生工厂设计标准》GB 51322—2018等行业和国家标准，选址要求为：首先，转运调配场可选址临时用地，宜优先采用废弃矿坑，堆填场宜优先选用废弃的采矿坑、滩涂造地等；其次，选址应符合当地城乡总体规划、环境保护规划以及环境卫生设施专项规划，并符合当地大气、水、自然生态保护的要求；此外，还要综合考虑设施的服务区域、转运能力、运输距离、预留发展等因素。

对于危险废物处理设施的选址，应根据《危险废物处置工程技术导则》HJ 2042—2014，符合城市发展总体规划、环境保护专业规划和当地的大气污染防治、水资源保护、自然生态保护要求，还应综合考虑危险废物处置设施的服务区域、交通、土地利用现状、基础设施状况、运输距离及公众意见等因素，最终选定的厂址还应通过环境影响和环境风险评价确定。

3. 提倡集约化用地规划

各类设施均有相关标准对其处理规模和相应的用地面积作出规定和指引，对于一些新型固体废物处理设施，存在用地指标标准缺失的情况，需要参照同类案例，在保证设施功能完整落地的前提下，尽可能用地集约化，其中最核心的指标为单位规模用地指标。下面对典型的几大类固体废物处理设施的用地指标进行举例说明。

（1）焚烧设施

根据《生活垃圾焚烧处理工程项目建设标准》（建标 142—2010）、《城市环境卫生设施规划标准》GB/T 50337—2018 等相关标准规范，垃圾焚烧设施分为Ⅰ类、Ⅱ类、Ⅲ类和特大类，其建设规模与焚烧线数量如表 12-1 所示。

生活垃圾焚烧设施建设规模与焚烧线数量　　　　　　　　　　　表 12-1

类型	额定日处理能力（t/d）	焚烧线数量（条）
特大类	2000 以上	≥3
Ⅰ类	1200～2000	2～4
Ⅱ类	600～1200	2～3
Ⅲ类	150～600	1～3

注：1. Ⅰ类中单条焚烧线的处理能力不应小于 400t/d；

2. Ⅱ类中单条焚烧线的处理能力不应小于 200t/d；

3. Ⅲ类中单条焚烧线的处理能力不应小于 100t/d；

4. 额定日处理能力分类中，Ⅰ类、Ⅱ类、Ⅲ类含下限值，不含上限值；

5. 对于分期建设的项目，应按照项目批准的处理规模来界定焚烧厂类型。

焚烧厂建设用地指标如表 12-2 所示。

焚烧厂建设用地指标　　　　　　　　　　　表 12-2

类型	日处理能力（t/d）	用地指标（m²）
Ⅰ类	1200～2000	40000～60000
Ⅱ类	600～1200	30000～40000
Ⅲ类	150～600	20000～30000

注：1. 对于大于 2000t/d 的特大型焚烧处理工程项目，其超出部分建设用地面积按 30m²/（t·d）递增计算；

2. 建设规模大的取上限，规模小的取下限，中间规模采用内插法确定；

3. 本指标不含绿地面积。

由上可知，国家标准给出的生活垃圾焚烧设施单位用地指标为 $30m^2/$（t·d），即在规划时设施单位处理规模的用地指标需要控制在此数值内，若有特殊不利因素（如地形条件较为复杂），可在此单位用地指标基础上适当上浮。

（2）生物处理类设施

堆肥处理设施宜位于城市规划建成区的边缘地带，用地边界距城乡居住用地不应小于 0.5km。堆肥处理设施用地面积应根据日处理能力确定，并应符合表 12-3 的规定。

国家标准中堆肥处理设施用地指标　　　　　表 12-3

类型	日处理能力（t/d）	用地指标（m²）
Ⅰ型	300～600	35000～50000
Ⅱ型	150～300	25000～35000
Ⅲ型	50～150	15000～25000
Ⅳ型	≤50	≤15000

注：本指标不含堆肥产品深加工处理及堆肥残余物后续处理用地。

（3）危险废物处理设施

危险废物处理设施由于工艺、类别多样，难以形成较为统一的用地标准参照，目前也缺乏国家和地方层面的此类设施用地标准和规范。因此，对此类设施进行规划选址时，建议采用类比法，对同类已建成设施的用地指标进行借鉴和参考，并结合工程可研、初设等具体成果，集约化地进行规划。本书列举个别典型设施案例，作为危险废物处理设施单位用地指标的参照。

深圳市危险废物贮存设施可参考危险废物贮存类别较多的深圳至诚环境科技有限公司项目，设施用地指标建议取 $40m^2/$（t·d）。深圳市危险废物利用、物化设施用地相对集约。深圳市宝安东江环保技术有限公司平均用地指标为 $73m^2/$（t·d），宝安环境治理技术应用示范基地平均用地指标为 $61m^2/$（t·d）。

上海莘庄工业区危险废物收集贮存转运站，规划深圳本地危险废物转运设施的用地指标取 $17m^2/t$。转运设施最小贮存量至少满足 30d 的经营规模，累计贮存量不得超过年经营许可能力的 1/6，贮存期原则上不得超过一年。

珠海永兴盛危险废物处理企业的处理方式主要为焚烧及物化利用，项目占地 3.54hm²，总处理规模为 11.30 万 t/年。规模较大且设施总体布局较为集约，具有代表性及借鉴意义，平均用地指标为 $114m^2/$（t·d）。珠海中盈环保危险废物处理企业的处理方式同样为焚烧及物化利用，项目占地 7.19hm²，总处理规模 9.99 万 t/年，平均用地指标为 $262.74m^2/$（t·d）。

广东省危险废物综合处理示范中心的处理方式为焚烧及物化，项目用地包含填埋用地，焚烧及物化处理规模为 8.3 万 t/年，占地 9.18hm²，平均用地指标为 $403.70m^2/$（t·d）；填埋规模为 6.5 万 t/年，占地面积 11.2hm²。若将填埋规模一同计入，则平均用地指标为 $232m^2/$（t·d），该项目设施总体布局较集约，为具有代表性的焚烧与填埋规模均较大的综合性设施。

12.3 环保产业园迭代规划策略

12.3.1 全球环保产业园发展演变

环保产业园作为城市发展的重要功能区，其所承载的功能角色也在随城市发展、产业升级的进程而不断丰富和演变。在最初的"工业共同体"时期，其功能以生产制造为主。随后，除生产制造功能以外，开始出现了一些简单的生产性服务功能（如仓储、物流、贸易）和生活性服务功能（如小型商业、宿舍），到了后期，进入以技术创新为引领、功能外延拓展融合的发展期，除了生产制造功能以外，生产性服务和生活性服务功能得到极大丰富和完善，创新和研发功能得到极大强化（图 12-6）。

本节通过梳理全球各地十多个典型的环保产业园发展脉络和演变情况，总结出国际上环保产业园发展大致经历的几个发展阶段，具体如下。

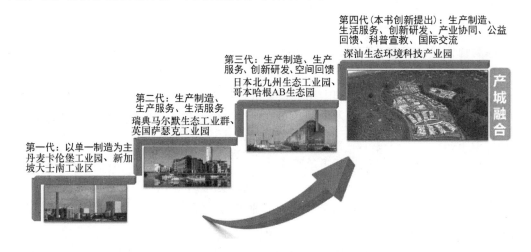

图 12-6　全球环保产业园发展演变过程

1. 第一阶段（20 世纪 60 年代）

环保产业园最早的雏形是 20 世纪 60 年代在西方发达国家出现的"工业共同体"。这种"工业共同体"在早期城市规划上虽然"有意为之"（工业用地往往分布在城郊的工业区），但核心驱动因素是促进工业体间废物互相交换、互为生产原料，从而降低生产成本，在空间上形成规模和聚集发展。如早期的丹麦卡伦堡工业园、新加坡大士南工业区。这种模式更多的是依靠降本增效自发演化生成的，其功能以工业生产制造为主，辅以处理园区内产生的工业固体废物，并非纯粹为了承接城市固体废物处理而谋划的工业区，往往是以一两种传统高能耗工业为支柱企业，如钢铁、煤炭、电力、化工，周边衍生与之共生的上下游。

2. 第二阶段（20世纪70~90年代）

第二阶段的环保产业园开始在产业形态上得以较大地延伸，同时空间规模上得到大幅扩张。相较"工业共同体"时期，第二阶段的环保产业园内聚集的企业更多，在上下游产业链延伸得更加丰富和广泛，产业类型更加丰富，而空间尺度上从传统的某几个厂的范围扩张到大范围的工业区，甚至是某个工业重镇，如瑞典的马尔默生态工业群、英国的萨瑟克工业园等。因此，第二阶段的环保产业园在人口规模、生产制造类型、生产服务、生活服务方面相比第一阶段有质和量的发展。园区内的固体废物类型也随着入驻企业规模和类型，以及在此生产生活员工规模的增长而变得复杂多样，固体废物协调处理的网络也随之丰富起来，处理的设施类型也越来越丰富，整个园区工业系统更加完善，运行更趋稳定。

3. 第三阶段（20世纪90年代~21世纪）

随着产业转型升级，环保产业园的业态从传统重工业慢慢呈现向高端制造业和服务业发展更迭，被吸引到此工作生活的人才群体对于环境品质和城市风貌有越来越高的追求，对以往较为落后的工业制造污染控制和固体废物处理设施感到不满，甚至产生了邻避效应，因此环保产业园在第三阶段亟须聚焦环境提质与公共回馈。环境提质的首要核心是提高污染排放标准，包括污水、大气、废渣等，其中，对人体健康有害的污染物质的控制是关键，如二噁英等，因为这类物质不仅在生理上存在对人体健康造成损害的风险，更是会随着周边居民认知水平的提高以及对自身健康重视程度的提升，产生心理情绪，这往往是邻避效应产生的焦点矛盾所在。这一阶段，欧盟在标准制定、推广及修订中走在前列，1996年欧盟颁布了第一版综合污染预防与控制（IPPC）指令96/61/EC，通过《欧盟环境法》对工业污染源排放进行综合防治和法定化，并先后经历4次修订，在2008年将96/61/EC合并编制成一个完整版的污染综合预防与控制指令2008/1/EC。

同时，固体废物处理设施采用一些去工业化的建筑设计，使得设施外观看起来更有趣味性和亲人化，缓解了视觉上的厌恶感和刻板印象，在空间利用上增设了多元化的回馈设施，如篮球场、跑道、温水池等文体设施，也有利用处理过程产生的余热和蒸汽廉价供应给周边居民取暖使用，让周边居民能享受到一些便利与好处。通过这些人性化的设计，拉近与公众的心理距离，缓解"邻避效应"。如哥本哈根的AB生态园，是一座兼具艺术设计、生态人文的固体废物处理设施，建筑造型犹如城市里的一座山丘，当地政府为本地居民打造了一处集滑雪训练、屋顶酒吧、健身训练、墙壁攀岩、滑水板训练等多功能于一体的城市人造景区，极大拓展了其所处的生态环保产业园的功能和社区回馈层次。

4. 典型案例解析

以上几阶段的环保产业园正不断朝着"生态""协同"和"融合"的方向发展，不断适应绿色、洁净、宜居的城市发展诉求。园区建设以地方企业或产业联盟为主体，个别固体废物处理设施以地方政府主导规划建设，高校、研究机构、民间组织积极参与，形成了产学研一体化的生态工业园区管理和运作模式。同时，政府向社会和市民公开信息，加强与市民之间有关风险方面的信息交流。本书以日本北九州生态工业园为例，总结其发展演变的经验。

北九州市位于日本九州的经济中心福冈县，全市面积约486km²，人口约100万人，是日本九州岛人口规模第二大的城市、全日本第十三大城市，以北九州和福冈市为中心构成了日本三大都市圈之外的"北九州福冈都市圈"。北九州市是日本为数不多的在行政上享受高度自治权的城市，其作为日本明治时代工业革命的起点，是日本最主要的工业城市和港口城市之一，城市工业体系发达，以钢铁、化学为主，还有机械化工、食品加工、陶瓷等产业。2019 年，北九州市的市内生产总值有 38120 亿日元（约人民币 2414 亿元），三产比例为 0.2%：27.1%：72.7%，第三产业占比最大。

北九州生态工业园位于北九州市若松区北侧海滨响滩地区，东西跨度约 10km、南北宽约 2.5km，是面积约 2km² 的填海区（图 12-7）。北九州生态工业园主要由响滩东部地区、综合环保企业联合区、实证研究区三大片组成，西侧辅以垃圾填埋场和集装箱码头。其中，东侧的综合环保企业联合区面积约 50hm²，集聚了当地运行良好的环保企业和工厂，包括废旧家电和办公电器回收、废纸回收、塑料包装容器回收及飞灰回收等工厂，引进了北九州空官回收中心、日本磁力选矿、西日本宝特瓶回收、西日本家电回收、北九州环保能源、西日本纸类回收、九州制纸等日本知名企业，其回收再造形成的再生材料可作为日本各制造业工厂的原料。实证研究区面积约 7.7hm²，可供环保产业研究中心、大学和其他研发单位进驻实证研究，现有福冈大学环境控制资源循环系统研究所、新日本制铁环境技术研究中心、早稻田大学环境研究所、英国克兰菲尔德大学、福冈县再生处理综合研究中心等机构（表 12-4）。

与此同时，北九州生态工业园也是新能源的试验场，园区内设有天然气、煤炭等传统发电设施，也有风力发电、光伏发电、生物质发电等新能源发电设施，并积极探索研究地热、循环热能设施，以及小型加氢站、高效充电装置、屋顶绿化等新能源设施。

图 12-7　北九州生态工业园分布图

北九州生态工业园进驻的研究机构一览表　　　　　　　　　　表 12-4

学术研究区	实证研究区
福冈大学环境控制资源循环系统研究所	垃圾处理场管理技术
早稻田大学环境研究所	焚烧飞灰领域验证研究

学术研究区	实证研究区
英国克兰菲尔德大学	食品残渣再生验证研究
福冈县再生处理综合研究中心	污染土壤净化技术
新日本制铁环境技术研究中心	泡沫聚苯乙烯再生处理验证研究

　　北九州市曾是工业污染城市。该市主要产业有钢铁、化工、机械及信息关联产业，是日本四大工业基地之一，曾被称为"七色烟城"。经过规划改造，如今北九州生态工业园已成为世界节能环保产业园的典范。它不但创造出显著的经济和环境效益（每年减少碳排放 18 万 t，目前每年回收废弃物 77000t、再利用 70000t），还成为产学研一体化发展的创新型产业园区。北九州生态工业园主要有四大区域：学术研究区及实证研究区、综合环保企业联合区、再生利用工厂群区及其他地区（图 12-8）。其亮点和借鉴经验如下：

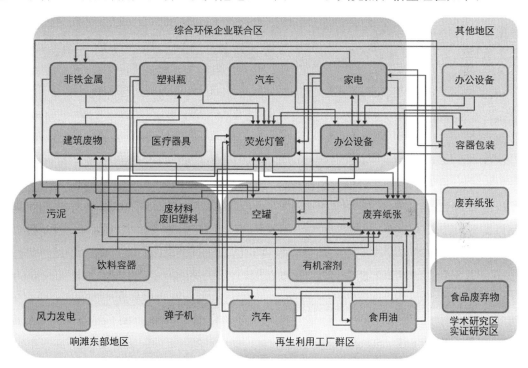

图 12-8　北九州生态工业园内固体废物资源循环示意图

（图片来源：北九州生态工业园工程 ［Online Image］.

http：//www.kitaq-ecotown.com/docs/20191030/ecotown-pamphlet-ch.pdf）

　　（1）重视科技创新，建立产学研一体化创新模式。创新是北九州生态工业园的核心驱动力，在工业园内部建设有专属的实证研究区，同时园区与外部十多所高校建立了密切的研发和技术合作关系，形成了良好的产学研一体化创新模式，创造出大量学术财富。园区内部的实证研究区具有多个试验基地，其主要功能是对学术研究成果进行验证及转化，并将其运用到产业的生产、制造中，实现技术产业化。

　　（2）关注各层次需求，打造创新复合型产业园区。北九州生态工业园以垃圾焚烧电厂为核心，聚焦与垃圾处理相关的资源，综合利用上下游节能环保产业，形成共生互动的产业生态链，重视技术创新和研发，形成良好的产学研一体化创新模式，打造创新复合型产业园区。同时为园区内的企业及技术人才提供丰富而完善的综合配套服务，一方面依托学术研究区的教育设施进行人才培养，并设置学术共享平台进行国际学术交流及人才培训，同时提供商业、宿舍等配套设施；另一方面，依托实证研究区设置产业服务平台，为园区内企业提供完善的信息、交流、咨询、试验、交易等综合配套服务。

（3）为城市提供公益性服务设施，实现开放和融合发展。园区依托周边优质的山海景观条件，建设环境优美的生态公园、科普教育广场等公益性服务设施，为市民及周边居民免费提供一系列社会公益服务，并利用其场地开展环保主题教育活动，逐渐弱化由垃圾焚烧电厂带来的"邻避效应"。

5. 发展概况小结

通过总结对比，前三代环保产业园的发展演变取得了显著的进步与突破，在有效实现固体废物无害化处理的基础上，衍生出科技研发、产学研用、公益回馈等功能，使环保产业园正从传统单一的处理设施或工业生产功能逐渐丰富和延伸发展，迈出了功能复合和空间复合的有力一步。

但前三代环保产业园更多的是生产企业的自发行为，是市场经济主导的产物，在某个发展阶段暂时能取得较为良好的经济和环境效益，但由于大多数缺乏系统性的高水平规划和顶层设计，以及缺少行政辅助的标准或指引，因此在产业升级过程中难免存在被淘汰或被倒逼转型的情况。同时，大多数环保产业园仍存在较强的"邻避效应"和空间孤立封闭性，同时未能达到充分的产城融合的预期。

城市发展到现今阶段，人地关系紧张是各国或经济体所面临的共同突出矛盾，同时随着高质量发展的深入推进，人民对美好生活和高品质空间的需求越来越强烈，因此需要推进适应未来高品质城市发展空间的固体废物资源化基础设施建设，重新构建环保产业园与城市和人的关系，赋予其新定位与新内涵。

12.3.2　产城融合的第四代环保产业园——生态环保产业园

1. 发展目标与定位

为了有效适应城市高质量发展的需求、改变环保产业园空间孤立封闭性等，需要在前三代环保产业园的基础上迭代发展第四代环保产业园。第四代环保产业园是以习近平生态文明思想为指导，发挥技术创新与高度协同的优势，强调生态文明与空间功能的充分结合，在满足固体废物资源化处理的同时，延伸丰富产业发展和公共服务回馈，因此，第四代环保产业园也可称为生态环保产业园。在总体目标与定位上，第四代环保产业园应以环境科技创新为驱动力，努力朝着生态先行、资源循环示范、与城市共荣共生、可持续的方向发展。

（1）资源循环发展目标

生态环保产业园首先要立足于解决固体废物处理处置与环境污染治理的基本目标，即资源循环的发展目标，以高标准、高定位、高效益的"三高"为起点，打造污泥、生活垃圾、危险废物、再生资源等各类固体废物资源循环利用的示范园区，寻求多种方式提高园区的物质和能源使用效率。

（2）产业发展目标

依托生态环保产业园的总体定位，提出高质量发展的共同增长极、生态环境产业科技研发与孵化基地、生态环境产业高端制造业集聚区、生态环境产业集成服务高地与场景中心的产业发展目标。生态环保产业园可围绕固体废物资源化处理的上下游产业链而演化共生，并布局围绕在处理设施四周，一方面可发挥产业的协同效应，另一方面可作为处理设施与城市其他功能区的过渡缓冲地带，减少了邻避效应。

（3）生态发展目标

生态发展目标重点考量园、人、生态的链接关系，积极面对生态环保产业园所在空间的自然生态对开发建设的正面促进（如山水资源）及负面影响（如地质灾害），在顺应场地条件、保护整体自然山水格局的同时，利用生态本底资源提升园区的景观品质，打造具有生态主题乐园式的一方"世外桃源"，并敞开大门主动拥抱公众与城市，发挥园区公共回馈与生态公益服务，将"邻避要素"转化蝶变为"邻利福祉"，真正贯彻落实产城融合的理念。

2. 规划任务及内容

生态环保产业园的专项规划一般是详细规划深度，其上位规划往往为当地的国土空间规划及环卫设施专项规划，因此本小节以园区控制性详细规划的深度和要求阐述生态环保产业园的规划任务和内容。

（1）土地使用功能细分

将上位规划的相关内容深化和细化后，具体落实到园区内每块建设用地的全要素控制，开展"定性、定量、定位、定界"的具体控制，根据规划地区的区位条件、区位城市功能、土地使用功能及混合度、土地出让要求、交通支撑条件等落实地块功能细分。

（2）园区用地强度控制

根据各设施处理规模、设施空间布局、产业布局方案等，对园区中每块不同性质的建设用地进行合理且具体的"容量控制"，如建筑限高、容积率、建筑覆盖率等，形成园区密度分区的指引，确定控规中建设用地强度。

（3）道路及其设施控制

细化园区各等级路网，控制道路线位、红线宽度、断面形式、控制点坐标高程、平面曲线半径等道路系统要素，确定园区内主要道路交通线路；控制园区对外交通的主要节点的空间要素，确保园区与外部城市交通路网的有效衔接和通畅可达，避免后期产生堵点、断点。

（4）公共空间与景观

控制园区内公共空间以及环境景观，如开放空间、建筑形体、风貌、整体组合、空间尺度、标志性建筑物等，适应固体废物处理、生产产业日常生产制造、人群参观游玩这三大功能的基本需求和舒适度。

（5）地震地质灾害评价

根据场区的地震活动性、断裂的分布以及工程场地地质条件勘测结果，评估场地地震地质灾害风险。若场地具有重大地质灾害风险，则应重新选址；若场地无潜在的重大地质灾害风险，则可根据各类地质灾害的风险评估概率提出相应的防治措施。

（6）综合交通规划

对园区内各类交通设施的供应与需求进行供需平衡分析，包括交通总体需求、各交通子系统承担需求及服务水平，判断各类交通问题，评估交通需求的变化对片区交通子系统（道路、公交、慢行等系统）所产生的影响程度；主要规划工作包括产业园对外及内部交通调查、现状分析、交通预测、支路网规划、停车供需求分析、公交场站的位置与规模分析、出入交通条件和交通组织的分析、规定干道的机动车出入控制要求、片区内大型停车场的总体出入情况，必要时提出土地利用和交通需求管理建议等。

（7）市政供应及能源协同

包括园区处理设施、产业厂区、综合服务区的生产用水、生活用水和中水的市政供水方案，明确取水来源、管径、线位、水厂详细信息等要素；园区处理设施、产业厂区、综合服务区产生的污水排水方案，明确取管径、线位、园区综合污水处理厂的面积、空间位置等要素；明确焚烧设施发电电力上网方案，几大焚烧厂和沼气的发电容量计算，电力上网具体方案和实施路径；能源协同方案，包括余热、蒸汽、太阳能等能源的梯级利用，设施间能量的协同交换共享等具体方案，做到园区内能源利用效率最大化。

（8）地下空间利用

对规划区地质条件、防洪排涝、安全减灾、环境保护、生态安全各方面基础条件进行分析研究，同时结合环保设施布局及其生产工艺流程等，综合评估地下空间开发的适宜性，合理划定地下空间开发禁止建设区、限制建设区和适宜建设区，并提出不同的建设管控要求；分析判断其地下空间的发展趋势，提出地下空间资源开发利用的目标；对地下空间开发利用的需求规模进行分析预测，确定地下空间开发的理念和策略，结合地面空间利用情况，对地下空间的使用功能（地下交通、地下市政、地下公共空间、地下防护设施）、地下交通系统组织、分层规划等内容进行合理布局，制定地下空间的竖向分层布局指引、开发时序、开发模式等。

（9）园区城市设计

与环保产业工程工艺等特殊要求进行充分协同，明确产城一体化融合的功能组织，搭建系统性的空间框架，将功能布局、街区组织、整体空间形态、公共空间、水绿景观、综合交通、地下空间等内容有机整合，形成一体化的城市设计方案；塑造特色鲜明的空间形态环境，对整体空间形态、建筑组合模式、开发强度、建筑高度及城市街道界面等进行控制引导，对建筑风貌、重要天际线和界面等内容进行详细设计，并提出明确的控制引导要求；营造融入自然的公共空间和景观系统，突出自然生态、绿色环保、先进科技等主题特色，重点打造沿山、滨河、临路等重要开放空间，形成蓝绿一体、融于自然的公共空间网络；与公益回馈、配套服务、公共交通、慢行系统等紧密融合，营建有特色、有活力、多功能的公共开放空间和景观系统；引导构建绿色生态园区特色风貌，主要包括建筑风格、高度体量、色彩材质、界面塑造、屋顶形式等内容，提炼风貌景观特色框架指引；强化城市设计导控，以服务于实施为导向，积极配合控制性详细规划，归纳城市设计的重点要素，形成与控规成果体系紧密衔接、互补配合的城市设计指引要求，为后续详细设计和工程项目建设提供技术依据。

（10）指标体系控制

落实控制指标和指导性控制指标，控制指标如地块主要用途、建筑密度、建筑高度、容积率、设施处理规模、各设施排放污染物限值等强制性指标，指导性指标如园区城市设计引导、土地使用兼容引导、回馈要素和自然山水要素开发引导等弹性指标。

3. 园区规划策略

（1）疏山理水，因地制宜

根据经验，生态环保产业园一般会规划选址在非城市核心区，往往位于城市较为偏远的地方，尤其是最初由填埋场发展而来的生态环保产业园往往位于山地/丘陵地带，其地形复杂、山水资源丰富，也起到天然防护屏障的作用，可以减少一些人体感官上的影响。因此，需要梳理场地的山水资源，充分利用场地的自然生态优势，因地制宜塑造与自然生态和谐的园区空间格局。此环节可采用生态本底调研分析方法，通过现状分析、资料整理，对园区场地的生物保护、地质安全、水资源和防洪、物理环境等进行分析和评价，作为场地生态敏感性评价和建设开发适宜性评价的基础依据，并以生态综合评价作为指导园区边界范围划定工作（建设用地范围和控制防护范围）的有力依据，具体流程如图 12-9 所示。

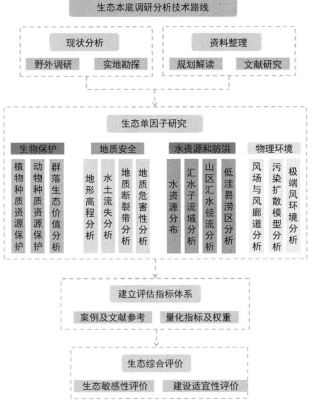

图 12-9　生态本底调研分析技术路线示意图

（2）合理预测，明确需求

入园设施的类别及处理规模应依托相关专项规划预测数据，并根据不同固体废物类别的特征采用不同的预测方法。对于生活垃圾产生量，常采用平均增长率法预测，再通过人均指标法、线性回归分析法等对预测结果进行检验，提高预测的准确性。根据不同固体废物的产生来源、行业特性等，采用不同的预测方法开展科学合理预测，本节通过表12-5梳理了生态环保产业园常见处理设施规模测算方法。

生态环保产业园常见处理设施规模测算方法一览表　　　　表12-5

设施类型	处理设施名称	测算方法
综合处理类	污泥处置设施	产泥系数法
	生活垃圾焚烧处理设施（含渗滤液）	生活垃圾人均指标法、渗滤液产生系数法
	危险废物处理设施	经济增长模型法、工业总产值预测法
	厨余垃圾处理设施	人均指标法：产生量＝人×人均产生量；绿地面积法：产生量＝绿地面积×单位绿地面积产废指标
	果蔬垃圾处理设施	
	废旧家具处理设施	
	园林垃圾处理设施	
	年花年桔回植	
	卫生处理厂	
	粪渣处理厂	
	建筑废物综合利用设施	单位面积产生量法、单位施工工程里程产生量法
无害化处理＋综合配套类	炉渣利用设施	灰渣按焚烧处理量的15％计算
	综合污水处理厂	国家标准和地方标准中污水处理厂的测算方法
	洗车、停车场	现行行业标准《环境卫生设施设置标准》CJJ 27—2012 规定大中型车辆停车用地150m²/辆
	综合填埋场	焚烧炉渣量可按焚烧总量的10％～15％计算，飞灰按照焚烧总量的3％～5％计算；危险废物填埋库容根据相关危险废物标准进行测算

在明确入园设施种类和相应的处理规模后，结合相关用地标准和规范，通过单位用地指标法或者案例参考法，确定各类设施的用地需求，并形成设施用地一览表，作为园区地块功能细分和用地指标平衡表的核心依据。由于土地资源极为宝贵，因此需要集约化利用土地，并充分发挥土地功能复合利用的优势。在测算设施集约化用地需求时，可参照本书相关章节，从标准规范、参考典型案例两方面进行用地需求的谋划。

（3）构建网络，协调处理

从收集垃圾到垃圾深度处理，再到垃圾发电，传统垃圾填埋场可由最初单一的填埋处理功能，拓展为集中协同兼具生活垃圾深度综合处理、市政污泥集中处置、餐厨垃圾处理，医疗废物、危险废物、再生资源等城市固体废物处理及综合利用等的综合环卫基地。在规划设计过程中，应针对入园固体废物类别、特性差异，识别园区设施间的一次物流、二次物流和能量流，将园区内的处理设施细分为"预处理、分类贮存、热化学处理、生物处理、冶炼处理、永久贮存"六大类，按照物质流与能量流的客观要求，科学组织入园项目关系，构建协同网络，结合功能分区合理安排设施布局。图12-10展示了以深汕生态环境科技产业园为例的物质和能量流网络。

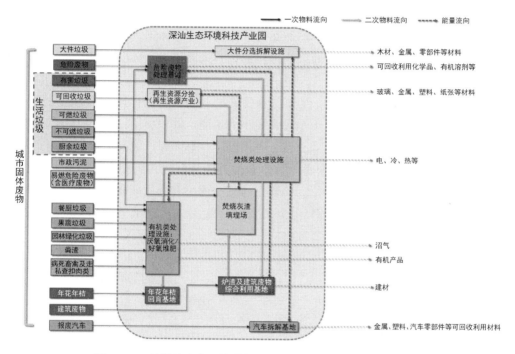

图12-10 以深汕生态环境科技产业园为例的物质和能量流网络

园区污水主要来源是固体废物资源化处理所产生的污水、渗滤液等，其次为产业生产制造产生的污水，以及园区职工与参观人员产生的生活污水，这些污水可经园区内综合污水处理站处理后继续回用作为园区生产用水、景观灌溉用水，大幅减少耗水量。

园区内生活垃圾焚烧厂、污泥焚烧厂会产生大量炉渣，通过园区内配套的灰渣综合利用厂进行资源化再利用，可制成砖、路缘石、骨料等再生建筑材料，回用于园区及外部城区的基础设施建设。

处理设施副产物方面，园内焚烧厂渗滤液收集设施、厨余垃圾处理设施、粪渣处理设施、综合污水处理站、原生垃圾填埋场等设施会产生大量沼气及污泥，可将沼气送至园内焚烧设施进行助燃焚烧，并转化为热能发电，或经提纯后作为天然气给园区供冷供热，而污泥可送至污泥处理设施进行二次资源化处理（焚烧发电、厌氧发酵、好氧堆肥等），产生电能及热能继续循环利用，残渣则可以作为土壤改良剂回用于城市绿化。

园内焚烧发电设施生产作业后产生大量电能，不仅可供自身设备使用，还可满足园内其他固体废物处理设施使用，余量可支持园区配套功能区及周边乡镇、城市日常工作生活使用。此外，焚烧设施产生的蒸汽和余热，部分满足污泥处置设施前端污泥干化处理，余量可供给制冷站及园内大工业用户。

（4）优化布局，锚定结构

生态环保产业园的空间结构应根据功能分区及场地的自然条件灵活谋划，但空间结构的规划核心是需要服务于园区功能的有效实现，并且与周边城区实现和谐友好的融合。根据经验，大致可分为"强中心"与"组团式"两种典型的结构模式。

"强中心"结构往往是在地势平坦、内部无水系与山脉割裂且无敏感性因素的场地，其固体废物资源化处理设施往往聚集在园区最中心圈层，四周延伸相关产业，并在物质与能源上形成对中心圈层的依赖包围，产业圈层外面是以生态休闲、公共服务等功能为主的圈层，且作为缝合园区与城市其他地区的过渡地带，为园城融合提供空间支撑，其空间布局模式示意如图 12-11 所示。

"组团式"结构通常是受地形条件和自然要素的制约，将固体废物资源化处理设施、产业发展区、公共服务区分割成若干个大大小小的组团，并根据用地面积、山体地形、河网水系、地质条件等要素进行串珠式分布，进而保障生态环保产业园整个系统的完整与有效运作。"组团式"结构相比"强中心"结构显得更为分散，甚至会出现局部功能在空间的割裂，因此需要充分利用场地特征，构建立体式交通网和物质能源的输送管网，并构建水道、绿带等生态廊道，强化园区各组团的链接和可达性，实现有效的信息交流和参观慢行。其空间布局模式示意如图 12-12 所示。

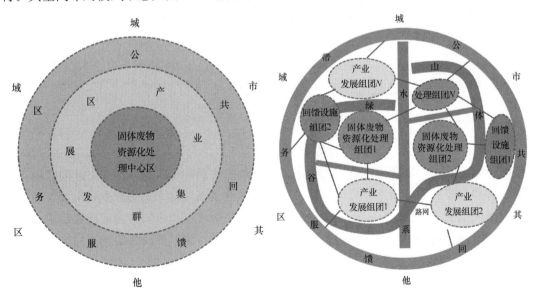

图 12-11　"强中心"结构的生态环
保产业园布局模式

图 12-12　"组团式"结构的生态环
保产业园布局模式

（5）从严标准，化解邻避

园区内各类处理及生产制造的污染排放标准是园区及周边地区环境质量的决定性因

素，同时也是对外进行环境信息披露、依法监管、公众监督和降低邻避效应的利器法宝。由于处理设施会排放烟气、污水、臭气、废渣、噪声等污染物质，因此需要通过严格的限制排放，防止超过当地环境容量和承载力，从而形成自然稀释、净化、调节的可持续发展平衡状态。通过执行最严标准，让公众信服污染治理的保障底线，降低公众心理顾虑和担忧，为化解邻避效应提供实打实的利器。以焚烧厂这类邻避效应较强的设施为例，其烟气排放标准在国内外均有较多经验和参考值，其中欧盟、日本等地区的排放标准较为严格，可根据地方环境要求选取排放标准参考，如图 12-13 和表 12-6 所示。如深圳市深汕生态环境科技产业园，为了严格控制污染排放，对比了欧盟 BAT（Best Available Techniques）2018、日本焚烧厂排放标准、我国国家标准、深圳地方标准等，提出最严焚烧排放标准。其中氮氧化物选取了欧盟 BAT2018 的下限值，即 $50mg/(N \cdot m^3)$ 的排放限值，远低于我国国家标准的 $250mg/(N \cdot m^3)$ 和深圳地方标准的 $80mg/(N \cdot m^3)$，为环卫设施邻避效应的化解提供了重要保障。

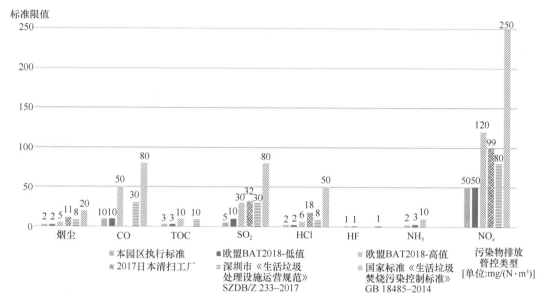

图 12-13　国内外焚烧设施污染物排放标准限值对比图

常见的国内外焚烧设施污染物排放标准对比　　　　　　　　表 12-6

序号	污染物排放管控类型	国际标准		国家标准	地方标准
		2010/75/EU	欧盟 BAT2018	《生活垃圾焚烧污染控制标准》GB 18485—2014	深圳市《生活垃圾处理设施运营规范》SZDB/Z 233—2017
1	颗粒物 [$mg/(N \cdot m^3)$]	10	2～5	20	8
2	一氧化碳 CO[$mg/(N \cdot m^3)$]	50	10～50	80	30
3	总有机碳 TOC[$mg/(N \cdot m^3)$]	—	3～10	—	10

续表

序号	污染物排放管控类型	国际标准		国家标准	地方标准
		2010/75/EU	欧盟 BAT2018	《生活垃圾焚烧污染控制标准》GB 18485—2014	深圳市《生活垃圾处理设施运营规范》SZDB/Z 233—2017
4	二氧化硫 $SO_2[mg/(N \cdot m^3)]$	50	10～30	80	30
5	氮氧化物 $NO_x[mg/(N \cdot m^3)]$	200	50～120	250	80
6	氯化氢 $HCl[mg/(N \cdot m^3)]$	10	2～6	50	8
7	氟化氢 $HF[mg/(N \cdot m^3)]$	—	1	—	1
8	氨气 $NH_3[mg/(N \cdot m^3)]$	—	3～10	—	—
9	汞及其他化合物 $[mg/(N \cdot m^3)]$	0.05	0.005～0.02	0.05	0.02
10	镉、铊及其他化合物 $Cd+Tl[mg/(N \cdot m^3)]$	0.05	0.005～0.02	0.1	0.04
11	锑、砷、铅等化合物 $HM[mg/(N \cdot m^3)]$	0.5	0.01～0.3	1.0	0.3
12	类二噁英多氯联苯 PCDD/F dioxin-like PCBs [ng WHO-TEQ/(N \cdot m^3)]	—	0.01～0.06	—	—
13	二噁英 PCDD/F $[ng\ I\text{-}TEQ/(N \cdot m^3)]$	0.1	0.01～0.04	0.1	0.05

同时，可将设施的污染排放限值作为园区地块出让的条件，即地块设施的建设运营主体需要达到该技术指标的实力和义务，方可竞争获取特许经营权和土地使用权。如在深汕生态环境科技产业园的规划中，将较为严格的环保标准纳入地块出让条件，相当于制定了地块环保许可导则，作为规划管理和地块出让的技术指标，为设施后期能按规划设想的品质顺利达成提供重要保障。

（6）公益回馈，高品质建筑

园区需要敞开大门，接纳公众与外部人员前来游玩、参观，这是实现园区产城充分融合所需达到的状态，从这一角度来看，园区不仅仅停留在市政公用设施、产业生产制造等基本功能层面，更被赋予较强的公共属性。因此，园区内需要配套设置一些环保宣教展厅、参观廊道、慢行体系等，并合理组织具有特色的参观流线，将环保科普教育融入园区建设。

这类功能可从传统固体废物处理设施的空间基础上释放出来，作为回馈于公众的场所，在设置这类公共服务空间时，建议强调与设施所在场所的关系，因地制宜，尊重自然。例如，设置园区趣味漫游"立体参观径"，强化园区参观便利性与可达性；打造"风景化环卫设施"，将以往形象呆板的环卫设施扭转为网红地标；通过建立通风廊道、海绵分区、气味景观设计等，给公众呈现视觉、嗅觉、听觉的高品质体验，破解传统环卫设施"邻避"问题；植入垃圾分类教育基地、会议与培训中心、环保手工坊等，强化科普教育与公益回馈功能，消除工业边界，促进产城融合。

与此同时，为了改变处理设施在公众心目中的厌恶型印象，在规划设计时可对设施进行去工业化的设计，利用景观在地化的设计，将设施建筑造型与场所融合塑造，通过自然生态且符合美学的外立面设计，将处理设施打造成为高颜值的地标建筑，拉近与公众的距离，从而大幅降低邻避效应（图 12-14）。

图 12-14　生态环保产业园公益回馈与高品质建筑示意图

12.3.3　未来生态环保产业园发展研判

1. 减碳降污协同增效

未来生态环保产业园通过不断扩充设施类型、处理规模、产业形态、上下游产业链边界，使结构趋于复杂性，系统功能也将趋于丰富，同时不断强化设施与设施间、产业企业间、园区与城市间的物质流、能量流和信息流的整合链接，逐渐提高园区系统稳定性。园区内传统的物质和能源，如蒸汽/热能、电力、沼气、中水、中间副产物等，可以通过不

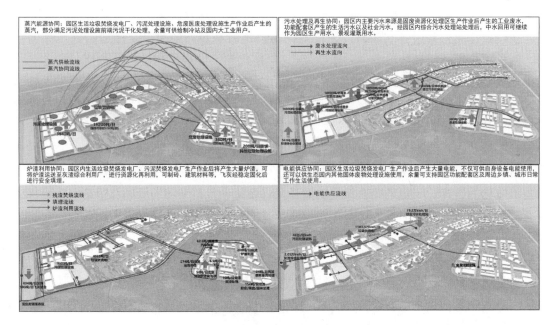

图 12-15　深汕生态环境科技产业园的物质能源协同

断升级的循环网络进行更高效率的回用和梯级利用，图 12-15 以深汕生态环境科技产业园的物质能源协同为例，直观展示园区协同网络；同时不断开发新能源，如风电、光伏、地热能等，作为绿色能源用于补充园区所需生产和处理过程，替代传统石化能源，减少园区生产处理过程中的二氧化碳排放量；此外，还可以通过强化温室气体排放（尤其是甲烷），增加林业碳汇、水域碳汇、草地碳汇等方式增加园区碳汇形式和路径，逐步抵消园区产生的二氧化碳，从而达到减碳降污的效果。

2. 宣教文体融合创新

未来生态环保产业园在满足基本设施处理需求、产业和相关科研创新培育功能之外，将园区打造成为无废城市文化主题宣教基地和文体活动场所，以此拉近园区与市民的距离。将连通山水的生态绿廊作为重要的空间景观要素，以生态型景观为主，同时将休闲健身、绿道、特色商业服务等功能植入山水绿廊，使生态空间同时成为最具活力的公共活动空间，并且成为环境园最具标志性的空间（图 12-16）。为实现与城市的融合发展，园区需为城市提供丰富的、可供城市居民使用的功能，重点为可供市民进入的公共活动空间。

公益回馈功能将主要为城市市民及游客提供优质的可参与性的服务配套，主要由工业旅游及公益配套构成。其中，工业旅游旨在通过生态公园、环保主题博物馆及科普广场等功能产品打造公民环保教育基地；公益配套主要针对城市市民，为其创造出充满活力的体育活动场地、文化活动中心等活动设施和活动场所。

同时，园区内一些老旧设施也是难得的环卫宣教、资源循环宣教和无废城市宣教的场所，尤其是具有行业特殊历史的地标文脉建筑，可利用改造与活化的手段，将其打造为新型"处理设施＋宣教基地"，为市民和学生群体提供生动鲜活的参观实践学习场所。同时，可利用环卫设施的建筑特点（如再生资源分拣设施，往往建筑高度较低、建筑尺度较

图 12-16 利用园区本底生态条件点缀增创的宣教文体公共空间

大、拥有较大屋顶空间），发挥设施地面及屋顶空间，打造公众 DIY 实践工坊、篮球场足球场等文体设施，大大增加园区游玩趣味性和公共服务属性，将邻避设施转化为邻利设施（图 12-17）。

图 12-17 以再生资源分拣设施为例的建筑外立面及屋顶利用

3. 智慧化管理赋能

未来生态环保产业园可集 5G、云计算等信息技术于一体，打造"5G＋无废园区"的精细化管理体系，搭建无废智慧园区的总体服务平台。可分为综合运营中心、多层级智慧技术支撑、多个专属环境园的智慧应用三个层级，如图 12-18 生态环保产业园智慧园区管理架构所示。

可以构建园区综合运营中心（可附设于园区管理中心），包括数据中心机房、云基础设施、信息安全基础设施等智慧信息基础设施，集成生产型智慧服务、公共管理服务、园区智慧交通管控、生态环境智慧监控系统等模块，实现"数据一根线、管理一张网、指挥一张屏"，提高园区数据采集与日常管理的精细化程度，降低总体运维成本（图 12-19）。

4. 规划统筹难度趋大

未来生态环保产业园趋于复杂性和综合性发展，需要从规划阶段充分考量工作量和工

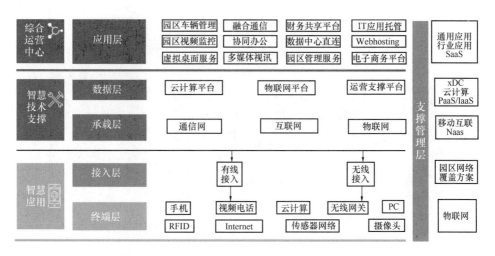

图 12-18　生态环保产业园智慧园区管理架构

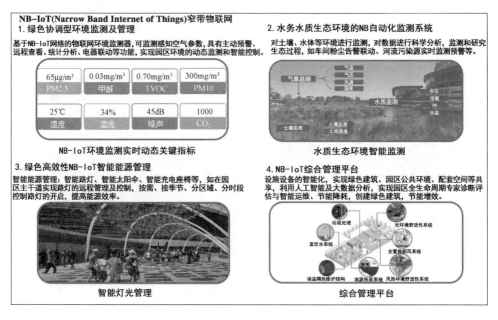

图 12-19　以 NB-IoT 环境监控系统为例的功能组合示意图

作深度，往往包括系列规划及相关前期工作：产业园概念性总体规划、产业园控制性详细规划、产业园城市设计专题研究、产业园海绵城市详细规划、综合市政供应及能源协同专项研究、产业园地下空间利用专项研究、产业园规划整体统筹工作、产业园防洪专项研究、产业园及周边地区环境本底值监测调查调研、产业园地震（地质）安全调查评估专题、综合交通详细规划、产业园自然灾害评估与综合防灾研究、产业园详细规划环境影响评价、社会稳定风险评估等多项规划研究。

这些工作往往需要在多专业团队、多部门协调碰撞下完成，因此可以规划为抓手，构建规划设计及技术统筹平台（图 12-20），整合各技术团队和专家库资源，从"规划-咨询-设计-实施"等全流程为业主提供统筹服务，保障规划落地不走样。

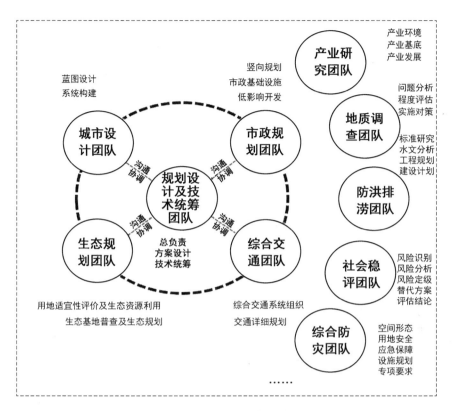

图 12-20　园区规划设计及技术统筹平台示意图

第 13 章　无废城市制度体系规划

近年来，围绕无废城市的建设目标，各试点城市在顶层设计、组织保障、理念宣教、体系建设、技术支撑等多个层面都取得了阶段性进展。本章主要对各城市在无废城市制度体系层面的经验进行了总结。

13.1　法律体系

13.1.1　国家层面

无废城市在我国国家层面的法律主要有《固体废物污染环境防治法》《中华人民共和国清洁生产促进法》（简称《清洁生产促进法》）和《中华人民共和国循环经济促进法》（简称《循环经济促进法》）。其中，《固体废物污染环境防治法》是为了保护和改善生态环境，防治固体废物污染环境，保障公众健康，维护生态安全，推进生态文明建设，促进经济社会可持续发展而制定的法律；《清洁生产促进法》是为促进清洁生产，提高资源利用效率，减少和避免污染物的产生，保护和改善环境，保障人体健康，促进经济与社会可持续发展而制定的法律；《循环经济促进法》是为了促进循环经济发展，提高资源利用效率，保护和改善环境，实现可持续发展而制定的法律。

此外，《固体废物污染环境防治法》对生产者责任延伸制度、危险废物管理计划制度、危险废物经营许可制度、危险废物转移联单制度、固体废物污染防治信息发布制度、固体废物进出口制度（2020 年修订后变更为"禁止进口"）、工业固体废物申报登记制度（2020 年修订后变更为"排污许可制度"）等皆做出了要求。

13.1.2　地方法律法规及政策

为贯彻落实《国务院办公厅关于印发"无废城市"建设试点工作方案的通知》（国办发〔2018〕128 号）相关要求，科学指导试点城市编制无废城市建设试点实施方案，充分发挥指标体系的导向性、引领性，生态环境部研究制定了《"无废城市"建设试点实施方案编制指南》（以下简称《编制指南》）和《"无废城市"建设指标体系（2021 年版）》（以下简称《指标体系》）。各试点城市按照《编制指南》及《指标体系》要求，结合各城市实际，编制了无废城市建设试点实施方案。

13.1.3　不同类别固体废物相关法律法规

除了国家和地方的法律法规，我国对生活垃圾、危险废物、再生资源以及工业固体废物等一些主要的固体废物类别也制定了相关的法律法规。

1. 生活垃圾

《城市生活垃圾管理办法》是为了加强城市生活垃圾管理，改善城市市容和环境卫生，根据《固体废物污染环境防治法》《城市市容和环境卫生管理条例》等法律、行政法规制定的办法。该办法对生活垃圾的治理、清扫收集、处理处置、监督管理等各方面都做出了相应规定。该法令的颁布，是我国环境卫生行业贯彻落实科学发展观，落实党中央、国务院关于建设资源节约型、环境友好型社会精神的一项重大举措。

2. 危险废物

涉及危险废物的相关法律条例主要有《国家危险废物名录（2021 年版）》《危险废物鉴别标准通则》《危险废物经营许可证管理办法》以及危险废物贮存、焚烧、填埋等污染控制标准等。

3. 再生资源

涉及再生资源的相关法律条例主要有《再生资源回收管理办法》《废弃电器电子产品回收处理管理条例》《废弃电器电子产品处理污染控制技术规范》等。

4. 工业固体废物

涉及工业固体废物的相关法律条例主要有《工业固体废物资源综合利用评价管理暂行办法》《国家工业固体废物资源综合利用产品目录》《工业固体废物综合利用先进适用技术目录（第一批)》等。

13.2　管理机构

13.2.1　专职部门制

东京、柏林的固体废物管理部门有且仅有一个，参照东京、柏林的固体废物管理体制，无废城市管理机构也可由一个部门承担。

1. 部门定位

该部门需要对无废城市建设的工作部署和要求有具体的认识，并且能对无废城市的整体推进做出顶层设计，同时还需要对各个层面进行宏观调控，确保无废城市建设的整体与局部推进都能平稳进行，确保在无废城市建设日常推进过程中遇到的任何问题都有相关的下属机构和人员能及时解决。

2. 部门职责

该部门的设立需要统一协调无废城市建设的各项工作，推动落实决策部署；综合统筹建设工作和整体协调，起草综合文字材料；统筹、协调全市建设的巡查工作，对检查中发现的问题进行跟踪督办；协调媒体宣传、社会宣传，编发创建工作简报等。

3. 部门设置

为做好无废城市建设工作，协调无废城市构建的各个层面，该部门要具有政策研究与规划职能，负责全市无废城市的政策研究与制定、顶层设计与规划；具备设施设备职能，负责对无废城市构建涉及的设施和设备进行管理与管控，包括设施的统筹建设，设备的更新、回用、报废等；具备统计监察职能，负责对城市每一类固体废物的产生量、清运量和处理量进行统计以及数据的监察；具备技术培育职能，负责管理研发新型固体废物从源头减量到末端处理的新技术等。

13.2.2 领导小组制

设立无废城市建设领导小组，全面贯彻落实国务院和生态环境部等国家部委关于无废城市建设的工作部署和要求，讨论决策并协调解决无废城市建设工作中的重要事项和重大问题。领导小组办公室一般设在生态环境部门，主要负责统筹推动《"无废城市"建设实施方案》各项工作，推动落实领导小组决策部署；综合统筹建设试点工作和整体协调，起草综合文字材料；统筹、协调无废城市建设的巡查工作，对检查中发现的问题进行跟踪督办；协调媒体宣传、社会宣传，编发创建工作简报等。

市城市管理部门、住房和城乡建设部门、水务部门等各类固体废物的行业主管部门应分别成立生活垃圾、建筑废物、工业废物和危险废物、市政污泥、农业固体废物、再生资源专题工作组，组织相关单位和各市区，推动各相关领域的工作。各区政府应对照市无废城市领导小组和办公室的组织架构，成立由主要领导任组长的各区无废城市建设领导小组和办公室，全面统筹、协调和督促各区相关职能部门完成无废城市建设工作任务。

13.3 制度体系规划

13.3.1 考核评估制度

建立考核评估制度，先将无废城市各项任务按年度按计划落实到相关责任部门，并在征求各部门意见后正式印发，各相关部门需依据无废城市年度计划工作安排完成各项任务。

在时间上，要做好周报、月报、年报的部署，无废城市建设领导小组或统筹部门定期对建设任务进展情况开展检查评估，每月编制评估报告，每年进行年度总结，根据每月评估报告的情况以及年终成效对各项任务进行评估打分，并将打分结果进行排名，对排名靠前的部门予以奖励，对排名末位的部门进行谈话批评。

此外，还要将无废城市建设工作任务考核结果作为各责任单位领导班子和领导干部综合考核评价、奖惩任免的重要依据，将无废城市各项任务的评分作为相关主管和分管部门的考核依据，纳入公务员绩效考核体系。

13.3.2 信息报送制度

无废城市建设的各责任单位需确定一名联络员，全面负责本单位无废城市建设工作联络和信息报送。需要全面定期向无废城市建设领导小组或统筹部门报送无废城市建设的工作进展情况、工作成效和经验，做好周报、月报、年报的报送工作。每年年终需根据全年工作情况出一份年终总结报告，总结该部门的无废城市建设工作成效。

13.3.3　督察督办制度

无废城市建设领导小组或统筹部门应联合市政府督查室、人大代表、政协委员等，对无废城市建设工作进行现场检查，对进度滞后的责任单位进行督办。涉及内容主要包括无废城市建设实施方案中目标指标和工作任务完成情况；无废城市建设领导小组部署事项落实情况；日常工作发现问题整改落实情况；日常工作中重大突发性事件处置情况等。

承办单位应按时保质完成督办任务，及时将整改结果反馈至无废城市建设领导小组或统筹部门。督察督办事项涉及多个成员单位的，牵头责任单位负责组织协调，协办单位主动配合。办理时限内未办理完毕的，承办单位应就办理进展、不能按期办理原因、下一步安排等有关情况作出书面说明报领导小组办公室。

13.3.4　宣传教育制度

无废城市建设领导小组或统筹部门制定无废城市建设宣传方案，统筹推进无废城市建设工作宣传。各成员单位充分利用官方网站、报刊、广播、电视、微信公众号等，将无废城市宣传纳入本单位日常相关工作宣传体系，实现生活垃圾分类、绿色生活宣传进社区，绿色生产宣传进企业，建筑废物减量化、资源化相关宣传进工地，市政污泥减量化、资源化宣传进污水厂，农业固体废物减量化、资源化宣传进农村，营造全社会广泛参与的无废城市建设良好氛围。各成员单位在各自工作领域中，广泛发动社会力量共同参与无废城市建设，打造社会共建、共享、共治"无废文化"。

13.3.5　保障制度

市、区规划和自然资源主管部门在国土空间等用地规划中要预留好固体废物收运处置设施建设用地，为固体废物收运处置项目用地审批开设"绿色通道"。各成员单位要完善"政府引导、地方为主、市场运作、社会参与"的多元化投入机制，构建多元化融资平台，鼓励社会资本参与固体废物减量化、资源化、无害化技术研发、设施建设与运营等工作。市、区财政部门加大资金统筹使用和管理力度，充分保障无废城市建设指标体系和任务分解表中各项任务的所需资金。

第 14 章　无废城市市场体系规划

市场体系是在社会化大生产充分发展的基础上，由各类市场组成的有机联系的整体。它包括生活资本市场、生产资料市场、劳动力市场、金融市场、技术市场、信息市场、产权市场、房地产市场等，它们相互联系、相互制约，推动整个社会经济的发展。培育和发展统一、开放、竞争、有序的无废城市市场体系，有利于持续推进固体废物源头减量和资源化利用，最大限度减少填埋量，形成绿色发展方式和生活方式。本章将主要从固体废物行业特性及影响因素、固体废物行业市场主体建设、固体废物市场环境培育以及固体废物市场秩序规范几方面对无废城市市场体系规划进行阐述。

14.1　固体废物行业特性及影响因素

14.1.1　固体废物行业特性

1. 准公共性

由于固体废物产品在非竞争性上表现得不够充分，具备一定的竞争性，因此，固体废物产品和服务属于准公共产品，具有一定的准公共性。由于大部分固体废物产品价值较低，收益为民所享，需要政府财政投入维持运行。同时，该行业与宏观经济相关性较小，但与行业政策关系密切，是一个具有公益性的、政策驱动型的产业。

2. 垄断性

根据自然垄断的相关理论，垄断的强增性是指虽然平均成本在上升，但是由一家企业多提供的产品成本小于两家以及多家企业所提供的相同数量产品的成本的总和。固体废物行业的垄断性主要表现在资金、技术和资质三方面。在资金壁垒方面，固体废物行业尤其是固体废物处理端的相关企业，前期项目总投资较大，投资回收期时间较长，因此，对投资者具有较强的资金压力，为固体废物处置企业提供了"自然垄断"的条件；在技术壁垒方面，只有掌握专业技术和拥有高素质的专业人才才能在行业中持续经营下去；在资质壁垒方面，企业开展设计、运营、工程服务都需要具备相关资质，从事污水处理和危险固体废物产业还须有相关经营许可资质。

3. 外部性

固体废物行业类似国防军工，收益为民所享，甚至可以跨越国界，因而付款人很难界定，具有极强的外部性，它是基础设施市场之一，为整个城市正常运行提供了基础保障。从这一方面讲，固体废物的发展对环境保护和经济可持续发展都具有巨大的正外部性。这使得其产业发展必须有政府的干预和调控。

168

14.1.2　固体废物行业影响因素

影响固体废物行业发展的因素主要包括政策法规、市场供需及技术因素三方面。

1. 政策法规

固体废物行业是一个法律法规和政策引导型行业。美国、欧盟、日本在 20 世纪 70 年代即开始固体废物行业方面的制度建设，相继推出相关法律法规，从而推动了固体废物治理行业的蓬勃发展。固体废物行业与行业政策关系密切，是一个具有公益性的、政策驱动型的产业，因此，其发展方向受政府制定的政策标准影响较大。政府通过制定不同的产业政策、利润税收、信贷、补贴和价格等手段对不同行业的发展给予影响。固体废物处理行业作为环保行业的子行业，无论从世界范围还是国内范围来看，都是国家政策推动着整个行业的前进与发展。

随着经济总量达到相应的程度和社会各界对生活环境改善需求的提高，同时产业扶持政策不断加码固体废物领域，固体废物市场逐步打开。同时，固体废物行业由于所在领域细分板块众多，可挖掘空间大且具备一定联动性，受到上市公司的格外青睐。在环保企业全产业链乃至大生态系统的构建进程中，相较于水务和大气污染治理具有更深市场维度的固体废物行业正处于黄金发展时期，市场关注度持续向上。

2. 市场供需

随着我国经济的持续发展，固体废物行业市场潜力巨大、发展前景乐观。与此同时，我国目前仍属发展中国家，国民经济在未来较长一段时间内预计仍将保持稳定的增长速度，经济发展过程中的资源需求量巨大，而金属、石油等资源基本不可自然再生，对固体废物进行资源化利用即成为未来我国资源供应的必然选择。

近年来，党中央、国务院就加强生态文明建设和生态环境保护做出了一系列重大决策部署，有利于固体废物行业发展的政策措施不断完善，同时，随着污染防治攻坚战的实施，我国固体废物产业市场需求进一步释放，环保行业发展的营商环境持续改善，固体废物产业规模保持较快增长，全行业工艺和技术装备水平稳步提升，创新模式深入推进，产业结构不断完善，行业格局逐步优化。

3. 技术因素

科学技术在经济和社会发展中的地位和作用是无法替代的。科学技术的每一次进步都会创造出新的产品或新的工艺，从而导致了产品的更新换代和行业的新旧更替，进而推动产业发展和进步。近年来，我国固体废物行业的技术水平不断提高，加大研发投入力度，加强核心技术攻关，推动跨学科技术创新，促进科技成果加快转化，开展绿色装备认证评价，淘汰落后供给能力，着力提高节能环保产业供给水平，全面提升装备产品的绿色竞争力。固体废物处理技术的进步不仅提高了固体废物的资源利用率，而且降低了固体废物的危害性，为行业的发展提供了内在动力。

14.2　固体废物行业市场主体建设

近年来，固体废物行业市场化进程明显加快，市场主体不断壮大，但综合服务能力偏弱，创新驱动力不足，恶性竞争频发，加之执法监督不到位、政策机制不完善、市场不规范等原因，对市场主体的积极性产生了一定的负面影响，固体废物行业巨大的市场潜力难以得到有效释放。培育环境治理和生态保护市场主体则是适应经济发展新常态，发展壮大绿色环保产业，培育新的经济增长点的现实选择，也是环境治理由过去的政府推动为主转变为政府推动与市场驱动相结合的客观需要。

因此，培育环境治理和生态保护市场主体要以改善生态环境质量为核心，以壮大绿色环保产业为目标，以激发市场主体活力为重点，以培育规范市场为手段，推动体制机制改革创新，塑造政府、企业、社会三元共治新格局。

14.2.1 市场主体建设原则

1. 政府引导，企业为主

在固体废物治理过程中，政府应当充分发挥市场配置资源的决定性作用，培育和壮大企业市场主体，引导企业提高环境公共服务效率，充分发挥政府引导和监管作用，形成多元的环境治理体系。

2. 法规约束，政策激励

在固体废物市场主体建设过程中，政府应健全法律法规，强化执法监督，规范和净化市场环境，发挥规划引导、政策激励和工程牵引作用，调动各类市场主体参与环境治理和生态保护的积极性。

3. 创新驱动，能力提升

在固体废物市场主体建设过程中，政府可通过推行环境污染第三方治理、政府和社会资本合作，引导和鼓励企业技术与模式创新，提高区域化、一体化服务能力，不断挖掘新的固体废物市场潜力。

4. 示范引领，逐步深化

结合自然资源资产产权制度改革，推进生态保护领域市场化试点，鼓励国有资本加大生态保护修复投入，探索建立吸引社会资本参与生态保护的机制。

14.2.2 固体废物市场化建设

合理的市场化模式可以将固体废物行业巨大的潜在需求转化为现实的市场需求，从而促进产业的发展。市场化模式的终极目标即创造并实现价值，合理的市场化模式将有利于固体废物行业合理配置资源，实现资源的最大化利用。目前，固体废物行业市场化模式主要有以下几类。

1. 政府购买服务模式

政府购买服务是指各级国家机关将属于自身职责范围且适合通过市场化方式提供的服务事项，按照政府采购方式和程序，交由符合条件的服务供应商承担，并根据服务数量和质量等因素向其支付费用的行为。根据 2020 年 1 月 3 日财政部发布的《政府购买服务管理办法》，该管理办法对购买主体、承接主体、购买内容、购买活动的实施、合同及履行、监督管理等作出明确规定。

政府购买服务模式常用于环卫服务，从服务期限看，政府购买服务原则上不超过 3 年，少数地方签订长于 3 年的协议，执行过程中每一年或每三年根据服务绩效情况决定是否续签，其主要原因在于 2020 年的《政府购买服务管理办法》对考核达标续签合同没有做出明确规定，而环卫项目最大投入就是车辆设备的投入，车辆设备的折旧期一般是 8 年，8 年的经营期正好匹配车辆设备的折旧期。此外，政府购买服务的回报机制是政府付费，并且需列入财政预算。

2. 特许经营模式

特许经营模式主要是指在市政公共行业中，政府在一定时间内，授予企业对某市政项目或服务进行经营的权利，在授予之前会签订合同，约定权利、义务以及运营期满如何交付等一系列细节。《基础设施和公用事业特许经营管理办法》第二条，明确界定了特许经营适用范围为："能源、交通运输、水利、环境保护、市政工程等基础设施和公用事业领域的特许经营活动"。其服务期限应当根据行业特点、所提供公共产品或服务需求、项目生命周期、投资回收期等综合因素确定，最长不超过 30 年。其回报机制主要为使用者付费及可行性缺口补助，即特许经营者通过向用户收费等方式取得收益，向用户收费不足以覆盖特许经营建设、运营成本及合理收益的，可由政府提供可行性缺口补助，包括政府授予特许经营项目相关的其他开发经营权益。目前，国内外用于公共事业的特许经营模式主要包括 BOT 模式、TOT 模式和 PPP 模式。

（1）BOT 模式

BOT 模式实质上是在某一时间段内，政府给予某一企业一定的特许权，让其对项目进行设计、建造、运营、管理和使用，以补偿公司建设成本并实现合同中允许的盈利，在特许权结束时根据授权时达成的协议，把项目所有权无偿转交给政府的一种资产运营模式（图 14-1）。其最大的特点就是将基础设施的经营权有期限地抵押以获得项目投资。在这种模式下，首先，项目发起人通过投标从委托人手中获取该项目的特许权，随后组成项目公司并负责进行项目融资、组织项目建设、管理项目运营，在特许经营期间通过对项目的开发运营以及当地政府给予的其他优惠来回收资金以还贷，并获取合理利润。

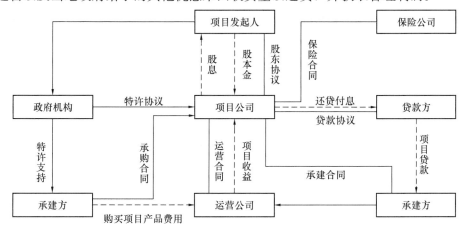

图 14-1　BOT 模式结构示意图

（2）TOT 模式

TOT 模式指项目拥有者把已建成或已经投产运营的公共基础设施项目在一定的服务期限内有偿移交给社会投资者经营，经营期的收入归社会投资者所有，项目拥有者一次性从社会投资者那里获得一笔资金，用以偿还项目建设贷款。当特许经营期满之后，项目拥有者无偿收回设施项目（图 14-2）。这一模式是通过出售现有资产以获得增量资金进行项目融资的新型融资方式，在这种模式下，首先私营企业用私人资本或资金购买某项资产的全部或者部分产权或经营权，然后购买者对项目进行开发和建设，在约定的时间内通过对项目经营收回全部资产并取得合理的回报，特许期结束后，将所得的产权或经营权无偿移交给原始人。

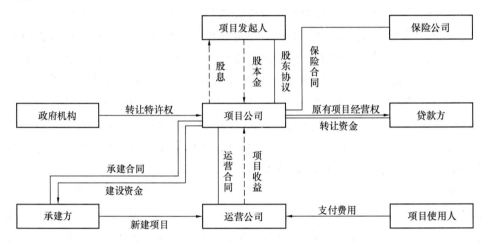

图 14-2　TOT 模式结构示意图

（3）PPP 模式

PPP 模式，即公共部门与私人企业合作模式，也称为"公私合作"融资模式（图 14-3）。这种模式是政府、营利性企业和非营利性企业基于某个项目而形成的相互合作关系。合作各方参与项目时，政府并不把项目的责任全部转移给私人企业，而是由参与合作的各方共同承担责任和融资风险。在这种模式下，私营企业的投资目标是寻求既能够还贷又有投资

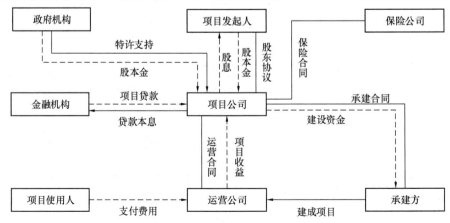

图 14-3　PPP 模式结构示意图

回报的项目，政府的社会经济目标是通过投资给社会带来最大的经济效益。

一般而言，PPP 融资模式主要应用于基础设施等公共项目。首先，政府针对具体项目特许新建一家项目公司，并对其提供扶持措施。然后，项目公司负责进行项目的融资和建设，融资来源包括项目资本金和贷款。项目建成后，由政府特许企业进行项目的开发和运营，而贷款人除了可以获得项目经营的直接收益外，还可获得通过政府扶持所转化的效益。PPP 模式运行程序包括：选择项目合作公司、确立项目、成立项目公司、招标投标和项目融资、项目建设、项目运营管理、项目移交等。

14.2.3　固体废物多元共治模式建设

固体废物治理作为一种公共产品或准公共产品，环境问题具有鲜明的广泛性、动态性、复杂性等特征，单纯依靠政府机制、市场机制抑或是社会机制去解决环境问题难免失之偏颇，无法有效实现供需平衡。构建政府、企业、社会和公众共同参与的固体废物治理体系，充分强调共建共治共享的理念，明确主张在固体废物治理中构建基于多元主体共同参与的新型固体废物治理模式，以期最大程度发挥政府机制、市场机制和社会机制在环境治理中的协同治理效应。

为进一步优化固体废物治理体系，推动固体废物治理能力现代化，提升生态环境治理成效，固体废物治理中迫切需要引入新思维与新理念，以克服政府、市场和社会单一主体的治理缺陷，打造基于政府、市场和社会力量共同参与、分工协作的多元共治模式，形成一个融合多元治理主体、倡导共建共治共享的新型共同体，推动这一新型共同体进行自主治理，从而能在所有人都面对搭便车、规避责任或其他机会主义行为诱惑的情况下，取得持续的共同收益，多元共治模式如图 14-4 所示。

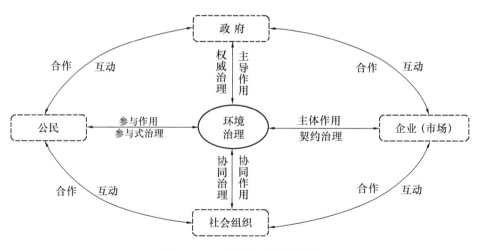

图 14-4　多元共治模式示意图

在建设固体废物多元共治模式过程中，其运行机制主要包括以下几方面：

1. 强调政府监管在固体废物治理体系中的基础性作用

在多元共治模式下，政府的基础性作用突出地表现为环境法规及政策的制定与执行、环境监管组织体系的调整与优化、环境信息公开、环境保护宣传教育、环境监管与环境问责以及为企业、社会组织和公众参与环境治理提供相应的制度设计与安排等。

2. 发挥企业在固体废物治理中的主体性作用

固体废物治理多元共治模式得以有效运转的一个重要前提是必须充分发挥企业在固体废物治理中的主体性作用，为固体废物治理提供可持续性的内生型动力，以推动企业从传统的受管制者、受规制者和被动守法者向积极参与者、自我规制者和主动守法者的角色转变，从而彰显企业在固体废物治理中的主体性地位，努力实现企业自主治理与契约治理效用的最大化。

3. 激励社会组织和公众的协同参与作用

社会组织和公众作为独立于政府、企业（市场）以外的第三种力量在国家治理乃至全球治理中正发挥着越来越重要的作用，固体废物领域尤其。相较于政府与企业，多元共治模式下社会组织和公众在环境治理中主要发挥着参与者和监督者的作用。目前，政府监管也越来越依赖于社会执法，有赖于社会普通公众举报市场和社会上的违法行为，有赖于组织对内部个人的违法违规行为加以举报。

4. 倡导权威治理基础上的合作与互动

多元共治模式下，政府、企业、社会组织、公民等多元主体在环境治理体系中交换资源、共享信息、共同行动，采取基于共同合作与互动基础上的一致性行动，共同致力于生态环境保护与环境治理。不同行动者通过合作与互动确立生态环境保护的认同感和共同的生态环境治理目标，其实质是建立在生态环境的公共利益、市场原则和价值认同基础上的合作，由此产生一种基于合作与信任的新的权威，成为持续推动多元主体之间开展合作的动力。

基于上述运行机制，在完善固体废物多元治理模式过程中，首先，应当以科学分工为准则理清各主体间的职责定位，提高固体废物治理的可问责性；其次，以激励相容为导向创新固体废物治理的多元投入机制，如通过引入环保财政投入增量调整和存量调整、整合现有环保专项资金、建立央地多级共同投入机制、优化环保财政转移支付等举措，加大固体废物治理的财政投入力度；再者，应当以灵活高效为目标优化环境治理的协同合作机制，通过寻求各参与主体基于自然和社会生态发展的共生关系，强调多层治理、多重参与、多方价值，形成跨区域的良性生态循环系统和跨区域共生治理；最后，应当以有序有效为原则引导社会组织和公众的协同参与，确保社会组织和公众参与环境保护与环境治理的有效性和有序化，努力寻求社会力量有序有效参与和环境治理有效性之间的最大公约数。

14.3 固体废物市场环境培育

14.3.1 固体废物市场绿色金融服务建设

目前，我国正处于经济结构调整和发展方式转变的关键时期，对支持绿色产业和经济、社会可持续发展的绿色金融的需求不断扩大。根据《关于构建绿色金融体系的指导意见》中的相关描述，绿色金融主要是指为支持环境改善、应对气候变化和资源节约高效利用的经济活动，即对环保、节能、清洁能源、绿色交通、绿色建筑等领域的项目投融资、项目运营、风险管理等所提供的金融服务。绿色金融体系是指通过绿色信贷、绿色债券、绿色股票指数和相关产品、绿色发展基金、绿色保险、碳金融等金融工具和相关政策支持经济向绿色化转型的制度安排。显然，固体废物绿色金融服务属于绿色金融的重要组成部分之一。

绿色发展是固体废物绿色金融的最终目的，强调经济发展具有绿色属性，以自然环境和资源保护为基础前提，促进经济社会与自然环境可持续健康发展。规模可观、收益稳定的绿色经济是绿色金融的重要保障，绿色金融在绿色经济框架内，通过最优金融工具和金融产品组合为达到可持续发展目标提供资金引导。

与传统金融相比，绿色金融突出的特点是将环境保护程度与资源有效利用程度作为计量金融活动成效的重要标准，追求金融与环境保护和生态平衡的协调发展。但绿色金融仍具有传统金融的基本特性，在以市场收益为导向的前提下，实现产业和绿色政策的密切配合，将环境和社会效益反映在价格中。

一般来说，国外绿色金融体系由金融机构推动，政府提供辅助支持。而中国、巴西等新兴市场国家的绿色金融体系则是由政策主导，被视为"市场化的政策手段"，形成了"自上而下"的以政府管理和金融监管为主体的发展模式。目前，我国绿色金融主要有环境风险控制型和绿色资金供给型两种模式。

环境风险控制型模式要求从事金融投资的业务机构，尤其是商业银行的信贷行为，在信贷信用分析中纳入环境风险因素。此模式面向绿色金融发展全过程，以控制环境风险为目的，规范绿色金融的发展。具体表现为风险评级技术工具的进步、风险管理人才的储备和相关经验积累等。

绿色资金供给型模式要求各金融机构成立绿色金融专有机构，专业从事绿色金融产品的供给工作，例如以绿色投资为主的绿色银行、绿色投资基金、绿色债券等。此模式侧重绿色金融的供给端，即推动绿色金融的主要工具专业化。

因此，在固体废物绿色金融服务建设过程中，可从以下三个方面着手。

1. 构建政府主导，企业主体、社会组织和公众共同参与的绿色金融责任体系

围绕现代环境治理体系的要求，应构建政府主导，企业主体、社会组织和公众共同参与的绿色金融责任体系，健全领导责任体系、企业责任体系和全民行动体系，明确环境治理各类主体在绿色金融体系中的责任。

政府可通过财政支持进入绿色金融领域进行引导，发挥市场在资源配置中的决定性作用，大幅度减少政府对资源的直接配置，进而形成反映固体废物市场服务稀缺性的价格体系，绿色金融与市场机制有效衔接，保障绿色发展要素在市场中的高效流通。与此同时，政府可通过建立严格的生态环境保护制度，加强环境监督执法，坚守生态保护红线和环境质量底线，通过环境污染和生态破坏外部成本的充分内部化，保障并完善绿色金融的投资回报机制，抑制污染性投资。

企业在遵守环境标准的基础上，建立全生命周期的环境管理体系，履行社会责任，加强环境信息披露，积极参与区域流域生态保护和修复建设工程，融入绿色金融体系之中。国家绿色发展基金采取公司制的运作形式，也体现了以企业为主导的特征，有利于采取多元化、市场化的投资方式吸引社会资本，并壮大生态环保产业的发展。

鼓励设立民间绿色投资基金，开发能效贷款、排污权抵质押贷款等绿色金融产品，支持绿色消费，促进绿色金融的公众参与。在理论研究和政策设计方面，发挥绿色金融智库的优势，吸纳最新研究成果，为绿色金融科学研究搭建平台。

2. 创新发展高效的绿色金融工具体系

绿色金融手段包括绿色信贷、绿色债券、绿色股票指数和相关产品、绿色发展基金、绿色保险、碳金融等金融工具。其中，绿色发展基金是其他绿色金融工具的基础和载体。一方面，发挥各类绿色金融工具的优势，组合使用绿色金融工具；另一方面，通过地方性的创新实践对传统绿色金融工具加以优化和改进，储备更多的绿色金融政策工具。

绿色金融工具的高效率体现在以更低的投入同时实现"无废"与经济发展目标，应当根据各地绿色发展推进状况有针对性地实施。

首先，绿色金融工具效率与其投入的固体废物领域相关。公共物品特征强的基础设施建设，资金需求量大，投资回报期长，适用绿色债券或 PPP 模式解决。

其次，绿色金融工具效率与常规市场融资的难度相关。对于污染场地等高生态环境风险的治理和环境修复，往往存在成本高昂、效果不确定性强、周期长、责任主体难以追溯等问题，需要设立专项的绿色基金，发挥财政资金的支持作用，同时引入环境污染责任保险机制。

最后，绿色金融工具效率与生态环境保护所涉及的层级相关。层级越高、区域流域范围越大，生态环境保护的外部性就越强，越适合公益性更强的绿色金融工具，对企业而言则宜基于"污染者付费"原则引入绿色金融工具。

具体可表现为以下几方面：

（1）推行用能权、用水权、排污权、碳排放权交易制度，完善的用能权、用水权、排污权、碳排放权交易制度能将外部性内化于资源开发利用的成本之中，发挥市场的积极性、主动性和创造性；

（2）建立用能权、用水权、排污权、碳排放权交易市场，开展总量控制下的许可证交易，通过规定资源利用上限或污染排放红线，明确总量要求，并按照一定标准制定总量设定与配额方案；

（3）建立用能权、用水权、排污权、碳排放权交易平台，测量与核准体系，明确可交易的范围和类型、交易主体和期限、交易价格形成机制、交易平台运作规则，在此基础上，鼓励各企业在交易市场上对节余配额进行交易并获得经济补偿，提高企业节约资源、控制污染的积极性。

3. 建立完善绿色金融标准体系

绿色金融标准体系的建立和完善事关资源环境要素纳入市场后形成公平有序的市场竞争秩序，有利于保证发挥引导示范作用的财政资金切实投入公共领域，从而影响全社会对绿色金融的认识。

绿色金融标准应坚持生态环境治理的正外部性，以促进绿色发展为导向、以外部环境成本充分内部化为目标，依托绿色金融标准体系打通绿色产业和绿色金融之间的通道，促进形成新的经济增长点。

在保障机制上，政府应加强对金融机构的绿色金融绩效考察与评价，对企业则加强探索绿色项目的认定标准和边界，建立绿色信用评价体系和环境信息公开体系，通过全生命周期评价和生产者责任延伸制度，推进绿色项目标准对行业标准的引领，具体可表现为建立统一的绿色产品标准与认证体系。同时，政府可以供给侧结构性改革为战略基点，充分发挥标准与认证的战略性、基础性、引领性作用，创新生态文明体制机制，增加绿色产品有效供给，引导绿色生产和绿色消费，全面提升绿色发展质量和效益，增强社会公众的获得感。

完善绿色金融标准体系具体包括以下几方面：

（1）构建统一的绿色产品标准、认证、标识体系，明确绿色产品标准、认证、标识的实施规范与管理办法；

（2）实施统一的绿色产品评价标准清单和认证目录，建立标准清单与认证目录的定期评估和动态调整机制；

（3）创新绿色产品评价标准供给机制，增加绿色产品评价标准的市场供给；

（4）健全绿色产品认证有效性评估与监督机制，推进绿色产品的信用体系建设；

（5）加强技术机构能力和信息平台建设，完善绿色产品的技术与平台支撑体系；

（6）积极引导 ESG 投资，将固体废物治理做得较为优秀的企业有限引导考虑到投资决策篮子中，帮助其寻找投资人和资金。

14.3.2 固体废物市场交易平台建设

信息技术的广泛应用，对于优化资源配置、提高社会运行效率、控制环境风险具有重要意义。在无废城市建设试点期间，各地充分运用大数据、互联网、物联网等现代化科技成果，搭建信息化平台，统筹企业信息申报、政府环境监管、废物在线交易、科技成果转化、公众监督等功能。

建设能实现固体废物产生者与处理者精准匹配的线上交易平台，将废物的产生单位、处理单位、运输单位的相关信息以及废物的详细情况和处理需求统一整合到交易平台中。各单位通过互联网对接供需，经过需求筛选、服务咨询、资质验证后，进行线上交易、线下处理，实现固体废物各环节高效衔接。政府各职能部门通过将其管理的数据库或信息系统与交易平台对接，在资质认证、实时监管、信用评价、应急响应等方面发挥实效。

同时，固体废物市场交易平台搭载高端科研和技术转化服务，可推动固体废物污染防治技术、产品、工艺、装备等科研成果市场化、产业化。政府、企业、高等院校、科研机构充分利用平台，通过设置科研项目（专项、基金）、提出产业需求、公开项目信息、推动成果转化、建立交流合作等方式，促进人才、信息、资金、技术的有效结合和精准投入，强化产学研深度融合和协同创新，提高科研成果转化速度和效率。

此外，固体废物市场交易平台还可搭载公共服务，提升公众建设无废城市的参与度，实现共建共治。在官方网站上设置无废专区，分享无废城市建设经验，鼓励相互借鉴与学习。依托公众号、自媒体等新兴网络平台，进行宣传教育和社会监督，同时接受公众监督，借助群众智慧，及时调整政策的执行方式方法，保障政策的可操作性和可落地性。在平台上通过多途径筹措资金，鼓励社会资本参与无废城市建设，保障各项工作顺利开展。

14.4 固体废物市场秩序规范

14.4.1 固体废物市场行为规范

行为规范的核心是建立公平、公开、公正的市场道德。世界银行专家在总结发展中国家固体废物市场起步阶段存在的问题时，提出如下几点：一是发展中国家大多数招标文件中技术要求阐述不深、不细、不完善，其结果是可能导致两个水平不同的企业在一个起跑线上进行价格竞争，这是产生不公平竞争的重要原因之一；二是招标文件中缺少处罚与奖励条款，对承包商以牺牲环境为代价的经营没有处罚性约束，对管理好的设施也没有补偿奖励的条款来激励；三是政府对市场的监督方法、手段和力度不够，不足以制约违约行为，这是市场失灵的一个重要原因；四是市场存在营私舞弊，采用不正当手段扰乱市场正常秩序等现象。为此，应当有针对性地建立和完善市场行为规范。

14.4.2 固体废物市场价格规范

我国政府提出的经营性收费、成本补偿、合理盈利等原则为价格规范打下了良好的基础。但我国固体废物市场仍存在以下问题：

（1）只考虑固体废物粗放处理的成本而不考虑其对环境的影响；

（2）只考虑产生废物企业的承受能力，不考虑达标处理的实际成本；

（3）用计划经济的模式作财务估算，不考虑市场化风险引起的各类不可预测因素；

（4）为满足受益者的利益而任意提高价格等。

因此，政府用价格规范来调控市场是非常必要的。

第 15 章　无废城市技术体系规划

15.1　技术体系架构

　　无废城市技术体系是指通过技术手段实现固体废物的减量化、资源化和无害化（图15-1）。按照产生、收运、利用和处置等关键节点来划分，产生环节主要是指通过绿色规划、绿色策划、绿色设计、绿色生产等手段在源头上实现固体废物的减量化；收运环节是指通过密闭、安全、环保的运载工具将固体废物从产生端运至合法的处置场所；利用环节其实质是指固体废物的资源化利用，通过科学、合理的技术手段，分析、提取与利用固体废物中可用的资源或成分，并尽可能降低固体废物的污染性、危害性，从而达到"变废为宝"的效果，使原本无利用价值或被丢弃的固体废物重新回到"资源阵营"当中，为人们的生产生活提供有效的帮助；处置环节是指将无法资源化利用的固体废物通过填埋等方式实现其安全处置。

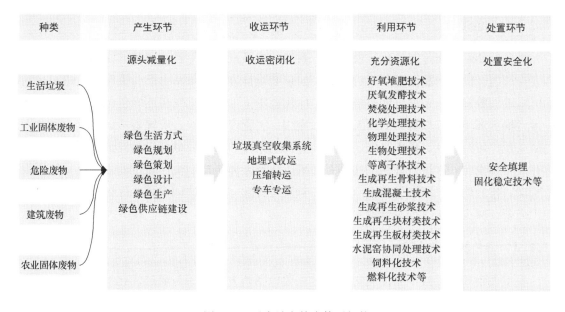

图 15-1　无废城市技术体系架构

15.2　产生环节

　　产生环节的主要目的是实现固体废物的减量化。而固体废物的减量化包括两层面的含义：一是在规划或设计阶段，从源头减少固体废物的产生，如在规划阶段，通过控制地下开挖、优化竖向设计方案减少建筑废物的产生；设计阶段限制生产、销售或使用一次性不可降解塑料袋、塑料餐具，扩大可降解塑料产品应用范围；或通过生态设计使用寿命长、耐用的产品或建筑物等。二是从施工或生产阶段减少固体废物的排放。如通过 BIM 技术、全寿命周期、全过程咨询、建筑师负责制等手段减少施工变更从而减少建筑废物的排放量；或在生产阶段，在不牺牲产品的安全性或品质的条件下，减少不必要的包装，转换成可再度使用的包装，或研究其轻量化、替代品等。

15.2.1 绿色规划

规划是城市发展的蓝图，在规划阶段，应强化规划统筹与引导，充分体现固体废物减量化与综合利用的理念，保障固体废物处置设施的落地。不同类型的固体废物在规划层面的偏重点其实是不一样的，如危险废物、工业固体废物及农业固体废物等与产业规划息息相关，因此在进行产业规划时，应强调引用新型绿色低碳技术、生态产业等方式减少其产生；如建筑废物与城市建设规划息息相关，应落实国家防止大拆大建、地下空间科学开挖等政策，通过科学抬升标高、集约化利用地下空间、实施屋顶绿化、架空设计、推行立体停车等手段减少建筑废物的产生；如生活垃圾与人口数量、生活方式及国家宏观经济政策等息息相关，在规划层面，应倡导以绿色生活方式为引领，通过发布绿色生活方式指南等，引导人们在衣食住行等方面践行简约适度、绿色低碳的生活方式。

15.2.2 绿色设计

绿色设计是指通过简约化、模块化、系统集成及全过程等设计理念的应用达到减少固体废物产生、促进产品循环利用的目的。如包装设计方面，限制生产、销售和使用一次性不可降解塑料制品，扩大可降解塑料产品应用范围，加快推进快递业绿色包装应用，因此应大力推进环境友好型材料的研发与全面应用。工程建设方面，应统筹考虑工程全寿命期的耐久性、可持续性，采用高强、高性能、高耐久性和可循环材料以及先进适用技术体系等开展工程设计。采用适宜的结构体系，减少建筑形体不规则性。通过建立数字化协同设计平台，推进建筑、结构、机电、装修、景观全专业一体化协同设计，保证设计深度满足施工需要，减少施工过程设计变更。

15.2.3 绿色施工或生产

施工或生产阶段减少固体废物的产生主要包括两方面：一是通过优化工艺流程、减少工艺变更等方式减少废弃物的产生；二是通过分类提升固体废物的品质，提高固体废物的回收量，减少固体废物的排放量。

对于建筑废物，在施工阶段，可通过预制化生产、模块化施工、标准化构建、智能化设计和监测等手段减少施工过程建筑废物的产生。其中预制化生产包括装配式混凝土预制件建造技术和钢结构装配式工厂化加工技术。装配式混凝土预制件建造技术基于面向制造安装、面向拆除的设计理念，利用装配式建造技术，建筑构件尽量工厂预制，减少现场施工废弃物。不仅可以降低混凝土原材料损耗，还能避免现场湿作业、降低废弃混凝土和废弃水泥浆体的产生。钢结构装配式工厂化加工技术是指在工厂对钢结构进行集中化、机械化加工，不仅可以避免传统结构现场施工产生的钢筋、模板、混凝土等废料，还可以同步降低原材料加工的损耗率。而且钢材作为主要原材料属于可回收绿色建材，大大提升再利用率。此外，目前在建筑废物方面，较为新型且较为先进的减量化技术有模块化集成建筑（MiC 技术、装配式装修技术、标准化临建设施循环利用技术、路基箱应用技术和智能化设计与监测技术。MiC 技术是指在方案或施工图设计阶段，将建筑根据功能分区不同划分为若干模块，再将模块进行高标准、高效率的工业化预制（包括装饰装修、五金洁具、设备安装等），最后运送至施工现场装嵌成为完整建筑的新型建造方式。与预制构件的装配式建造技术不同，目前常用的预制构件主要为结构构件，只占楼宇的一小部分。MiC 是一种创新的建筑方法，它综合了结构、机电、装修和幕墙等，是装配式建筑的高级表现形式。MiC 技术的减量化设计一是从源头上避免了现场施工废弃物的产生，二是减少施工过程中的材料浪费，三是由于 MiC 建筑大部分构件均采用标准化连接，可重复拆卸再利用，构件二次使用率大大提高。因此，MiC 技术显著降低了施工现场的固体废物、噪声、粉尘等污染，是典型的绿色低碳建造方式，进一步赋能"碳中和""碳达峰"。装配式装修技术是指可以通过快装墙面系统、轻质隔墙系统、集成吊顶系统、架空地面系统、快装地面系统、快装给水系统、薄法排水系统、集成卫浴系统、集成门窗系统等装配式装修技术，实现管线与结构分离，减少装修质量通病，摆脱对传统手工艺的依赖，提高装修施工效率，降低用工需求，在工艺上避免产生建筑废物。标准化临建设施循环利用技术对工程项目中的临时建筑（如项目办公楼、模块化展厅、箱式板房、钢结构装配式围墙等）可以采用标准化设计和建造，快速拆装，运输方便，可以重复循环使用，从而显著减少建造和拆除废弃物，实现循环经济。路基箱应用技术是指在工程项目中可采用钢结构骨架的路基箱。一方面，钢板路基箱是可持续利用产品，钢板使用过后，进行一定维护、修复可重复利用，待使用年限过后，还可回收再利用，减少能源的消耗；另一方面，减少混凝土临时道路，降低对混凝土原材料的需求，进而减少建筑废物。智能化设计和监测技术是指在建造过程的前期设计阶段，运用 BIM 设计方式，从设计端入手尽量采用工业化手段，在加工和施工环节实行精细化管控，优先从源头上减少现场废弃物产生，从而达到减少建筑垃圾总量、节约资源、保护环境的目的。应用"BIM、VR、AR"等 BIM＋系列智能建造技术对主体结构、机电安装、装饰装修等工程做深化设计和辅助施工，达到最小或最优的材料投入量，提高工厂生产和现场施工的精度。通过 BIM＋系列技术的辅助室内设计、AR 辅助建筑检查、激光扫描缺陷检查使设计和生产最大程度紧密结合。利用智能工厂和智慧工地，提升加工和安装精度，减少错漏碰撞、拆改返工，降低材料损耗。

对于工业固体废物，先进减量化技术有 MAC-CAR 技术、滚动轴承锻件减留量工艺系统、工业水处理系统污料原位再生工艺技术与设备、CTX 快速磁翻转高场强磁滚筒和除铜渣底吹连续炼铜工艺。其中 MAC-CAR 技术是指针对高含盐高浓度难降解有机废水，将生物作用、物理化学作用结合，有效减少污泥的产生量。并将二次蒸汽通过压缩再次利用，替代新鲜蒸汽，具有环保、节能、节水、节约费用等优点。滚动轴承锻件减留量工艺系统是对锻造工艺流程、数控车工艺流程进行梳理、整合及完善，对锻造下料工艺、锻造工艺、数控车削工艺等方面进行优化，形成适宜数控车削加工工艺方案。

对于危险废物，先进减量化技术有逆流高效焚烧—高温熔融关键技术与装备，即通过理论计算、数值仿真、水模试验等多种手段，准确控制风量及压力，实现逆流焚烧温度梯度，分段控制危险废物在炉窑内的反应气氛、反应过程及反应程度，达到在炉窑头部汽化、热解部分有机物作为后续反应器的燃料，炉窑中部和后部彻底分解危险废物中的有机物质和有害成分，有效降低二噁英的产生量。灰渣进入高温熔融炉彻底熔融调质变为玻璃态渣，将重金属包裹在晶格中，实现焚烧灰渣的无害化。

15.3 收运环节

危险废物、工业固体废物、建筑废物基本上采用的是专车直收直运的模式。这里值得特别说明的是生活垃圾收运技术，目前世界上最先进的生活垃圾收运技术当属真空垃圾收集系统，又名气力管道输送转运系统，是国内外近年来逐步推广建设的一种新型垃圾收运方式（图15-2）。该技术是指通过预先铺好的管道系统，利用负压技术，将生活垃圾由建筑物运输至中央垃圾收集站，再经过压缩运送至垃圾处置设施。该系统是对生活垃圾前端收运的一次变革，是一种将收运过程由地上移至地下，集垃圾分类、收集与运输于一体的新型垃圾收运方式，整个系统全流程处于一个密闭化的空间内，通过智能化、自动化及机械化的操作，将源头产生的垃圾通过管道运输至中央收集站。

图 15-2　真空垃圾收集系统示意图

相较于传统垃圾收运系统，真空垃圾收集系统在应用过程中的技术优势主要体现在五个方面：（1）操作上电脑监控，收运智能化管理。垃圾收运的全自动化一方面意味着劳动强度显著降低，人工成本减少，环卫工人的劳动环境得到改善；另一方面意味着垃圾收运效率得到提高，这有利于人流量大的场所或时期（如交通枢纽地区或大型展会的开展）产生的大量垃圾得到及时清运，避免垃圾外溢，污染周边环境，损害城市形象。（2）由原先的地面暴露收运转变为地下封闭收集，取消垃圾车等配套设备的使用，缓解交通压力，减少空气污染，降低噪声，具有显著的环境效益。（3）能一年 365d、一天 24h 稳定运行，不受季节、天气、突发事件等影响，垃圾状态相对稳定，有利于后续填埋或焚烧处理。（4）相对于传统收运模式来说，真空垃圾收集系统运营成本和管理费用相对较低，但前期一次性投资成本过高，从长期投资运营来看，真空垃圾收集系统运营成本和管理费用的节省可以弥补投资成本过高的缺陷。D. Nakou 等评估了真空垃圾收集系统代替传统收运模式应用于雅典垃圾收集与运输的经济效益，发现这两个收运系统年成本大致相同，且真空垃圾收集系统的运营成本降低了将近 40%。（5）由于技术水平发展的限制，真空垃圾收集系统的管道易堵塞且对垃圾投入的种类有所限制，不适合大件垃圾、有毒垃圾、坚硬物品、黏性物品等固体废物的投放。具体来说，真空垃圾收集系统的优势和劣势如表 15-1所示。

真空垃圾收集系统的优劣势总结　　　　　　　　　　　　　　　　　表 15-1

优势	劣势
1. 相对于传统收运方式，经营成本、操作费用显著减少； 2. 能够收集与运输绝大部分城市生活垃圾，而且容易与垃圾分类衔接； 3. 取消垃圾运输工具，缓解了交通压力，改善了城市居住环境，提升了城市环境质量； 4. 缓解了垃圾运输过程中产生的噪声、蚊虫孳生、渗滤液泄漏、臭气污染等环境问题，减少了温室气体的排放，如 CO_2 等； 5. 改善了环卫工人工作条件，优化了环卫工人劳动环境； 6. 能够全天候自动运行，不受季节、天气等影响	1. 前期投资巨大，建设投资是同等规模压缩式垃圾转运站的 $40\sim60$ 倍； 2. 对投放垃圾有要求，该系统不适合大件垃圾、易燃易爆物品、危险化学品、坚硬物品、黏性物品、膨胀物品、厨余垃圾等固体废物的投放； 3. 系统管理要求高，需对居民进行培训； 4. 管道面临着堵塞磨损的技术难题； 5. 运营维护专业，需配置专业人员； 6. 建设要求高，需开挖地下空间，应对其建设安全与稳定性进行评估

15.4　利用环节

15.4.1　危险废物

因危险废物的物理、化学性质不稳定，对其进行末端无害化处理前，需利用物理、化学、物化及生化等综合方法改变危险废物的物理、化学特性，使其能够资源再利用，降低其危害性等。常见的处理技术有以下 4 种。

1. 化学处理技术

利用化学反应来中和、破坏、改变分解危险废物中的有害成分，降低其危害性，常用酸碱中和、氧化还原等方法处理如重金属废液、酸性废液、氰化物等无机废物。

2. 物理处理技术

物理处理技术是对危险废物采用固液分离、吸附、破碎、萃取等物理方法将其中的有害成分进行分离、浓缩并改变形态结构，减少危险废物的迁移性，便于危险废物运输、存储及资源再利用。常以反渗透、陶瓷固化、冷却等方式处理石棉、工业废渣等不适于焚烧的危险废物。

3. 生物处理技术

利用微生物降解来分解危险废物中的有害有机物，可解决危险废物对环境污染的问题，并实现资源二次回收再利用，常用活性污泥、生物滤池、好氧/厌氧消化等处理有机废液和有机废水，但处理周期较长，效率不稳定。

4. 等离子体技术

利用等离子体高热通量、高活性等特性，在无须燃烧情况下对危险废物进行裂解、汽化、玻璃化等反应，如二噁英类、传染性病毒、病菌等有害有机物可迅速裂解生成混合可燃气，用于能源化利用或物质回收；有害无机物在高温下形成熔浆，冷却后转化为结构致密的玻璃化惰性物质，重金属则被稳定地包裹在玻璃体内。该方法常用于石化含油污泥、冶金危险废物、有毒废液、含铬废物等危险废物处理。

目前，较为先进的危险废物资源化利用技术有"旋风闪蒸-薄膜再沸+双向溶剂精制"废矿物油再生基础油成套装备技术，印制线路板氯盐酸性蚀刻液循环再生回用技术，电化学高效破乳处理废乳液技术，分子闪解白色垃圾（塑料）和油泥资源化利用技术，装备、工业油品在线系统净化循环再利用技术，水泥窑协同处置生活垃圾焚烧飞灰技术，危险废物处置-熔渣回转窑焚烧技术等。

15.4.2 工业固体废物

目前较为先进的工业固体废物资源化利用技术有生物质加压干燥－热解和能量回收装置、两相流旋流器、高性能冷拌冷铺超薄磨耗层摊铺技术与装备、装配式烧结墙板技术装备、耐水石膏基自流平砂浆工艺技术及钛石膏资源化利用技术成套装备等。

生物质加压干燥－热解和能量回收装置：该设备采用固定床干燥－热解与气流床汽化技术相结合，采用自动化承压盖的压力容器作为生物质干燥－热解反应器，系统设置多套气体进出管路、进排气阀门、气体喷射泵和气液分离等装置。采用加压模式显著提高换热器的传热通量，反应器内可实现干燥、热解和能量回收间的转换，可对生物质固体废物进行高效利用，提高了可燃气转化效率，同时解决了焦油等二次污染问题。其主要技术指标是单一反应器的干燥和热解装置的处理规模可以在 $1\sim2000t$ 间任意调整；冷煤气效率大于 70%；无二次污染问题。

两相流旋流器：两相流旋流器由无溢流管水力旋流器、压力分级（分选）管、两相流旋流器等单元组成，两相流旋流器不仅稳定了离心分级区域和分级过程，提高了切向分离速度和分离强度，同时还对沉砂产物增加了压力分级过程，设备分级性能显著提高，可有效解决磨矿分级系统中常规水力旋流器溢流跑粗、沉砂夹细、分级效率低等问题。其主要技术指标为机组分级效率达到 89.44%，脱除尾矿 P_2O_5 品位低，精矿总产率和回收率提高。

高性能冷拌冷铺超薄磨耗层摊铺技术与装备：通过对原热拌沥青混合料的摊铺设备改造，加装前段搅拌送料装置，并在熨平板后板多加一组副分料杆，形成自主研发的高性能冷拌冷铺超薄磨耗层的施工工艺装备。使其能够根据施工环境和原材料的变化，精准地控制复合改性乳化沥青混合料的破乳时间，实现常温条件下混合料拌合、摊铺和碾压，可有效延长施工时间，减少高温有害气体排放。其主要技术指标为拌合温度为常温；与传统的热拌沥青混合料相比节能 80％以上。

装配式烧结墙板技术装备：使用煤矸石、粉煤灰、污染修复土壤、污泥、工程废弃土等作为原料，通过粉碎碾磨、成型切条、高温处理等工序制成烧结砌块、板材，并组装成型，能够实现装配式烧结墙板的一体化、功能化、工业化、预制化的全自动批量生产。其主要技术指标为水切割尺寸精度达到±2mm，全过程自动化智能化控制；全套设备系统在基准应用场景下（按照产能 20 万 m^3/年测算）可实现年工业固体废物综合利用 12 万 t；可以节省砌墙的人工费 90％。

耐水石膏基自流平砂浆工艺技术：该技术包括耐水石膏基自流平砂浆生产工艺设备及施工工艺设备，通过激发剂与 pH 调节剂对原材料的激发与调整，使针状晶体纵横交错地交织在一起生成致密结构，显著提高材料的抗压强度，并加入适量云母粉产生二维片状阻隔，有效提高材料的抗渗透性、耐磨性、耐腐蚀性等。其主要技术指标为材料的抗压强度达 30MPa 以上，软化系数达 0.6 以上，吸水率小于 10％；磷石膏掺量达到 85％以上；生产设备只需要操作工 2 人，日产量可达 100t，3～5min 混合均匀。

钛石膏资源化利用技术成套装备：采用"膜集成技术＋中和长晶技术＋脱水技术＋低温慢烧技术"的源头治理工艺处理钛石膏。通过超滤膜组件将钛白企业的酸性废水中的偏钛酸进行回收，通过纳滤膜组件将酸性废水中的硫酸亚铁和硫酸进行分离，分离出的硫酸亚铁生产回用，净化的稀硫酸送至中和长晶工序。长晶完成的钛石膏浆液再经脱水分离、低温慢烧处理后变成半水石膏产品外销或深加工成石膏制品销售。其主要技术指标为钛石膏晶体粒径增长至 60μm 以上，石膏品位提高到 90％以上，钛石膏附着水降低至 12％以下，可溶性镁、钾、钠均满足《烟气脱硫石膏》GB/T 37785—2019 二级标准；建筑石膏性能达到《建筑石膏》GB/T 9776—2022 规定的 3.0 级指标；α 型高强石膏性能达到《α型高强石膏》JC/T 2038—2010 规定的 α50 指标。

15.4.3　农业固体废物

农业固体废物是指农业生产活动中产生的固体废物，主要类型为畜禽粪污、农作物秸秆、农用塑料残膜、果木剪枝、尾菜烂果、废弃农药包装物等。农业固体废物资源化利用主要是对已经产生的或已排放出来的废弃物，通过技术进步和工艺革新使之成为资源化利用产品，回用于农田。其资源化利用按照废弃物主要类型可分为三大板块，即农作物秸秆资源化利用、畜禽粪便综合利用及农膜回收利用。

1. 农作物秸秆资源化利用

农作物秸秆是农业种植、生产加工过程中所产生的重要副产品，据统计，我国年产农作物秸秆约 10.4 亿 t，是农业农村经济发展的一种宝贵资源。其综合利用是农业发展不断向绿色低碳循环转型的关键，也是全面推进乡村振兴的重要内容。目前，我国农作物秸秆的资源化利用主要有以下几种方式，即肥料化、饲料化、能源化、食用菌生物转化、炭化或活化及加工业原料化等。

（1）秸秆肥料化利用技术。秸秆当中的有机物含量较高，平均含量为秸秆质量的15%，秸秆也是一种良好的天然肥料。秸秆肥料化利用技术主要有机械粉碎还田、免耕及少耕等保护性耕作技术、秸秆快速腐熟还田技术、秸秆堆沤还田技术，以及秸秆生物反应堆技术等。

（2）秸秆饲料化利用技术。秸秆当中还含有大量的氮、磷、钾等植物生长过程中需要的营养元素。秸秆饲料化利用技术是指主要采取青贮、微贮、揉搓丝化、压块等处理方式，将原来的粗饲料转化为优质饲料。

（3）秸秆能源化利用技术。秸秆是具有较高利用价值的再生清洁能源。据统计，每公斤秸秆可产生 1.5 万 kJ 的热量，若居民可合理利用秸秆燃烧后产生的热量，将其应用于发电和供暖，一方面可减少环境污染，另一方面也可降低不可再生能源消耗。其能源化利用技术主要有秸秆沼气（生物汽化）、固化成型、热解汽化、直燃发电、干馏等技术。

（4）秸秆食用菌生物转化技术。农作物秸秆中含有丰富有机质和矿物营养成分，适合作为栽培平菇、姬菇、草菇、鸡腿菇、猫木耳等十几种食用菌品种的培养基料。通过食用菌生物转化，延长了综合利用的产业链条，而且还能很好地减少对环境造成的污染危害。

（5）秸秆炭化、活化技术。对于稻草、稻壳和麦秸等软秸秆，可以采用高温气体活化的工艺方法制造活性炭。对于棉柴、麻秆等硬秸秆，主要采用化学法制成活性炭。

（6）以秸秆为原料的加工业利用。秸秆可作为造纸原料、墙体保温材料、包装装饰材料、制造轻质板材的添加辅料，可降解制备成包装缓冲材料、编织用品等，还可以提取淀粉、木糖醇、糠醛等工业原料。

2. 畜禽粪便综合利用

畜禽粪便综合利用是指集中利用日常生活中产生的生物废料，一方面能够产生大量的沼气，将污染物转化为清洁能源；另一方面也可应用于日常生活当中，推动农村地区经济的稳步发展。农村居民也要集中力量，积极改造厕所、牲畜圈等地，实现固体废物的循环利用，提升农村居民生活水平。除此之外，沼渣也可作为优质有机肥料，以沼渣为基础开展还田施肥，有利于推动生态农业建设，有效把控环境污染问题，全面改善农村环境品质。依据《畜禽养殖业污染物排放标准》GB 18596—2001、《畜禽养殖污染防治管理办法》（国家环保总局令第 9 号）、《畜禽养殖业污染治理工程技术规范》HJ 497—2009、《畜禽养殖业污染防治技术政策》《农村小型畜禽养殖污染防治项目建设与投资指南》等标准规范，畜禽粪便综合利用技术主要有厌氧发酵、传统好氧堆肥、微生物堆肥、干燥与除臭处理等技术。

（1）厌氧发酵技术。采用厌氧或厌氧微生物进行发酵，消化过程中无须供氧，产生的污泥量少，并且可转化去除低浓度有毒物质。采用这种技术的优点是能够节省大量动力和处置费用，还可将农村能源、环境保护与生态农业建立起良性的循环经济，综合的社会经济生态效益比较显著。

（2）传统好氧堆肥技术。在有氧的条件下，利用自然环境中的微生物将有机物腐熟。其优点是处理池容积仅为厌氧池的 1/5 左右，缺点是发酵原料的浓度要达到 55%～65%，还要及时进行通气、增氧和翻堆操作，处置过程中容易散发恶臭气体，养分损失比较严重，从而影响了肥效的发挥，另外是这种技术对饲养场的冲洗用水和牲畜尿液不能加以处理。

（3）微生物堆肥技术。传统堆肥需要 2～6 个月，处理效率低，产生的恶臭气体容易污染环境。微生物堆肥是在堆肥过程中掺入高效发酵微生物，对发酵条件进行人为控制，缩短堆肥时间，控制氨气等有害气体释放挥发，处理后的成品容易包装、撒施。缺点是氮的损失率较高，堆肥占用场地大。

（4）干燥与除臭处理技术。干燥技术主要采取自然干燥、高温干燥、烘干膨化、机械脱水等方式。除臭技术有物理除臭、化学除臭和生物除臭等方法。自然干燥投资小、容易操作，但易受天气影响，氨气等气体挥发严重；高温干燥法生产量大，干燥速度快，但投资大，能耗高，养分损失严重，肥效差；烘干膨化技术既除臭又能彻底杀灭病菌及虫卵，但能耗比较高；机械脱水干燥法的缺点是仅能脱水但无法除臭。

3. 农膜回收利用

20 世纪 70 年代以来，农膜覆盖技术因其增产和增收效益明显而得到迅速推广应用和普及，目前，我国年均农膜使用量约为 12 亿 kg，农膜覆盖作物种类已超过 50 种，每年作物农膜覆盖面积达到 1666 万 hm²。农膜主要原材料是聚乙烯塑料，自然条件下极难降解，在土壤中可保持 200～400 年，并且在降解过程中会释放大量有毒物质，对土壤造成严重污染。存留在农田中的残膜会破坏土壤物理结构和化学性质，抑制土壤微生物繁殖，导致作物难以正常发芽出苗和生长，造成农作物减产和品质下降，从而影响农民收入。根据相关研究成果的测定，连续使用农膜 3 年的农田，地表残膜碎片数量能够达到每平方米 47.3 块，耕作层 30cm 以内的残膜碎片数量达到每平方米 56.6 块，残膜折合重量达到每公顷 57.9kg。针对我国目前农膜厚度比较薄、强度较低、易老化破碎的问题，应全面提高农膜使用后的可回收性能（提高厚度和强度），从而实现废旧农膜安全高效回收处理。因此，急需加强农膜残留的污染监控和防治。针对残膜资源化利用、机械回收等关键问题加强科研攻关，加快科技成果应用转化，针对使用、回收和再利用等环节，对农户和回收利用企业给予补助和扶持。

15.4.4　生活垃圾

目前生活垃圾综合利用技术主要包括焚烧处理、厌氧发酵处理、好氧堆肥处理、饲料化处理、能源化处理及生化处理等技术，下面对以上几种技术介绍如下：

1. 焚烧处理技术

焚烧处理量大，兼容性好，焚烧过程产生的热量用来发电可以实现垃圾的能源化。但由于生活习惯及生活垃圾收集分类程度的不同，我国生活垃圾与国外生活垃圾差异较大，其特点是热值低、含水量高，会导致同时燃烧的其他垃圾热值降低，处理成本增加，焚烧后产物中二噁英含量增加。因此，焚烧处理不应成为生活垃圾处理的主流技术。

2. 厌氧发酵处理技术

厌氧发酵处理即在缺氧情况下，利用自然界固有的厌氧菌（甲烷菌为首），将垃圾中有机物作为它的营养源，通过甲烷菌的新陈代谢生理功能，将垃圾中有机物转化为沼气和沼肥的整个生产工艺过程（图15-3）。

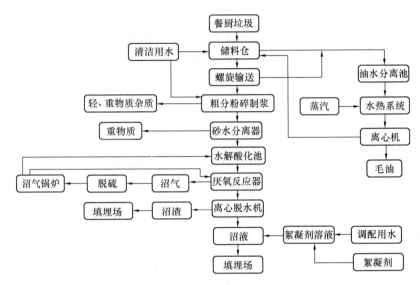

图15-3　厌氧发酵处理流程

厌氧发酵处理技术通常采用湿式两相厌氧发酵处理工艺，发酵温度35℃，发酵周期35～40d。餐饮垃圾接收斗内的餐饮垃圾通过重力流入预破碎装置将大块无机物拣出及破碎。经过预破碎处理的物料通过重力流入重力分选装置，经重力分选将易沉降的物料（如瓷片、砖石、不锈钢或铁制餐具）分离出来，剩余的物料通过重力流入破碎制浆装置。经过破碎制浆进一步处理后，≤8mm的物料流入浆料暂存池，＞8mm的物料经餐饮垃圾专用挤压机将含水率控制在65％以下后通过皮带机输送至移动式压缩车厢，压实装满后外运到焚烧厂或填埋场。含固率调节完成的物料通过浆料泵提升至除砂系统，除砂后流到酸化池进行酸化，使大多数可降解有机物变为易溶性有机物。酸化后的物料经厌氧发酵、沼气提纯、沼渣脱水等工序，使餐饮垃圾中的有机质转变为CNG，处理过程中残渣脱水满足含固率指标要求后外运处理，脱水后的滤液部分作为生产用水回流，剩余部分外排至污水处理设施。

欧洲各国如德国的林德公司、法国的瓦洛嘎公司都是采用厌氧发酵处理技术处理生活垃圾。上海市已经建设了两座生活垃圾厌氧发酵处理厂。该工艺技术较成熟，经济效益较显著，但初期投资大，投资回收期为8～10年。

厌氧微生物能强化生活垃圾中油类的分解，耐盐毒性较强；此外，不需供氧，节省能耗（图15-4）。但是由于厌氧微生物的生物学特性，厌氧发酵处理技术也存在一些难点和缺陷。生活垃圾固体含量高，流动性能差，连续进料困难，影响厌氧微生物的接种等。生活垃圾pH较低，含盐量高，容易发生酸中毒，抑制微生物的正常生长，严重时可使厌氧过程失败等。

3. 好氧堆肥处理技术

堆肥反应是利用微生物使有机物分解、稳定的过程，因此微生物在堆肥过程中起着十分重要的作用。堆肥微生物可以来自自然界，也可利用人工筛选出的特殊菌种进行接种，

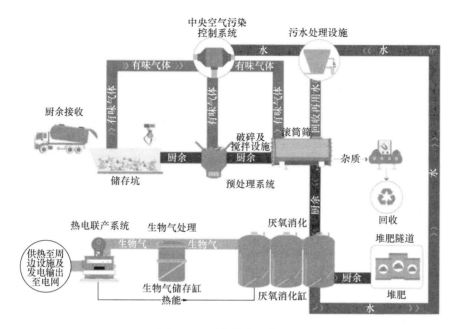

图 15-4　厨余转废为能过程

以提高堆肥反应速度。目前利用好氧堆肥工艺对生活垃圾进行处理的类型有两种：一种是集中式大规模好氧堆肥；另一种是小型分散堆肥，也是目前社区堆肥最常用的技术路线。

生活垃圾大规模集中堆肥资源化处理技术工艺流程如图 15-5 所示。

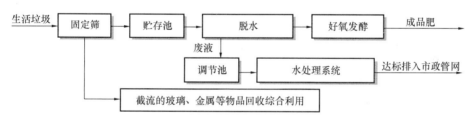

图 15-5　生活垃圾大规模集中堆肥资源化处理技术工艺流程简图

大规模集中堆肥技术应用时间较长，技术成熟，但生活垃圾堆肥处理也存在一些问题：

（1）场地面积要求大

生活垃圾含水量不均，因而前段水分调节是影响堆肥质量的关键，发酵时间应得到保证，需要额外的场地来放置生活垃圾。且堆肥产物可能需要二次发酵，因而需要占地面积很大的后处理和储藏仓库。

（2）堆肥产品应用面狭窄

目前我国农资领域实行国家监管体制，因此，在国家政策调整之前大规模销售不是十分现实，生产出的肥料只能用于土壤改良。

（3）堆肥产品盐分含量高

生活垃圾堆肥最大问题是盐分含量过多（大约 3%）。如果将盐分含量超标的堆肥撒在农作物或土壤上，会造成土地板结；若为了降低堆肥中的盐分含量而过多地使用粉煤灰，又会失去肥效。

堆肥处理实景如图 15-6 所示。

图 15-6　堆肥处理实景

4. 饲料化处理技术

生活垃圾制造饲料的设备、设施、工艺已基本成熟，可制成高营养的动物饲料，蛋白质含量为 20%～30%，可供猪、鸡或宠物食用，国外如德国、芬兰、古巴等国家将生活垃圾适当处理与饲料配合使用，使其资源化（图 15-7）。我国饲料蛋白质短缺，部分以进口鱼粉弥补，生活垃圾资源化正好可以部分补充饲料蛋白质的短缺。上海已经进入生活垃圾饲料化的应用阶段。

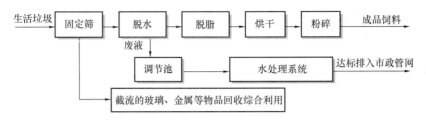

图 15-7　集中饲料化处理工艺流程简图

然而，生活垃圾在加工成饲料之前处于厌氧状态，病菌大量增殖，处置不当容易引起家畜感染疾病。此外，生活垃圾饲料化处理产品存在微量元素含量低、盐分高等不利于畜禽成长的问题，且存在不确定的同源性污染的危险。

5. 能源化处理技术

餐饮废油成分复杂，水分含量和酸值高，通过严格的预处理工艺后，可满足作为生物柴油原料油的要求。常用方法有直接混合法、微乳化法、高温裂解法、酯交换反应法等。据统计，每吨生活垃圾可以提炼出 20～80kg 废油脂，经过集中加工处理则可以制成脂肪酸甲酯等低碳酯类物质，即生物柴油。但由于生活垃圾中杂质较多，制备生物柴油时必须采取有针对性的预处理措施和正确的工艺才能保证转化率和产品纯度不受影响。在生产中必须保证酯交换反应完全且彻底去除甘油等副产品，否则会造成发动机工作不正常等问题。另外生物柴油虽然具有很大的环境效益，但在经济和市场上仍需政策的鼓励和支持才能与石化柴油竞争。

氢是一种清洁能源，且燃烧热量高，生物制氢法（主要利用光合细菌产氢和发酵产氢）反应条件温和、能耗低，因而受到关注。但是有机废物生物制氢技术尚在起步发展阶段，生物制氢的研究均停留在实验室小型规模，氢气的比产率及发酵的连续性、稳定性较低。

6. 生化处理

近年来，国外蓬勃兴起了一种有机垃圾处理方式——生化处理型生活垃圾处理机。根据出料时间和出料量分为"消灭型"和"堆肥型"。

消灭型处理机重在垃圾的减量，适合于居住小区的有机垃圾就地消纳，消除臭味，避免蚊蝇的孳生，减少收集运输过程中的环境污染问题。其原理是将催化剂掺进垃圾中，搅拌使分解垃圾的细菌活性化，经过数小时的搅拌后垃圾被分解成水和 CO_2，同时辅之以高温消灭大部分对人体有害的细菌。其分解使用的催化剂大多为各公司开发的技术，如日本三洋公司推出的生活垃圾处理机，采用微生物来分解垃圾，使垃圾转化为水和 CO_2，其产品更适合城市家庭。

堆肥型处理机则是兼顾了生活垃圾的减量化和资源化，是一种添加了高效菌种并控制堆肥条件的动态快速有机垃圾堆肥器。用生活垃圾制作有机肥，其基本技术可分为好氧发酵堆肥法和厌氧发酵消化法。垃圾堆设在堆肥房内，用塑料膜覆盖。经过堆肥后的垃圾具有肥效高、肥效快、肥效稳定、体积小和致病菌少等优点。该方法的不足之处是必须将垃圾堆进行翻堆，这样才能增加厌氧菌种和垃圾的接触机会，提高垃圾厌氧发酵的速度和确保垃圾处理的效果，尤其是提高致病菌的去除效率。且堆肥时间长，需要 2～3 周以上才能使厌氧反应较彻底。

15.4.5　建筑废物

建筑废物分为五大类，即工程渣土、工程泥浆、拆除废弃物、施工废弃物和装修废弃物。

工程渣土根据土的性质的不同，可采取不同的综合利用技术：①泥砂分离，通过筛分、水洗、压滤等环节，将工程渣土分为泥、砂两部分，是一种成熟的综合利用技术，但存在设施设备比较简单粗暴且分离出来的泥饼无去路等问题。②固化和压制，通过添加固化增强剂和干燥防裂剂，压制生产为建筑用砖、再生砌砖、免烧瓷砖、文化装饰砖等产品，目前处于试验阶段。③环保烧结，以黏土为原料，经成型和高温焙烧制得用于承重和非承重结构的各类块材、板材，是一项发展成熟的技术，工程渣土的主要组成成分是黏土、粉质黏土或页岩，而这些成分是生产环保再生砖的主要原料，可经过合理的环保烧结工艺设计、使用非化石燃料等清洁能源以及严格实施污染排放控制要求，生产形成各种性能优异的新型环保建材。工艺流程主要包括原材料制备、坯体成型、湿坯干燥和成品坯烧四个主要环节，其生产的产品需符合《烧结普通砖》GB/T 5101—2017、《烧结空心砖和空心砌块》GB/T 13545—2014 等烧结制品相关标准要求。目前通过工程渣土或页岩等进行环保烧结利用在国内部分城市已有成熟的工程案例，如福州市自 2016 年底就开展了市内首个渣土（工程渣土）综合利用项目，达到年产 1.2 亿块环保烧结砖的年产能，每年可为福州市解决 30 多万立方米工程渣土、煤渣、污泥的出路问题。④按照土的特性进行分类利用，即挑选出适合种植的种植土和制作陶瓷的陶瓷土等，这对土质要求比较高，分类利用率比较低。

工程泥浆就产生形态而言，可分为液态工程泥浆和盾构土，其中液态工程泥浆主要由以下四类工程的施工所产生：钻孔桩基施工泥浆，由旋挖钻机、正反循环钻机、冲击钻机等钻进成孔施工方式产生；地下连续墙施工泥浆，由连续墙、双轮铣等设备成槽施工方式产生；泥水盾构施工泥浆，由泥水平衡盾构施工产生；非开挖施工泥浆，由水平定向钻及泥水顶管施工产生。盾构土是由地铁工程通过土压平衡盾构和泥水平衡盾构两种工法产生。考虑到工程泥浆含水率极高，若直接填埋，会造成滑坡、水土流失等安全事故，根据《建筑垃圾处理技术标准》CJJ/T 134—2019 要求，"工程泥浆应经预处理改善高含水率、高黏度、易流变、高持水性和低渗透系数的特性，改性后的物料含水率小于 40%，相关力学指标符合标准要求方可堆填"。工程泥浆须在施工场地内经沉淀、脱水干化处理后，与工程渣土采取相同的处置技术路线。

拆除废弃物是指各类旧建筑物、构筑物等拆除过程中产生的废弃物，旧建筑物拆除废弃物的组成与建筑物的结构有关：旧砖混结构建筑中，砖块、瓦砾约占 80%，其余为木料、碎玻璃、石灰、渣土等；混凝土结构建筑中，混凝土（含砂浆）占比 60%～75%，其余为金属、砖类、砌块等。路面拆除废弃物中沥青混凝土类占比 80%～90%。从国内外建筑废物综合利用经验来看，利用建筑废物制造再生建材是贯彻综合利用原则的重要手段，相当于在城市里建设了一个人工制造的石场。通过对建筑废物进行分类、分拣、破碎及筛分后，结合各种产品质量要求，加入适量的水泥和添加剂，生产出各种新型环保建材。从近年拆除建筑物的组成上看，混凝土与砂浆占 30%～40%，砖瓦占 35%～45%，陶瓷和玻璃占 5%～8%，其他占 10%。而施工废弃物主要是新建筑物或构筑物在建设过程中产生的剩余混凝土、砂浆、碎砖瓦、陶瓷边角料、废木材、废纸等，在这些组成中除了废木材、废纸、金属和其他杂物外，废弃的混凝土与砂浆片、废砖瓦、陶瓷和玻璃占建筑施工过程中产生废弃物总量的 70%～93%。废弃物混凝土、砂浆、砖瓦、陶瓷等经过必要的回收加工后能还原为再生骨料或直接生产为再生骨料。利用建筑废物制造建材，既能消纳建筑废物，又能为社会创造效益，变废为宝，是循环经济的重要体现，适合高强度开发城市大力推广应用。

施工废弃物与拆除废弃物组成成分类似，但多了模板、废脚手架、劳动保护废弃物等。不同类型建筑物所产生的建筑施工废弃物各种成分的含量有所不同，但其主要成分一致，主要由散落的砂浆和混凝土、剔凿产生的砖石和混凝土碎块、打桩截下的钢筋混凝土桩头、废金属料、竹木材、各种包装材料组成，约占建筑废物总量的 80%，其他废弃物成分约占 20%。随着我国城市化进程的发展，装修废弃物产生量增长所带来的环境和社会问题愈发凸显。其作为建筑废物重要且较为特殊的部分，组成成分具有不稳定性、复杂性及污染性。根据性质不同，可将装修废弃物概括为四大类：可进行资源回收的非惰性组分、可综合利用的惰性组分、危险废物及可燃轻物质。

15.5 处置环节

安全填埋是目前我国固体废物处理的一类传统方法，也是目前最为成熟、最主要的处理方法，是一类保障处置设施。但目前陆域填埋方式处理存在占用大量土地资源、不利于生态环境保护等问题。因此对于固体废物，应尽可能采用综合利用，对于无法综合利用的固体废物经无害化处理后进行安全填埋。

此外，以生活垃圾经焚烧后会产生飞灰为例，飞灰一般呈灰白色或深灰色，颗粒细小（粒径分布通常为 $1～150\mu m$），比表面积大（$3～18m^2/g$），其组成成分主要有 CaO、SiO_2、Al_2O_3、Na_2O、K_2O 等氧化物、重金属的氯化物及含有二噁英和 Pb、Cd、Zn 等较高浓度的重金属，若不妥善处置，将会使有毒有害物质污染大气、水、土壤等与人类密切相关的生活环境，从而危及人类健康，因此，需对其进行固化与稳定化处置再进行填埋，固化是利用固化剂与垃圾焚烧飞灰形成固化体，从而减少飞灰中的重金属浸出。稳定化是将垃圾焚烧飞灰转变为低溶解性、低迁移性及低毒性的物质。目前国内外在固化、稳定化方面的研究主要有热处理、水热处理、药剂稳定化、水泥固化、碱激发材料固化等。

鉴于目前工程渣土综合利用技术还尚未成熟，为减少大量工程渣土因填埋造成土地资源浪费，可优先进行工程回填、生态修复等工程安全处置。

第 16 章　无废城市监管体系规划

传统监管以强制力为后盾，多采用单向式、惩戒式的行政手段来达到管理目标，而无废城市监管体系建设作为一项系统性工程，需要更加多元协同的新兴监管方式，要凝聚全社会共识合力持续推进。需要政府做好各项规划，包括设定量化指标及阶段目标、完善监管标准体系建设、协调与分配各部门职责并建立联动机制，充分发挥好政府的作用，才能形成长效管理机制。企业应当主动承担社会责任，配合监管部门形成治理合力，对产品全生命周期负责，构建从源头创新产品与产品销售相匹配的固体废物回收体系，推动产品生产向"生产—消费—处置"的闭环模式转型，尽早实现经济、社会、生态效益的有机统一。同时公众也要主动参与，形成社会共治。本章主要从新时代环境监管、全过程智慧监管模式、统筹与跨部门协同以及具有代表性的城市案例来予以阐述。

16.1　新时代环境监管

随着我国社会经济的快速发展，经济活动量急剧增加，环境污染的现实和潜在危害也随之增加。有的学者根据国际上经济发展与环境监管的经验教训，提出了环境库兹涅茨曲线假设，即在经济发展过程中，随着经济发展（以收入水平提高为标志），环境领域存在先恶化后改善的特征。这在我国经济发展过程中也得到了印证，我国在经济发展的初级阶段，由于经济活动量较小，环境污染水平也较低，同时，为了优先解决人民的温饱问题，往往忽视环境监管问题。而到了经济发展的中高级阶段，经济发展与环境保护之间的矛盾日益突出，环境污染问题一度比较严重。为此，国家不断加强环境监管，特别是近年来强调高质量发展和以人民为中心的发展理念，环境监管的需求和监管强度空前加强。

环境监管领域的范围相当广泛，而且是中国新时代需要重点加强的监管领域。环境污染的种类很多，其中，最主要的是大气污染、水污染、固体废物污染、环境噪声污染、土壤污染和放射性污染等，环境污染的本质是一种典型的负外部性问题，为解决这种外部性问题而造成的市场失灵，客观上就需要政府加强对环境污染的监管。相关专家以《中华人民共和国大气污染防治法》修订为例，系统评估了这次修订对中国工业全要素生产率增长的影响。其研究表明，这次修订显著提高了空气污染密集型行业的全要素生产率，且其边际效应随着时间的推移呈递增的趋势。这意味着，实施严格的环境管制可能不仅不会降低中国经济增长的速度，反而还可能使得中国经济收获环境质量提高和生产率增长的"双赢"结果。

当前社会分工、社会结构日益复杂，经济全球化、信息化相互叠加并快速发展，也对传统监管形成巨大冲击。不同的监管方式在达成监管目标的效率上存在较大差异，在这种态势下，如果仅仅运用行政许可、行政处罚、行政强制等传统方式，难以达到预期监管效果，对此，需要寻求新的、组合式的监管工具。

新兴监管方式则更加注重手段的多元协同，这些监管手段在契合现代社会发展特征的同时，也相对削弱了传统监管方式带来的一定程度的对抗性。其中，信息监管以信息为媒介，强化政府与社会公众的信息沟通，使公众知悉被监管者的运行状况，进而强化对被监管者的行为监督和约束。信息监管主要包括主管行政机关要求相对人强制披露有关信息、主管行政机关公布相关信息以达到监管和惩罚的目的等两个方面，前者如各领域正逐步健全完善的信息强制性披露制度，后者如国家企业信用信息公示系统等。

总体来看，传统监管和新兴监管方式相互促进、互为补充，在新形势下政府应加强整合既有监管方式，强化事前监管与事中事后监管的衔接配合，利用大数据监管技术，既提升传统监管的行政效能，又有效发挥新兴监管的优势和作用。政府在监管方式上做"加法"，组合利用不同的监管方式，形成监管合力，有利于达到最优的监管效能。

16.2 全过程智慧监管模式

无废城市建设涉及生产生活的方方面面，为能够更加高效地推广和执行无废城市理念，搭建固体废物智慧监管系统平台，一方面，按照全覆盖监管要求，建成全部固体废物种类智能模块，特别是针对危险废物，智慧监管覆盖所有产废企业，处置企业全部完成视频监控和车辆GPS＋视频在线监管，并通过视频实施远程检查督导，实现"不见面"执法监管，最大限度减少现场检查频次，节省执法人力，执法人员需求缩减80％，实现全方位、无死角高效监管；另一方面，按照全流程管控思路，从产废到运输、处置，全流程电子监控，自动产生数据，并实时分析预警，全过程智能化闭环监管，实现源头可追溯、过程可跟踪、处置可监控。

固体废物种类繁多，而每个城市都有自己的特征废物，处置方式、监管方式、执法方式也不尽相同，为避免"木桶效应"，做到均衡发展，对固体废物管理进行全生命周期的考核评价，包括固体废物产生、源头申报、转运管控、终端处理等多个环节。产生单位、收运单位、处置单位、执法单位通过信息监管系统对不同的权限配置，经由同一套小程序，实现各类垃圾前端收集、中端转运、末端处理的全流程、精细化、可溯源管理，全面提高监管能力，推进城市固体废物精细化管理。

1. 产废全过程监管

在产废全过程中，加强源头的规范管理至关重要。结合第二次污染源普查成果，分别健全工业、医疗等固体废物产生单位清单和拥有废物自行利用处置设施的单位清单，并建立固体废物重点监管单位清单。固体废物产生单位应设置管理责任者，且达到相应的规定资格，由政府每年指定第三方机构对管理责任者开展培训，纳入监管系统，以加强源头的规范管理。同时在产废单位废物堆场配置监控视频，对自动化采集数据全过程进行监控监管。

另一方面强化对产废单位的清洁生产审核，以危险废物为例，在生产工艺中产废单位采用清洁生产以减少危险废物的产生，对使用有毒有害原料进行生产或者在生产中排放有毒有害物质（第一类，危险废物）的产废单位应实施强制性清洁生产审核。

2. 运输全过程监管

在运输过程中，一方面产废单位委托处理处置时应遵守委托标准，针对类似危险废物等需要经营资质的固体废物运输需确认是否拥有收集和运输废物的许可、许可证是否由排出地和目的地两方地方政府签发。

另一方面通过实时监管、实时预警、实时查询，实现运输车辆实时作业位置的在线查看和追踪，具体包括实时 GIS 位置、地址、速度、方向、行驶路线、点火状况等信息，能够实时在地图上展示"轨迹偏移、违规转移、超时提醒、设备异常、物料禁忌、危险转运"告警情况，通过告警信息直接点击查询告警的详细情况以及期间的监控。

3. 处置全过程监管

在末端处置过程中，实行价格公开制度，地级以上人民政府价格主管部门可会同生态环境、住房和城乡建设、卫生健康等主管部门加强监控固体废物处置成本，制定和调整固体废物处置收费标准，实行固体废物处置收费动态管理。处置单位向产废单位与环保单位公开相关收费标准，将价格透明化，产废单位遵循以适当价格进行委托处理。

在数据采集过程中确保数据的透明性、真实性。处置单位通过安装监控、自动称重等感知设备对数据进行实时采集，将采集到的数据通过物联网自动传输到现有的固体废物系统中。系统支持企业固体废物生产入库、物联网智能称重、扫码自动传入系统。自动对比产废管理中的废物明细，如果产生超收超运，系统会自动智能产生超运单。

对于将固体废物综合利用的单位应追踪管理其产品的流向。新、改、扩建固体废物综合利用项目，其产品应符合国家、地方或行业通行的被替代原料生产的产品质量标准和相关国家污染物排放（控制）标准或技术规范要求，项目环评时应明确固体废物综合利用产品的质量标准。

16.3 统筹与跨部门协同

固体废物产生的来源多样，既有一般的工业固体废物、矿山尾矿、农业固体废物、生活垃圾和建筑垃圾、危险废物等，又有近年急剧增长的电子垃圾、快递包装废弃物、报废汽车、废旧轮胎等。同时，固体废物管理包括产生、收集、转运、利用、处置等多个环节。这使得固体废物全过程综合管理工作所涉及的部门众多，协调配合的工作难度较大。固体废物治理作为公共环境管理的重要组成部分，环境保护部门在末端治理中一直承担着主体责任。而从源头到末端的全过程综合管理，要求从产品生产、消费，到废弃物回收、再利用，再到安全处置等各环节实现相互配合、协同行动。在这个过程中，固体废物减量化、资源化和无害化的责任主体不仅包括政府部门，还应包括生产方、销售方、使用方、回收处置方等各环节的行为主体。

1. 生产与回收环节部门合作

生产者责任延伸制是通过使产品生产者对产品整个生命周期——尤其是回收、循环利用、最终处置负责，实现减少产品的总体环境影响的一种策略。生产者责任延伸制使得传统的生产者责任向前、向后延伸。除了损害赔偿外，还包括承担产品回收、循环利用、最终处置的成本以及直接参与产品或产品环境影响的管理、提供所制造产品的环境特性信息等义务。

目前，我国的生产者责任延伸制度还未成熟，需要多个参与主体共同努力。在废旧家电、报废机动车、废铅蓄电池回收领域，环境保护部门可与商务部门建立合作体系，共同探索生产者责任延伸制，明确各自职责，规范回收废旧资源。在废旧家电与报废机动车领域等建立生产者责任延伸制度，明确以生产者为中心以及所有者、销售者、解体者、破碎者、资源利用者、信息管理中心等各自的责任及义务。鼓励铅蓄电池生产企业、销售企业、回收企业、资源化利用企业和无害化处置企业加强合作，共建废旧铅蓄电池回收网络体系，促进铅蓄电池的规范回收。来自生活源的生活垃圾、废弃小型家电、废弃小型电池、废荧光灯管、废弃家庭医疗注射针等领域积极与城市管理部门、卫生部门建立合作体系，明确各自职责，加强宣传，规范回收生活源中的废物。

另一方面，可借鉴国内先进城市已取得的初步成果，如在电子废弃物拆解管理方面，上海市生态环境局每年根据《电子废物污染环境防治管理办法》第七条、第十三条要求，在网站公告符合列入电子废物拆解、利用、处置单位（包括个体工商户）名录和临时名录条件，并定期调整。在废旧铅蓄电池回收领域，《上海市生态环境局关于继续开展废铅蓄电池区域收集转运试点工作的通知》（沪环土〔2023〕117 号）要求进一步优化废铅蓄电池收集体系，建立健全废铅蓄电池收集和转移台账；各区生态环境局加强对收集网点的环境监管；市、区生态环境执法部门加大对非法收集、倒卖、利用处置废铅蓄电池等环境违法行为的打击力度。

2. 运输与转移环节部门合作

加强固体废物管理名录与货物运输品的对接管理，环境保护部门与各地交通运输、公安交警部门建立固体废物运输管理会商制度，对固体废物运输企业、车辆、从业人员等进行重点督查，协同推进固体废物运输全过程安全管理。

目前，国内一些城市正积极推进部门间的合作制度的制定，如上海市发布《上海市生态环境局关于开展一般固体废物跨省转移利用备案工作的通知》要求一般固体废物跨省转移利用的，由本市固体废物产生单位或集中收集单位按本通知要求，在转移前通过"一网通办"向生态环境部门进行备案，经备案通过后方可转移(图 16-1)。转移单位应在"一网通办"中如实准确填写跨省转移利用信息，提交相应的备案材料，根据合同期限确定备案期限，备案期限原则上不超过 12 个月。转移单位按照产废设施或收集设施所在地，选择属地生态环境部门提交备案申请。转移单位应确保提交的备案材料真实、完整、有效。申请工程渣土等跨省转移利用的，还需提交经市绿化和市容管理局等相关行业主管部门盖章确认的备案审核表。属地生态环境主管部门根据转移单位提交的材料进行形式审核，对备案材料齐全且一致、废物来源和属性清晰、利用去向合理、合同真实有效的，由"一网通办"生成电子备案表及相应备案号。经备案通过后，转移单位可以按照备案明确的方式转移相应的固体废物进行利用。市生态环境部门每月定期汇总跨省转移利用备案情况，通报接受地省级生态环境部门及本市相关行业主管部门。在职责分工中，生态环境部门负责

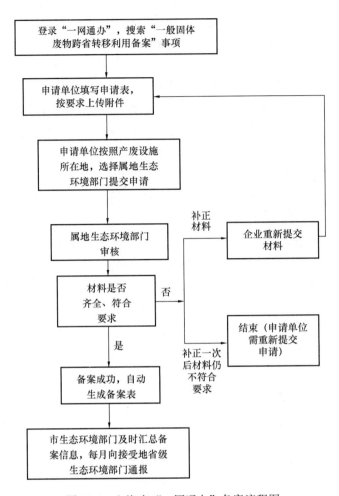

图 16-1　上海市"一网通办"备案流程图

（图片来源："一网通办"备案流程 ［Online Image］． http：//shiwish.com/3g/display.asp？ id＝941）

做好企业服务，落实专人及时办理备案申请；督促转移单位落实主体责任，依法加强环境监管，对外省市反馈的本市固体废物利用单位依法加强监管，并及时通报有关部门。绿化市容部门负责对生活垃圾、建筑垃圾进行全过程管理，对工程渣土跨省利用方案进行备案审核并督促转移单位向生态环境部门备案，对"两网融合"可回收物中转站、集散场予以确认并通报生态环境部门。建设管理部门负责推进建筑废弃混凝土资源化利用。商务部门负责再生资源（可回收物）回收行业的管理，加强对再生资源（可回收物）利用去向的监管。水务部门负责对城镇污水处理厂污泥等各类市政污泥进行行业监管。经济信息化部门负责推动工业固体废物的综合利用。交通运输部门负责经营性运输企业的管理。上海海事局负责管辖范围内固体废物运输环节的管理。

3. 区域一体化资源合作

为全面贯彻落实创新、协调、绿色、开放、共享发展理念，国家发展改革委等 14 个部委联合印发了《循环发展引领行动》，提出构建区域资源循环利用体系，以京津冀、长三角、珠三角、成渝、哈长经济区等城市群为重点，统筹规划和建设区域内工业固体废物、再生资源、生活垃圾资源化和无害化处置设施，建设跨行政区域的资源循环利用产业基地。建立跨行政区域的废弃物协同处置信息平台，促进废弃物协同利用和处置。促进报废汽车拆解、危险废物处理等跨行政区域流动，实现资质互认、政策协同、体系协同。

16.4　监管体系建设案例

在全国无废城市如火如荼的推进中，新型监管体系的建设在传统的基础上也取得了很大突破，本书选取了深圳市、威海市、上海市以及北京经济技术开发区等一些有代表性的城市及地区，从智慧信息监管体系建设方面予以阐述。

16.4.1　深圳市

在各大城市新型监管体系建设逐步推进中，深圳市全面建成了智慧环保信息监管平台，完成危险废物、医疗废物、一般工业固体废物、建筑废物、市政污泥等 GPS＋视频全覆盖、全过程智慧监控体系建设。执法人员可通过同步视频在线检查企业固体废物管理台账、废物贮存间等规范化管理情况，发现问题实时交办整改，企业整改线上提交执法人员审查确认，形成全链条闭环执法监管，大幅提升执法监管效能，同时提高企业抽检比例，有效提升企业规范化管理水平。

1. 建筑废物全面建成智慧监管系统

深圳市是经济、产业、人口大市，在 40 多年快速城镇化进程中，持续的高强度城市开发建设产生大量建筑废物，约占全市固体废物产生量的 90%，因此，加强对建筑废物的信息化监管对推进深圳市无废城市建设至关重要。据统计，2013～2020 年深圳市建筑废物产生总量为 80584 万 m^3，年均产生量为 10073 万 m^3。其中 2020 年，深圳市建筑废物产生量约为 9476 万 m^3，日均产生量约为 26 万 m^3（图 16-2）。

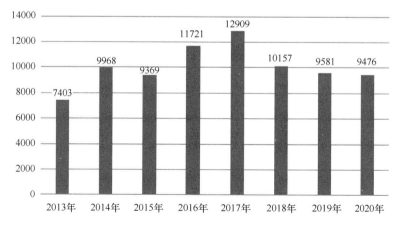

图 16-2　2013～2020 年深圳市建筑废物产生量（万 m^3）

为加强建筑废物工程源头减排，深圳市印发了《建设工程建筑废弃物排放限额标准》《建设工程建筑废弃物减排与综合利用技术标准》，通过一系列措施促进建筑废物源头减量。推广使用建筑废物智慧监管系统，落实消纳场安全动态监控和自动预警，实现排放、运输、处置"两点一线"全过程监控和电子联单管理。2020年7月1日，实施了《深圳市建筑废弃物管理办法》，采用排放核准、运输和消纳备案、电子联单等新的管理手段，全链条跟踪建筑废物处置信息，并同步配套制定3项规范性文件，初步构建建筑废物管理"1+N"政策体系。

为落实全过程监控，系统开发了政务审批功能，通过数据共享实现了各监管部门间政务信息互联互通及排放核准、消纳备案全流程"不见面"审批。同时，排放核准及消纳备案事项审批也确保了系统采集的数据真实、有效。智慧监管系统通过对排放申报及消纳备案信息采集及管理，实现了对工程排放及消纳场所消纳行为实时监测。

2019年系统已覆盖全市2512个建设工地、11733台泥头车、276处消纳场所，2020年全市建设工程电子联单整体签认率达95%以上，已基本实现深圳市建筑废物产生、运输、消纳的信息化闭环管理，以及对消纳场坝体安全和泥头车运行情况进行实时监测及预警，是加强深圳市建筑废物运输、处置过程安全风险管控的重要手段。

系统特点一是可以实时掌握工地排放情况。系统实现建设（施工）单位的排放申报、消纳证明（消纳合同）、运输合同等排放数据采集和智能监管，并实时监测工地的总排放量、已排放量、待排放量、工地申报的泥头车信息等，监管部门可实时查看每一个工地的建筑废物排放去向。

系统特点二是基于电子联单的智能化管理（图16-3）。电子联单功能，是指从工地源头（排放）—运输—末端处置（消纳）实现两点一线全过程实时管理。将全市每个工地及每个合法的消纳场所按其地理位置坐标（用地红线）在地图上划定电子围栏，并将全市每一台泥头车的GPS数据信息接入智慧监管系统。当泥头车驶入工地停留一段时间，系统自动生成电子联单。工地安排专人在APP上点击确认后，车辆出厂。车辆驶入合法消纳场所的电子围栏内，消纳场所安排专人点击确认后联单结束。

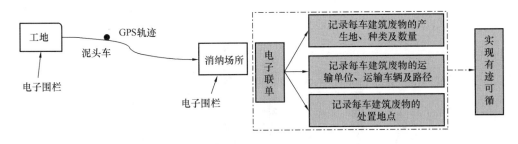

图16-3　基于电子联单的智能化管理示意图

系统特点三是实现新型全密闭式泥头车动态监测和提高电子联单的有效性。利用北斗/GPS、大数据及物联网技术，对建筑废物运输车辆进行全天候、全线路、全方位实时动态监控。实现双通道GPS通信，保障数据真实可靠；监测驾驶员身份和车辆车厢装载、顶盖密闭等状态，匹配源头工地、终点消纳场和运输线路，实现全流程联单管理；设备具有防破坏功能，故意破坏监管系统将导致整个车辆无法正常启动，对于进一步提升深圳市的泥头车管理水平、源头治理扬尘污染、遏制泥头车运输中的道路违章行为具有重要意义。

　　系统特点四是多数据源策略评分算法（图 16-4）。基于车辆动态运营数据（申报信息等）、车载终端报文动态数据（GPS、载重、举升、箱体状态）等多数据源，采用逻辑回归数学建模分析最优业务策略，对实时数据进行仿真模拟验证最优评分规则。有效地利用静态基础数据和动态获取数据，提高了电子联单的准确率。

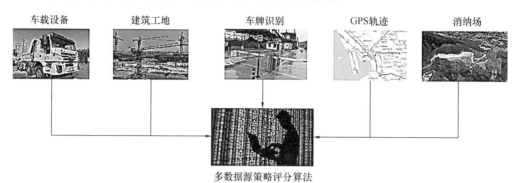

图 16-4　多数据源策略评分算法示意图

　　系统特点五是关键要素"一张图"展示。驾驶舱以"两点一线"管理主线为抓手，汇集源头排放、中间运输过程以及处置场所消纳的关键要素，以"一张图"形式综合展示关键统计信息，使主管部门具备对建筑废物监管状态更透彻的全方位感知、更流畅的信息共享协同与更智慧的大数据分析处置，形成建筑废物智能监管新模式。

　　为规范建筑废物跨区域平衡处置工作，加强城际信息共享和协作监管，深圳市住房和城乡建设局与惠州潼湖生态智慧区管委会达成了土地整备土方平衡处置项目合作协议，并在智慧监管系统中新增了土方跨区域平衡处置监管功能，通过信息推送、数据共享等信息化手段，实现土方跨区域全流程协同监管（图 16-5）。

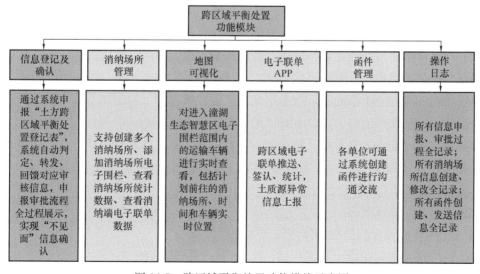

图 16-5　跨区域平衡处置功能模块示意图

2. 危险废物发现、处置、侦破环境污染刑事案件立案率

深圳市随着产业发展产生的危险废物也逐年增加，不过与建筑废物相比，危险废物产生量相对较少。2019年，全市经营单位接收处置市内工业危险废物66.99万t，医疗废物产生量为1.65万t，危险废物产生量为68.64万t。2020年，全市经营单位接收处置市内工业危险废物量为67.18万t，医疗废物产生量为2.07万t，危险废物产生量为69.25万t。虽然产生量与其他固体废物相比较少，但由于危险废物具有毒性、腐蚀性、易燃性、反应性，因此，需加强危险废物规范化管理。

2019年深圳市印发《危险废物规范化整治工作方案》，重点对危险废物的产生、贮存、收集、处理处置开展规范化管理排查整治，开展危险废物规范化管理核查工作，全市范围内抽查152家企业开展现场考核，督促企业规范危险废物管理，提升危险废物管理水平，组织开展危险废物规范化整治行动，重点开展机动车维修行业危险废物整治，严厉打击机动车维修行业危险废物环境违法行为。

2020年深圳市为持续提升危险废物风险防范能力，编制《深圳市环境安全标准化建设指南》，指导企业环境安全隐患排查，摸清环境安全隐患，及时开展治理整改工作。建立区域和部门联防联控联治机制，联合多部门开展严厉打击危险废物违法犯罪行为，组织深莞惠联合执法，出动执法人员1740人次，立案查处企业14家。提升危险废物环境应急响应能力，建立"企业—街道—区—市"层级的环境应急体系，督促全市2408家企事业单位完成环境应急预案备案。

16.4.2 威海市

威海市位于中国华东地区、山东半岛东端，北、东、南三面濒临黄海，是重要的海洋产业基地和滨海旅游城市。威海市旅游资源丰富，有海岛海岸、城市园林、历史遗迹、民俗风情等十多种类型。威海市海岸线长近1000km，沿线海水清澈，松林成片，海鸟翔集，有30多处港湾、168个大小岛屿，因此，威海市海洋废弃物产生量不容忽视。

威海市海洋废弃物主要包括渔网、渔具、牡蛎壳等渔业养殖和加工废弃物、船舶污染物、海洋垃圾等。近年来，威海市针对海洋废弃物存在船舶、港口（包括渔港）防污染基础较差，缺乏对船舶污染物接收、转运及处置的全过程监管，立足"海洋强市"战略，积极谋划海洋绿色发展大局，不断强化海陆、区域、政策三方面统筹，着力解决养殖加工废弃物和船舶污染物污染防治问题，探索形成了"海洋废弃物"陆海统筹综合管控模式。

针对船舶污染物产生量大、监管难、海陆处置体系衔接不畅的问题，威海市坚持目标导向和问题导向，聚焦主要矛盾，精准靶向破难攻坚，建设性地提出在成山头水域探索建设"无废航区"，总结提炼出"无废航区3456"建设模式，即三个阶段性目标和船舶固体废物三大管控流程、"四零四全"工作目标体系、"防—控—治—惩—宣"五环管理体系与六个"无废航区"试点项目。

1. 三个阶段性目标和船舶固体废物三大管控流程

三个阶段性目标即在成山头"两制"水域内探索构建船舶"防—控—治—惩—宣"五环管理体系，"无废航区"模式初步建立。到2025年底，将"无废航区"模式扩展到石岛东南、成山头西北部两个水域，绿色航区发展成效显著。到2035年底，在威海市管辖海域全面建成"无废航区"，船舶产生的各类废物全面实现精细化管理和无害化处置。船舶固体废物三大管控流程即实现船舶固体废物源头减量和控制、船舶固体废物迁移过程控制、海陆界面和海上治理处置。

2. "四零四全"工作目标体系

"四零四全"工作目标体系即航区内实现船舶生活垃圾"零"排放、船舶压载水和沉积物"零"置换、船舶油污水（残油、油渣）"零"排放、船舶有毒有害物质"零"排放，船员教育全覆盖、船舶监控全覆盖、航区巡航全覆盖、污染处置全覆盖。

3. "防—控—治—惩—宣"五环管理体系

"防—控—治—惩—宣"五环管理体系即建立船舶污染预防体系、建立船舶污染监控体系、建立船舶污染治理体系、建立船舶外源性污染惩处体系、建立"无废航区"宣传体系（图16-6）。

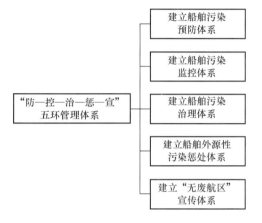

图16-6 "防—控—治—惩—宣"
五环管理体系图

建立船舶污染预防体系，按照国际海事组织（IMO）关于船舶污染防治各项要求，开展《国际防止船舶造成污染公约》《国际控制船舶有害防污底系统公约》《国际油污防备、反应和合作公约》等公约和我国法律法规实施宣贯，制定并实施《威海市船舶污染物接收、转运及处置监管联单制度（试行）》，完善船舶污染物管理机制，构建船舶污染预防体系。

建立船舶污染监控体系，通过卫星遥感、无人机空中监控、船舶交通管理系统（VTS）、船舶自动识别系统（AIS）、视频监控系统、海巡船巡航执法等建立航区内船舶污染陆海空天一体化立体监视监控体系。

建立船舶污染治理体系，全面开展船舶"碧海蓝天"行动，加强船舶污染防治联合监管力度；地方政府投资建设了两个海上污染处置设备库，海事、海洋、环保、住房和城乡建设、应急等部门联合开展海上污染处理和处置，打造船舶污染综合治理体系。

建立船舶外源性污染惩处体系，开展到港船舶非法排污倒查、在航船舶非法排污全国协查等，对航区内船舶违法行为，采取行政处罚、船舶滞留、船员记分等行政强制手段，实施从严惩处。

建立"无废航区"宣传体系，开展"无废航区"环保宣传进校园、进企业活动；通过建立高频通信系统、海岸电台等对航区内船员进行环保宣传；开展成山头航海博物馆"无废航区"展览区建设，拓展海洋环保宣传新途径。

4. 六个"无废航区"试点项目

威海市根据海上航运污染来源，将"无废航区"试点分解为六大板块，开展无废航线、无废港口、无废锚地、无废岸线、无废客船、无废船厂建设（图16-7）。

无废航线方面，在威海至刘公岛航线建设了非开阔水域小型客船智能监管系统，该航

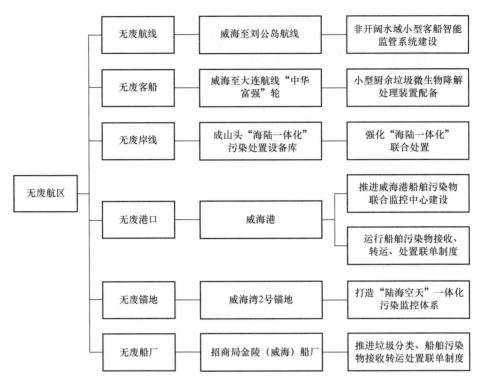

图 16-7 六个"无废航区"重点支撑项目图

线试点船"刘公岛"号的排污口安装电磁门阀监控设备,排污设备处所和生活垃圾分类存放处所均接入视频信号,实现船舶污染物收集、排放实时监控。

无废客船方面,在威海至大连航线"中华富强"轮上推行生活垃圾分类,并着手配备小型厨余垃圾微生物降解处理装置,实现船舶厨余垃圾减量化,打造全国首艘厨余垃圾在船无害化处置客滚船。

无废岸线方面,以成山头设备库为依托,推进成山头"海陆一体化"污染处置设备库建设,强化"海陆一体化"联合处置,实现海洋污染海陆共治。

无废港口方面,通过有效运行船舶污染物接收、转运、处置联单制度,实现对在港船舶污染物联合监管和闭环管理。

无废锚地方面,以威海湾 2 号锚地为试点,依托交通运输部首个无人机项目,重点打造"陆海空天"一体化污染监控体系。

无废船厂方面,以招商局金陵(威海)船厂为试点单位重点推进垃圾分类、船舶污染物接收转运处置联单制度。

5. 实施效果

通过"无废航区"建设,威海市构建了"联合统筹、陆海共治"的污染防治体系,基本实现了船舶污染物源头减量化、过程可控化。2020 年威海市接收船舶垃圾量 5303m³,较 2019 年减少 1950m³,减量效果明显。2020 年,查处首例外轮违反"全球限硫令"的违法行为,共查处船舶海上非法排污、燃油硫含量超标等排污案件 7 起,对船舶海上违法排污行为做到早发现、早处理，船舶污染监管能力显著提升。

16.4.3 上海市

上海市医疗卫生事业在国内发展得较为先进，全市已建立覆盖所有医疗卫生机构的废物收运服务体系，2020 年全市医疗废物收运量 5.69 万 t，医疗废物处置量 5.69 万 t，无害化处置率 100%。

上海市以医疗废物管理信息化建设运营为抓手，全面推进医疗废物全过程管理。市生态环境局联合市卫生健康委印发实施了《关于全面推进本市医疗废物管理信息化建设的通知》，压实医疗卫生机构、办医主体及医疗废物集中处置单位的主体责任，明确医疗卫生机构内部医疗废物管理系统建设要求，推进上海市固体废物管理信息系统医疗废物模块实施应用，推进全市医疗废物可追溯、全周期信息化管理。

上海市各区卫生健康委和办医主体根据全市统一部署，加强组织、协调、督促，加大支持力度，组织医疗卫生机构根据《上海市医疗卫生机构内部医疗废物管理系统基本要求》，依法依规、科学合理配备医疗废物信息智能化采集设备和信息化管理平台，做到数据直采、流程完整、功能实用、管理闭环。

上海市在具体的《上海市医疗卫生机构废弃物综合治理工作方案》中鼓励医疗卫生机构充分利用电子标签、二维码等信息化技术手段，对药品和医用耗材购入、使用和处置等环节进行精细化全程跟踪管理，鼓励医疗卫生机构使用具有追溯功能的医疗用品、具有计数功能的可复用容器，推进医疗卫生机构医疗废物可追溯信息化管理，跟踪管理医疗废物的全生命周期，确保医疗废物应分尽分和可追溯。

1. 医疗卫生机构内部医疗废物管理系统

在《上海市医疗卫生机构内部医疗废物管理系统基本要求》中规定了医疗卫生机构根据自身实际情况，选择合适的内部医疗废物管理系统和设备。

医疗卫生机构内部医疗废物管理系统由医疗废物信息智能化采集设备和医疗废物信息化管理平台组成。医疗废物信息化管理平台可直接使用上海市医疗卫生机构医疗废物监管信息平台，也可根据医疗卫生机构自身要求，自建信息管理系统。医疗卫生机构自建信息管理系统应按照"内部医疗废物管理系统业务信息基本要求"将数据实时上传到上海市医疗卫生机构医疗废物监管信息平台。

医疗卫生机构根据本单位产生医疗废物数量、运送频次、人员情况、场地环境和路线安排等实际需求情况，配备一套或多套医疗废物信息智能化采集设备。医疗废物信息智能化采集设备包括医疗废物内部运送工具、称重设备、数据采集设备、现场打印设备、可做电子签名的人员/地点唯一标识、计算机和网络设备等，上述设备具备实时采集、自动存储、即时显示、自动处理、自动传输等功能，可以是互相独立的单用途设备，也可以是 2 个或者多个集成整合在一起的多用途设备。

按照国家以及本市卫生规范和卫生标准要求，医疗卫生机构在各科室设置医疗废物分类收集点，将产生的所有医疗废物信息纳入医疗废物信息化管理系统。每袋/盒医疗废物有唯一溯源编码，用于医疗废物的统计和追溯。

2. 内部医疗废物管理系统业务信息基本要求

医疗卫生机构内部医疗废物管理系统业务信息涵盖医疗卫生机构基本信息、医疗废物基本信息、医疗废物集中处置单位基本信息、医疗废物预警信息及医疗废物统计信息。

医疗卫生机构基本信息主要包括机构信息、科室信息及人员信息。

医疗废物基本信息主要包括医疗废物唯一溯源编码、种类、数量、重量（精确到0.1kg）、医疗机构名称、产生科室等。医疗废物内部交接信息主要包括医疗废物交接时间、交接双方姓名等。医疗废物入库信息主要包括每件医疗废物唯一溯源编码、交接双方姓名、设备编号、对应周转箱唯一RFID编码、交接时间等。医疗废物出库信息主要包括医疗机构ID、每件医疗废物唯一溯源编码、对应周转箱唯一RFID编码、交接双方姓名、交接时间等。

医疗废物集中处置单位基本信息主要包括单位信息、对应周转箱唯一RFID编码及医疗废物收运人员信息。

医疗废物预警信息是指当出现医疗废物重量、库存量、状态、人员操作、运送时间等明显异常情况时发出的预警信息。

医疗废物统计信息具有可多检索条件合并查询并导出医疗废物相关数据，对数据进行相应统计分析的功能。

3. 小型医疗机构医疗废物定时定点收运要求

为落实属地责任，指导各区做好小型医疗机构医疗废物定时定点收集工作，上海市生态环境局和市卫生健康委联合制定了《小型医疗机构医疗废物定时定点收运工作要求》。各区通过对本区范围内医疗卫生机构数量、办医规模、区域分布、道路通行状况和医疗废物收运现状等开展摸排和分析，合理设立医疗废物临时交接点开展小型医疗机构［床位总数在19张以下（含19张）的医疗机构］医疗废物集中收运工作。各区通过委托第三方机构或政府购买服务等多种方式，集中收集小型医疗机构的医疗废物，并在规定时间内交由医疗废物集中处置单位进行安全处置。

小型医疗机构应当至少每48h收运一次。第三方机构收运人员在小型医疗机构收集医疗废物时应核实所装医疗废物的种类、数量、标识，检查医疗废物外包装是否完好，确认无误后填写《医疗废物转移联单》，并签字确认，纳入市级医疗废物信息化管理系统统一管理。第三方机构在临时交接点、实施车对车交接时，确保医疗废物不落地。医疗废物集中收运处置单位应当核实所装医疗废物的种类、数量、标识等，检查医疗废物外包装是否完好。

医疗废物收运车辆采用密闭箱形车。车厢内部应采用防水、耐腐蚀、便于消毒和清洗的材料，并经防渗处理，防止渗漏。车身应当标有医疗废物标志。收运车辆应安装车载GPS监控系统，医疗废物收运人员应当配备手持PDA终端，相关信息应当接入市级医疗废物信息化管理系统。收运车辆及周转箱应定期消毒，存放场所应具备收运车辆清洗消毒、周转箱堆放等条件。

各区生态环境部门对医疗废物收集运送活动中的环境污染防治工作实施监督管理，各区卫生健康部门对医疗废物收集运送活动中的疾病防治工作实施监督管理。

4. 考核评估

上海市卫生健康委和市生态环境局牵头开展评估工作，对任务未完成、职责不履行的区和有关部门进行通报，存在严重问题的，按程序追究相关人员责任。根据评估情况，适时修订完善本市医疗废物管理相关规章、规范性文件。

16.4.4 北京经济技术开发区

北京经济技术开发区自2019年9月入选国家"11＋5"、无废城市建设试点以来，不断探索与尝试，初步形成核心产业绿色升级带动全产业链减废提质、危险废物管理的"管家式"服务、服务工业固体废物全生命周期的数字化管理、以"无废园区"打造城市绿色循环枢纽、生活垃圾分类产城一体化、市场体系建设助力节能环保产业培育等六大亮点突出、成效鲜明的无废城市建设经验模式。

1. "五个一"构建服务工业固体废物全生命周期数字管理新模式

为了精确统计工业固体废物种类、实时掌握工业固体废物流向、精准掌握固体废物的用途，北京经济技术开发区建立起服务于固体废物资源交易、便于固体废物管理的综合性管理平台，通过"目录＋平台＋联单"的管理模式，逐渐探索服务于工业固体废物全生命周期的数字化管理模式。

平台以动态更新一般工业固体废物名录、建设固体废物信息管理平台为抓手，依托管理平台，构建起"一规完善分类、一网数据尽统、一单全程跟踪、一键资源匹配、一表分级评价"的服务于工业固体废物全生命周期的数字化管理模式，从而最大限度地把控一般工业固体废物流向，促进源头减量、提升循环利用效率（图16-8）。

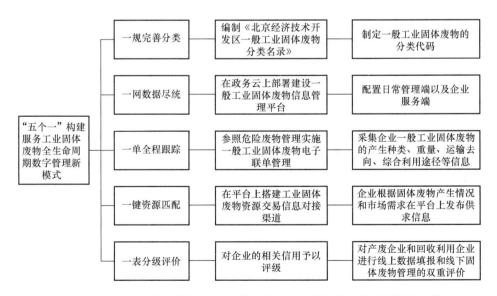

图16-8 "五个一"构建服务工业固体废物全生命周期数字管理新模式示意图

一规完善分类是结合区域产业特点，从便于企业自身统计管理和符合再生资源市场交易习惯的角度出发，创新编制了《北京经济技术开发区一般工业固体废物分类名录》（以下简称《名录》），并根据产业发展和企业需求按年度进行动态更新和调整。同时，结合国家标准分类原则，制定了一般工业固体废物的分类代码。

一网数据尽统是在动态更新和调整《名录》的基础上，在政务云上部署建设一般工业固体废物信息管理平台，同步搭建了手机 APP 和网页云服务两种应用场景，并配置了数据统计和分析的日常管理端，以及动态填报和数据下载的企业服务端。平台共有 30 余项主功能和 120 余项子功能，在实现统一工业固体废物和危险废物数据统计的同时，收集企业的原材料、能源、水等资源消耗数据，并可提供多年数据累计统计和对比分析服务。

一单全程跟踪是创新实施一般工业固体废物联单式管理。参照危险废物管理实施一般工业固体废物电子联单管理，采集企业一般工业固体废物的产生种类、重量、运输去向、综合利用途径等信息，实现对区域内工业固体废物的全过程监管。电子联单由产废企业发起，接收方接收并查看联单，选择接收联单后填写运输信息和处理处置企业的信息。

一键资源匹配是在一般工业固体废物信息管理平台上搭建工业固体废物资源交易信息对接渠道。产废企业和回收企业可以根据固体废物产生情况和市场需求在平台上发布供求信息，通过平台的交易匹配功能，实现固体废物资源供求的一键匹配。

一表分级评价是通过对产废企业和回收利用企业进行线上数据填报和线下固体废物管理的双重评价，对企业的相关信用予以评级。线上数据填报评价以周、月、季度、年为基准，主要对数据的完整度和真实度进行评价；线下固体废物管理评价则主要针对产废企业的固体废物管理制度、减量化措施、存贮场所管理、转移与处置管理等内容，以及回收利用企业的固体废物管理情况、运输情况、贮存场所管理等内容进行综合评价。

2. 实施效果

北京经济技术开发区一般工业固体废物信息管理平台试运行以来，全区累计注册 424家工业企业、109 家工业固体废物回收利用企业，应用电子联单企业 102 家，物资回收或资源综合利用企业 109 家，注册企业实时或周期性填报其工业固体废物产生、转移、出售、处置及自利用等数据，形成了涵盖不同行业、不同规模、不同产废强度企业的固体废物数据源信息库。通过实施联单式管理，共发起电子联单 8270 单，关闭电子联单 5473单，转移固体废物约 15 万 t，最大限度把控一般工业固体废物流向，实现固体废物"精细化"管理与"全生命周期"跟踪管理。

据统计，2020 年北京经济技术开发区一般工业固体废物产生量较 2018 年下降 11%，综合利用率提升到 96%；2021 年上半年，在生产规模不断扩大的背景下，北京经济技术开发区一般工业固体废物产生量同比持平，综合利用率稳定维持在 96%，处于国内领先水平，固体废物治理能力有所提升。

第 4 篇

实践案例篇

选取几类具有典型代表性的城市展开其实施效果的阐述和分析，总结这几类城市的无废城市规划实施效果，并对其进行思考和总结。

试点城市产业结构对比如下表所示，选取综合型超大城市、工业型城市、资源型城市、滨海型城市、农业型城市这 5 大类别举例展开阐述。

试点城市产业结构对比

编号	城市	三产比例（2019）	三产比例（2020）	主导产业
1	深圳市	0.1：39：60.9	0.1：37.8：62.1	战略性新兴产业（新一代信息技术产业、数字经济产业、绿色低碳产业、海洋经济产业、新材料产业、生物医药产业）
2	包头市	3.5：39.3：57.2	3.8：41.4：54.8	钢铁产业、稀土产业、装备制造业、铝业、煤业、铜业、黄金
3	铜陵市	5.5：45.6：48.9	5.6：45.4：49.0	新兴动能（高新技术产业、战略性新兴产业）
4	威海市	9.7：40.4：49.9	10.0：38.5：51.5	新材料制造（医疗器械、橡胶、纤维）、生物技术、装备制造、电子信息
5	重庆市（主城区）	6.6：40.2：53.2	7.2：40.0：52.8	工业战略性新兴制造业、高技术制造业、新一代信息技术产业、生物产业、新材料产业、高端装备制造产业
6	绍兴市	3.6：47.9：48.5	3.6：45.2：51.2	现代纺织、机械电子、节能环保、医药化工、新能源、新材料
7	三亚市	10.5：16.6：72.9	11.4：16.3：72.3	旅游业、热带海洋农业
8	许昌市	4.8：54.0：41.2	5.3：52.7：42	烟草及新一代信息技术、新材料、生物医药、智能装备、智能网联及新能源汽车
9	徐州市	9.6：40.2：50.2	9.8：40.1：50.1	中国重要的煤炭产地、华东地区的电力基地；第一批国家农业可持续发展试验示范区
10	盘锦市	7.9：53.6：38.5	8.0：54.9：37.1	农业（米）、采矿业（石油、天然气）
11	西宁市	10.2：39.1：50.7	4.2：40.5：55.3	旅游，矿产丰富

第 17 章　综合型超大城市——深圳市 无废城市建设实践方案

17.1　城市概况

深圳是全国经济中心城市、科技创新中心、区域金融中心、商贸物流中心，在国际上知名度、影响力正不断扩大。作为我国最早实施改革开放、影响最大、建设最好的经济特区，深圳努力在新时代走在最前列、在新征程勇当尖兵，推动粤港澳大湾区建设，建成中国特色社会主义先行示范区，并努力创建社会主义现代化强国的城市范例。

17.1.1　区位及自然条件

深圳市为中国南部海滨城市，毗邻我国香港地区。位于北回归线以南，东经 113°43′至 114°38′，北纬 22°24′至 22°52′之间。地处广东省南部，珠江口东岸，东临大亚湾和大鹏湾；西濒珠江口和伶仃洋；南边深圳河与香港地区相连；北部与东莞、惠州两城市接壤。辽阔海域连接南海及太平洋。全市面积约 1997km²，境内流域面积大于 1km² 的河流约有 362 条，分属 12 大流域。深圳海洋水域总面积约 1145km²。深圳辽阔海域连接南海及太平洋，海岸线总长约 261km，拥有大梅沙、小梅沙、西冲、桔钓沙等知名沙滩，以及大鹏半岛国家地质公园、深圳湾红树林、梧桐山郊野公园、内伶仃岛等自然生态保护区。

深圳是中国广东省省辖市，国家副省级计划单列市。深圳下辖 9 个行政区和 1 个新区：福田区、罗湖区、盐田区、南山区、宝安区、龙岗区、龙华区、坪山区、光明区、大鹏新区。自 2010 年 7 月 1 日起，深圳经济特区范围延伸到全市。2018 年 12 月 16 日，深汕特别合作区正式揭牌。

改革开放政策加之特殊的地缘环境，造就了深圳文化的开放性、包容性、创新性。近年来，深圳市相继被评选为中国"最具经济活力城市""最具创新力的城市""最受农民工欢迎的城市"，是最适宜海内外英才创业拓展的活力之都。

17.1.2　固体废物管理现状

深圳市全面深化固体废物综合治理体系改革，系统构建无废城市治理体系，创新打造依法治废制度体系、多元化市场体系、现代化技术体系、全过程监管体系，全方位推进生活垃圾、建筑废物、一般工业固体废物、危险废物、市政污泥、农业固体废物综合治理，加快补齐各类固体废物利用处置能力短板，顺利完成无废城市建设试点任务，并取得显著成效。

17.2 规划方案

17.2.1 规划目标

根据深圳市固体废物管理实际情况，对比国内、国际在无废城市建设方面所取得的成就，可将深圳市无废城市建设划分为四个阶段：

（1）"起跑"阶段：2020 年底，固体废物全部实现无害化处置。人均生活垃圾产生量趋零增长，工业固体废物产生强度比 2018 年下降 5%。实施生活垃圾强制分类，分类体系覆盖率达到 100%，回收利用率达到 35%。一般工业固体废物综合利用率达到 90%，危险废物资源化利用率达到 65%，房屋拆除废弃物资源化利用率达到 90%。原生生活垃圾趋零填埋。

（2）"跟跑"阶段：到 2025 年，无废城市主要指标达到国际先进水平。人均生活垃圾产生量开始下降，工业固体废物产生强度比 2020 年下降 15%。生活垃圾回收利用率达到 38%，一般工业固体废物综合利用率达到 95%，房屋拆除废弃物资源化利用率达到 95%。原生生活垃圾全量焚烧和零填埋。

（3）"并跑"阶段：到 2035 年，无废城市主要指标领先国际先进水平。生活垃圾、一般工业固体废物产生强度显著下降，生活垃圾回收利用率领先国际先进水平，一般工业固体废物综合利用率达到 98%，房屋拆除废弃物资源化利用率达到 98%。

（4）"领跑"阶段：到 21 世纪中叶，无废城市各项指标领先国际先进水平，树立无废城市国际标杆。

17.2.2 指标体系设计

1. 源头减量

工业固体废物源头减量方面，新增自愿清洁生产工业企业数量、绿色设计产品数量、绿色供应链数量以及绿色工业设计促进项目四项指标，以此全面考核无废城市建设试点阶段绿色生产、绿色工业方面所取得的成绩。

建筑业源头减量方面，除了生态环境部规定的绿色建筑占新建建筑的比例之外，新设定装配式建筑占新建建筑比例及新增绿色施工示范工程数量两项指标。

2. 资源化利用

建筑废物资源化利用方面新设置房屋拆除废弃物资源化利用率指标，生活领域固体废物资源化利用方面新设置废弃电器电子产品回收利用量增长率指标。

3. 最终处置

一般工业固体废物贮存处置方面新设置污泥无害化处置率指标。

4. 保障能力

技术体系建设方面新设置建筑废物资源化利用技术示范指标，2020 年建立房屋拆除废弃物资源化技术、工程渣土泥砂分离综合利用、工程泥浆现场处理技术应用示范。在监管体系建设方面新设置固体废物监管能力建设指标，2020年建成基于固体废物大数据的智慧环保全过程监控平台，研究建设一系列监管制度和模式。

17.2.3 主要任务

1. 践行绿色生活，构建生活垃圾源头减量、分类收运处置体系

认真落实国家有关规定，严格限制生产、销售和使用一次性不可降解塑料袋、塑料餐具，扩大可降解塑料产品应用范围。推进绿色快递、绿色外卖、光盘行动、净菜入城，推动绿色机关、绿色酒店等"无废细胞"建设，倡导简约适度、绿色低碳的生活方式。

实施生活垃圾强制分类，推进生活垃圾分类投放、分类收集、分类运输、分类处置。提升餐厨垃圾、厨余垃圾综合利用技术，提高资源化利用效率。推动再生资源回收体系与生活垃圾分类收运体系"两网融合"，打通再生资源产业链，促进再生资源循环利用。

加快生活垃圾处理设施产业化、园区化、去工业化建设改造，打造垃圾处理、科普教育、休闲娱乐多功能一体化的开放式、邻利型生活垃圾处置设施，实现生活垃圾全量焚烧和趋零填埋。

2. 推广绿色生产，打造资源节约型、环境友好型绿色制造体系

持续推进产业结构优化调整，淘汰低端落后产能。加快推进绿色设计，带动绿色产品、绿色工厂、绿色园区和绿色供应链全面发展，培育一批固体废物产生量小、循环利用率高的绿色示范企业，推动工业固体废物源头减量和资源利用。

促进清洁生产和循环经济发展，严格实施"双超双有"企业强制清洁生产审核，逐步推进新建项目依法强制清洁生产审核。以动力电池、电器电子产品等为重点，系统构建废弃产品逆向回收体系，鼓励生产者自行或者委托销售者、维修机构、售后服务机构、再生资源回收经营者回收废弃产品，落实生产者责任延伸制。

建立布局合理、交售方便、收购有序的一般工业固体废物回收网络，提高绿色制造服务能力，促进低价值工业固体废物循环利用。

3. 发展绿色建筑，打造建筑废物减排利用、协同处置体系

发展绿色建筑设计，推动源头减量。加强竖向规划设计，促进施工源头减排，推进绿色建筑、绿色施工示范，推广装配式建筑应用，提高装配式建筑占新建建筑的比例，建立建筑废物限额排放制度。

实施再生产品认定，提升综合利用能力。研究制定建筑废物综合利用产品认定办法，促进综合利用产品推广应用，推动建筑废物综合利用设施建设。

拓宽末端消纳出路，提高应急保障能力。加强跨市转运管理，促进区域土方平衡利用。有序推进消纳场建设，建成投产光明区、龙岗区各1座建筑废物消纳场所，规划新建5座建筑废物消纳场所。

4. 补齐能力短板，打造危险废物全过程、规范化安全管控体系

完善激励政策，促进源头减量。研究制定危险废物产废企业源头减量激励政策，鼓励企业开展工艺升级改造，推进工业企业危险废物在线回收管理改革。鼓励危险废物产生量大的企业自行配套建设危险废物资源化利用设施，推动医疗机构对医疗废物进行消毒灭活预处理。

全面规范危险废物分类投放、分类收集、分类运输管理。鼓励和支持危险废物经营单位建设区域性危险废物收集、贮存设施，鼓励和支持工业园区建设危险废物贮存设施，推动危险废物"一证式"收运处置管理改革。建立危险废物运输管理会商制度，加强危险废物运输管理工作。

提高危险废物综合处置能力。加快推进宝安环境治理技术应用示范基地、深汕生态环境科技产业园危险废物处置项目建设，补齐危险废物处置短板。推动福田区、宝安区、龙岗区、深汕特别合作区等4个应急基地规划，建设环境应急管理第三方服务平台，筑牢环境安全防线。

5. 推动源头减量，构建市政污泥绿色转运、无害化处置保障体系

加快水质净化厂污泥干化设施建设，推进污泥在厂内减容减量，新建污泥处理设施出泥含水率降至40％以下。推进电厂燃煤耦合污泥发电项目建设，规划新建深汕生态环境科技产业园市政污泥综合处置项目，提高市政污泥无害化处置能力。做好河道疏浚底泥、沟通污泥与粪渣等收运和安全处置。开展市政污泥本地应急处置研究，构建污泥绿色转运、储存及应急体系。

6. 发展绿色农业，搭建农业固体废物循环利用、无公害生态农业体系

开展"美丽田园"建设，推进化肥农药使用量零增长行动，打造一批绿色无公害生态农业示范基地。建设标准化收储中心及专业化收集队伍，完善农业固体废物收运体系。推广秸秆还田综合利用，做好农膜、农药包装物回收管理，提高畜禽粪污综合利用率，保障农业生产防疫安全。

17.2.4　四大体系构建

1. 完善法规规定，构建于法有据、依规治理的制度体系

充分运用经济特区立法权，推动修订《深圳经济特区生态环境保护条例》等地方性法规。修订出台《深圳市再生资源回收管理办法》《深圳市建筑废弃物管理办法》等规定，完善生活垃圾计量收费、建筑废物限额排放等制度。修订环境污染强制责任保险有关规定，扩大环境污染强制责任保险应用，推动危险废物经营单位和产废企业投保环境污染强制责任保险。健全规划引领和区域协调机制，前瞻性做好收运处置设施规划布局，推动建立粤港澳大湾区固体废物协同处置会商机制，搭建固体废物合法流通渠道，促进大湾区城市设施资源共享。

2. 发挥政策引领，构建统一开放、竞争有序的市场体系

激励固体废物处理产业发展，支持再生产品应用，推进无废城市科学研究和示范项目建设。推广应用绿色信贷、绿色债券等绿色金融工具，建立多元化资金渠道。健全环境信用体系，加强失信企业和从业人员联合惩戒。建设小微企业危险废物交易平台，解决小微企业危险废物收运困难等问题。积极培育第三方市场，鼓励专业化第三方机构从事固体废物资源化利用、环境污染治理与咨询服务，推动固体废物收集、利用与处置工程项目和设施建设运行第三方治理新模式。

3. 加强研发创新，构建国际先进、可靠适宜的技术体系

打造高端科研平台和技术转化平台，形成"基础研究＋技术攻关＋成果产业化＋科技金融"的固体废物治理全过程技术创新生态链。提高绿色低碳发展基金、环保专项资金等扶持力度，做好科技服务支撑。完善"无废细胞"创建技术规范，打造绿色发展、绿色生活标准体系。完善固体废物领域技术人才、管理人才等方面的引进激励政策，推动高水平科技创新人才队伍建设。构建"产业复合、产城融合、功能集合"的基础设施体系，打造生活垃圾、建筑废物、危险废物等综合技术示范基地，创新固体废物源头减量和资源循环利用技术。

4. 打造智慧平台，构建全程覆盖、精细高效的监管体系

建立全市固体废物智慧监管信息平台，集固体废物申报登记、审核查询、视频监控、定位跟踪等多功能于一体，提高对固体废物全覆盖、全过程、全方位监管能力。压实固体废物产废者主体责任，推动工业固体废物、医疗废物、建筑废物、污泥等产生单位全流程监管。探索试点固体废物收运处置第三方监管新模式，提升监管效率和专业化程度。

17.2.5　试点实施成效

1. 顺利完成无废城市建设试点任务

顺利完成无废城市建设试点任务。成立无废城市建设试点领导小组，市委书记、主任委员、市长、政协主席高位推动试点建设。以试点建设为契机，新建投产项目 46 个，将各类固体废物本地无害化处置能力提升到 6.5 万 t/d，资源化利用能力提升到 14 万 t/d，固体废物全部无害化处置。原生生活垃圾实现全量焚烧和零填埋，建筑废物利用处置实现产业化、规模化发展，危险废物本地收运处置能力增长 31%，污水处理厂污泥全部资源化利用和零填埋。出台《深圳市生活垃圾分类管理条例》，强制开展分类管理，生活垃圾回收利用率达到 41.1%。出台《深圳市建筑废弃物管理办法》，率先实施建筑废物限额排放，完成 139 个绿色制造体系认证，绿色发展和绿色生活水平显著提高。

2. 推进生活垃圾精细化分类管理

一是深化顶层设计，法规施行成效明显。《深圳市生活垃圾分类管理条例》自 2020 年 9 月 1 日起施行，为垃圾分类全面强制实施提供了有力法治保障。施行以来，可回收物回收量增长 93.7%，有害垃圾回收量增长 10.3%，厨余垃圾回收量增长 170.6%；回收利用率达到 41.1%。二是加强全链条管理，分流分类体系持续完善。全市 3815 个小区、1690 个城中村全面实行"集中分类投放＋定时定点督导"模式。同步完善分流分类收运体系、推进分类处理设施建设。三是强化宣传动员，形成垃圾分类浓厚社会氛围。拍摄制作全国首部垃圾分类粤语系列情景剧《垃圾分类新时尚》，全市播放各类垃圾分类公益广告约 2.7 亿次，全市张贴、发放垃圾分类海报和指引约 600 万份，组织开展入户宣传 700 余万次，垃圾分类氛围浓厚。开展垃圾分类业务培训 11547 场，进一步提高垃圾分类知识水平和业务能力。

3. 进一步提升建筑废物资源化利用水平

一是颁布实施《深圳市建筑废弃物管理办法》，并同步配套制定 3 项规范性文件，初步构建建筑废物管理"1＋N"政策体系。二是继续开发并推广建筑废物智慧监管系统应用，在全市范围内开展建设工程建筑废物排放管理专项整治行动，全市建设工程电子联单整体签认率达 95％以上。三是实施房屋拆除与综合利用一体化管理，构建综合利用产业链，并开展综合利用产品应用、工程泥浆施工现场处理等试点，房屋拆除资源化利用率达97％，建筑废物资源化利用率达 13.5％。

4. 强化市政污泥处置能力建设

一是提升污泥本地处理处置能力。建成投产华润海丰电厂燃煤掺烧污泥耦合发电项目，污泥能源化掺烧利用能力达到 6000t/d（按含水率 80％计）。二是全面开展污泥深度脱水改造工作。完成罗芳、上洋、平湖、沙井 4 座水质净化厂污泥深度脱水改造工艺试点工作，建成800t/d（含水率 80％）污泥处理设施。编制《深圳市水质净化厂污泥深度脱水改造工作实施方案》，分类分批全面组织实施改造工作，2020 年底完成松岗一期等 8 座水质净化厂深度脱水改造工作。三是强化污泥处理处置运营监管。建立"5＋1"污泥监管制度体系，建立资质检查机制，落实检查考核制度，严格驻场监管制度，规范转移联单制度，实施通报处罚制度及完善监管技术手段。建设污泥处理及输运调度监管信息化平台，加强水质净化厂污泥运输在线监管系统建设，在水质净化厂设立电子地磅系统和厂内摄像系统，污泥运输车辆加装 GPS 定位系统和车辆装卸传感系统，实现污泥运输全流程实时在线监控。

5. 持续推进危险废物"三个能力"建设

一是提升危险废物环境监管能力，建立危险废物环境重点监管单位清单，全面建成深圳市固体废物智慧监管系统，推动形成危险废物 GPS＋视频全过程智慧监控，形成全链条闭环执法监管。二是统筹危险废物处置能力建设，针对重点企业实施强制清洁生产。推进危险废物利用处置能力结构优化，新增利用处置能力 18.02 万 t/年。健全危险废物收集体系，上线危险废物处置交易平台。三是提升危险废物风险防范能力，编制《深圳市环境安全标准化建设指南》，提升危险废物环境应急响应能力，建立"企业—街道—区—市"层级的环境应急体系，督促全市 2408 家企事业单位完成环境应急预案备案。

6. 构建农业固体废物循环利用体系

一是出台《深圳市市场监管局关于印发深圳市农业废弃物回收处置工作方案的通知》，建设 3 个蔬菜堆沤还田示范点，推广尾菜堆沤还田技术，提高尾菜资源化利用水平。二是遴选覆盖面大、服务质量好、积极性强、信誉度高的农资经营店、种植管理单位或村委等，科学布设 80 个农药包装废弃物回收网点，完善农业固体废物回收体系，实现废弃物安全处置。三是启动化肥农药零增长行动，助推生态农业建设。依托深圳市农业科技促进中心技术支撑，加强病虫害监测防控能力建设，在全市组织开展 14 场化肥农药减量增效技术培训，发放测土配方施肥建议卡、宣传挂图等宣传资料 5000 余份。

17.3　创新亮点

17.3.1　生活垃圾——构建"分类收集减量＋分流收运利用＋全量焚烧处置"模式

1. 多措并举促进生活垃圾源头减量，引导市民践行绿色生活方式

深圳加快构建绿色行动体系，广泛推广绿色简约适度、绿色低碳、文明健康的生活理念，形成崇尚绿色的社会氛围。广泛开展绿色机关、绿色学校、绿色酒店、绿色商场、绿色家庭等"无废细胞"创建行动，编制印发 5 个标准和 5 个考评细则，为各类"无废细胞"创建提供明确的评价指标体系。深圳在全国率先上线投用生态文明碳币服务平台，注册用户分类投放生活垃圾、回收利用废塑料等绿色低碳行为，以及参与垃圾分类志愿督导活动和无废城市相关知识竞答均可获得碳币奖励，使用碳币兑换生活、体育、文化用品及运动场馆、手机话费等电子优惠券，正面引导、广泛激励公众积极参与无废城市建设。

开展塑料污染治理升级行动，严格限制禁止类塑料产业立项审批，开展淘汰类塑料制品生产企业产能摸排调查，全面推进产业转型升级、技术改造，淘汰落后低端塑料生产企业。设立循环经济与节能减排专项资金，扶持可降解塑料企业申请绿色制造体系。举办"2020 深圳塑料替代品之全生物降解塑料相关技术论坛"，推动企业发掘可降解塑料市场潜力。举办"无塑城市"建设高峰论坛，从政策、技术、产业、公共意识四个角度探索推进塑料减量、替代、循环、回收、处置全产业链综合治理。

加快推进同城快递绿色包装和循环利用。印发同城快递绿色包装管理指南和循环包装操作指引，为深圳快递包装减量化、绿色化、可循环化提供标准规范。研发丰·Box 循环包装箱、"快递宝"共享包装箱、青流箱、循环中转袋，大力推广使用电子运单，建立快递包装回收服务网络。通过地方电视台、报纸等多媒体宣传绿色快递，多家快递企业发起"绿色快递"倡议，提高公众意识。

全民倡导"光盘行动"，倡导勤俭节约、文明就餐的良好风气。制作宣传海报和倡议书 30 余万份，在全市 5000 多家餐厅播放"光盘行动"系列视频，形成宣传效应。所有星级酒店设置"光盘行动"标识牌呼吁适量点餐，打造"垃圾减量日"，开展"光盘行动 拒绝舌尖上的浪费""光盘行动·每天快乐进行时"等大型公益活动。

2. 建立垃圾分类投放宣传督导体系，提高源头分类效率

深圳牢固树立"做垃圾分类，就是做城市文明"的理念，以行为引导为重点，加大宣传策划力度，夯实学校基础教育，创新公众教育，全力构建市区联动的宣传督导体系，营造了社会参与的良好氛围。始终把市民的教育引导放在突出位置，初步构建了涵盖宣传引导、公众教育、社会协同、学校教育、家庭指引、现场督导等于一体的宣传督导体系。

宣传引导：制作发布一系列垃圾分类公益广告，聘请社会知名人士担任垃圾分类"推广大使"，成立全国首个垃圾分类公益服务机构联盟，推动社会各界携手共建，扩大社会影响力。邀请社会著名人士担任垃圾分类形象大使，提高生活垃圾分类知晓度。在公交车车身、车内，地铁两侧广告牌等地方张贴生活垃圾分类代言海报。

公众教育：创新实施蒲公英公众教育计划，组建了近百名志愿讲师队伍，建立市级科普教育基地和区级体验馆，开展"垃圾分类大讲堂"和"垃圾分类微课堂"上千场，实现公众教育的规模化和常态化。实施蒲公英公众教育计划，建成 17 个垃圾分类科普教育馆，组建 830 余名志愿讲师队伍，开展了 1.1 万余场垃圾分类大讲堂、微课堂等活动。全国首创"志愿督导、科普教育馆、志愿讲师"三大小程序预约管理平台，提高市民参与度。

学校教育：联合教育部门推进学校垃圾分类教育实践，编制中学、小学、幼儿园等垃圾分类知识读本，将垃圾分类纳入学校德育课程，组织学生开展垃圾分类教育实践。开展知识竞赛、变废为宝创意大赛等丰富的活动。

社会协同：邀请社会各界人士及卡通形象"熊大熊二"担任推广大使。成立志愿者服务队，组建公益服务联盟，携手"美丽深圳"志愿者推进垃圾分类；建立人大代表、政协委员常态联系工作机制。

现场督导：建立住宅区"集中分类投放＋定时定点督导"垃圾分类模式。2018 年开始，在住宅区设置集中分类投放点，大力实施小区楼层撤桶，组织发动党员干部、志愿者、热心居民、物业管理人员每晚 7～9 点开展现场督导，引导居民参与分类、正确分类。

出台全国最严生活垃圾行政处罚措施，个人违反生活垃圾分类投放规定最高处罚200 元，单位违反生活垃圾分类投放规定最高处罚 50 万元。出台"以工代罚"措施，违规个人参加垃圾分类培训和住宅区定时定点垃圾分类督导等活动可以抵免罚款。出台生活垃圾分类工作激励措施，采取通报表扬为主、资金补助为辅的方式，评选"生活垃圾分类绿色单位""生活垃圾分类绿色小区""生活垃圾分类好家庭""生活垃圾分类积极个人"。

3. 建立分类治理体系，提升回收利用能力

深圳严格按照"分类投放、分类收集、分类运输、分类处理"的要求，努力推动生活垃圾全过程分类治理。在前端分类上，遵循国家标准，以"可回收物、厨余垃圾、有害垃圾和其他垃圾"四分类为基础，按照"大分流细分类"的具体推进策略，对产生量大且相对集中的餐厨垃圾、果蔬垃圾、绿化垃圾实行大分流；对居民产生的家庭厨余垃圾、玻金塑纸、废旧家具、废旧织物、年花年桔和有害垃圾进行细分类。在收运处理上，对不同类别的垃圾，委托不同的收运处理企业，做到专车专运、分别处理，防止出现"前端分，末端混"现象。深圳市生活垃圾分类收运处理流程如图 17-1 所示。

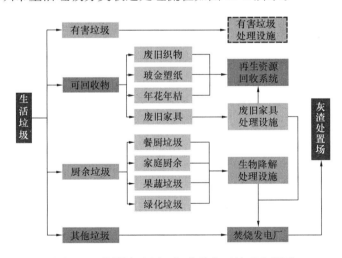

图 17-1　深圳市生活垃圾分类收运处理流程图

4. 建设兜底处置设施，实现趋零填埋

建成投产宝安、龙岗、南山、平湖、盐田 5 个能源生态园（图 17-2），生活垃圾焚烧能力达到 1.8 万～2.0 万 t/d，原生生活垃圾实现全量焚烧和零填埋，生活垃圾 100％无害化处置。出台全球最严生活垃圾焚烧污染控制标准，主要污染物排放限值优于欧盟标准。生活垃圾焚烧发电厂实施去工业化建设，按照星级酒店外观进行景观功能设计，生活垃圾焚烧炉、烟气净化系统采用当前最先进的技术和设备。创新生活垃圾焚烧发电项目企业社区共建模式，按照焚烧处置量给予项目所在社区57元/t生态补偿费，采用热电联供为社区提供低价能源，投资建设登山道、游泳馆和科普展厅回馈社区居民，促进企业与社区居民和谐相处，有效化解邻避问题。出台生活垃圾跨区处置经济补偿制度，产废行政区委托其他行政区协同处置生活垃圾，需向处置行政区缴纳高额处置费，作为处置行政区的生态补偿费。

图17-2　南山能源生态园实景照片

5. 建立全过程监管体系

建立健全"全覆盖、全过程、分层次"的生活垃圾清运处理监管体系，全面强化垃圾清运处理监管。一是明确市、区城市管理部门职责划分，层层落实监管责任，市一级专门成立垃圾处理监管中心，指导、督促各区加强监管；各区城市管理部门落实日常监管工作，采取派驻监管小组、委托第三方专业机构等方式，确保环卫设施全部纳管。二是建成智慧城市管理平台，利用物联网、大数据等技术，对垃圾产生、转运、处理进行全过程监管，发现问题及时处理，确保生活垃圾清运处理工作规范有序。

6. 取得成效

目前，生活垃圾"集中分类投放＋定时定点督导"模式已在全市3815个小区和1690个城中村推广，共有20499名督导员进行常态化现场督导，居民参与率不断提升。生活垃圾分流分类回收量达9636t/d，市场化再生资源回收量达7300t/d，回收利用率达41%，达到国际先进水平。

7. 推广应用条件

深圳市生活垃圾采用"分类收集减量＋分流收运利用＋全量焚烧处置"模式，通过倡导绿色生活理念促进垃圾源头减量，通过"大分流细分类"推动生活垃圾分类收运处理，通过高标准的焚烧设施对分类后剩下的其他垃圾进行无害化处理。这一模式对市民素质、城市经济实力和管理水平有一定要求，适合在经济相对发达、土地资源紧缺、城市治理体系较完善的大中型城市推广应用。

深圳市利用"志愿者之城"的城市积淀，开展蒲公英公众教育计划，培养了一大批生活垃圾分类志愿教师，建立了一系列生活垃圾分类科普教育基地，通过编制垃圾分类教育读本、开设专题课程等方式将生活垃圾分类纳入学校德育体系，通过"一个学生带动一个家庭、影响一个群体"，实现垃圾分类理念深入人心，为提升垃圾分类参与度奠定良好的公众基础，这种公众教育模式适合在全国各类城市推广应用。

17.3.2 建筑废物——实施源头限额排放，健全建筑废物综合利用产业链条

深圳市长期以来土地资源紧缺、邻避问题突出，建筑废物处置设施规划建设落地难、建成投产难，本地处置能力严重不足，异地处置依赖性强。为破解建筑废物处置困局，深圳市通过完善政策法规、健全相关技术标准来推动源头减量；同时，通过开展建筑相关企业综合利用项目，发展配套相关设施建设，重视全过程管理等一系列行之有效的举措，推动建筑废物处置工作，形成了以限额排放为基础的建筑废物全链条综合利用模式。

1. 完善政策法规，健全标准体系

一是加快完善法规规章。深圳市政府颁布《深圳市建筑废弃物管理办法》，明确了建筑废物排放、运输、利用及激励等各项管理制度，实现了建筑废物处置全过程监管，推进建筑废物处置减量化、资源化、无害化。同时配套编制多项规范性文件，完善建筑废物在消纳处置、综合利用企业监管、综合利用产品认定等管理方面的缺失部分，构建建筑废物管理"1＋N"政策体系。

二是健全标准规范体系。为建立建筑废物在工程技术、环境污染等方面的标准体系，制定了深圳市建筑废物管理标准规范框架体系，梳理了138项相关标准及规范，发现待制定37项，并根据当前实际制定出台7项地方技术标准规范。

三是加大基础研究力度。为推进全市建筑废物管理和技术水平提升，加大相关基础研究工作力度，为建筑废物管理工作政策法规及标准规范制定、产品推广应用等提供科学依据。

四是整体规划建筑废物综合利用设施。印发实施《深圳市建筑废弃物综合利用设施规划建设实施方案》，根据深圳市2019～2035年的建筑废物产生量及时间空间分布，科学布局综合利用设施，构建相对完善的产业链，明确了企业供地类和政府划拨类综合利用设施的用地方式、用地性质、用地规模，并配套施工和装修废弃物管理制度、跨区处置经济补偿制度、排放费征收制度等相关政策。

2. 绿色设计源头减量，绿色理念高质量发展

一是规划设计源头减量。通过印发相关标准，在国内首次明确各类建设工程的建筑废物排放限额、减排与综合利用设计和验收要求，推进建筑在拆除的同时考虑废弃物的综合利用。要求规划、水务、城市管理部门按照相关文件要求，组织完成29个工程项目的规划设计标高审查，控制地下空间开挖，减少工程弃土源头排放。同时，为加强建设工程竖

向规划设计管理，市规划部门修订了《深圳市建筑设计规则》，鼓励采用半地下停车场、首层停车场，有效减少地下室开挖的土方量。

二是大力发展装配式建筑和绿色建筑（图 17-3）。在装配式建筑方面，全力落实相关政策文件，推动装配式建造方式从公共住房向新建居住建筑、公共建筑及市政基础设施的广覆盖。在 BIM 技术方面，通过信息化手段指导施工，推动 BIM 技术发展，减少现场签证及工程变更，避免返工带来的建筑废物的产生和排放。在绿色建筑方面，指导各区主管部门加强绿色建筑过程监管，高质量发展绿色建筑。

图 17-3　装配式建筑——长圳公租房项目

三是践行绿色发展理念，推进建筑业高质量发展。开展宣传动员，将全市工程建设全面使用预拌混凝土和预拌砂浆的要求通知到各建设项目和相关单位，目前建设工程已100％使用预拌混凝土、预拌砂浆。在建设工程施工现场，推广使用铝合金模板，节约建筑材料（周转材料）。

3. 提高综合利用水平，培育综合利用市场

一是推行拆除与综合利用一体化管理。深圳市颁布实施《深圳市房屋拆除工程管理办法》，通过将房屋拆除和综合利用捆绑实施来推动拆除废弃物综合利用有效落地，累计完成约 627 个房屋拆除工程建筑废物减排与利用项目，拆除废弃物综合利用量达2319 万 t，有力促进了综合利用行业发展。其中，2020 年以来，房屋拆除工程建筑废物减排与利用项目约 246 个，建筑废物综合利用量约 1140 万 t，拆除废弃物综合利用率已达 97％。

二是试点开展综合利用产品应用。为鼓励建筑废物综合利用制品的应用，提高综合利用产品的市场认可度，深圳市率先在政府投资的房建、交通、水务、园林绿化工程中各选取两个项目试点使用建筑废物综合利用产品，从建筑工程的设计、审图、施工、验收等环节入手，在适用部位 100％使用建筑废物综合利用产品，综合利用产品使用总量约17 万 m³。此外，在深圳市光明区光源五路采用 8 款不同样式的建筑废物制备的环保砖，以丰富多样的铺装方式，打造全市首条综合利用慢行路试验段。

三是探索开展渣土综合利用试点。深圳市第一家高标准"花园式"综合利用厂——宏恒星再生科技公司已投入运营，年设计处理能力约 100 万 m³，通过泥砂分离和余泥造粒工艺将工程渣土全部综合利用。大铲湾三期工程渣土综合利用设施 5 条生产线已投入运营，该项目能快速连续分离工程弃土，一次性将工程弃土中的废混凝土块及砖块、砂、泥分离开来；分离出的砂用于生产符合国家标准的建设用砂；分离出的废混凝土块及砖块制成再生建筑骨料；分离出的泥浆可制成质量稳定的黏土。现有设计处理能力约 600 万 m³/年；另还有 3 条生产线正在进行建设，全部建成后年设计处理总能力将达 1000 万 m³。

四是开展工程泥浆施工现场处理试点。在全国范围内征集技术方案，并组织以院士为首的专家团队进行评审，选出 10 个方案择优选用。目前，已组织地铁集团在地铁四期建设工程中试点开展工程泥浆施工现场处理工作，共建设盾构渣土泥水分离和无害化处理设施 39 台（套），盾构渣土设计处理能力已超 1 万 m³/d。

五是统筹推进综合利用设施建设。保留的企业供地类综合利用设施 52 处，面积为162.30 万 m²，主要用于工程渣土和拆除废弃物处理处置；完成政府划拨类综合利用设施选址工作，选址面积共计 38.78 万 m²，主要用于装修废弃物和施工废弃物处理处置。

4. 统筹处置场所规划建设，提升消纳处置能力

一是坚持规划引领。编制完成《深圳市建筑废弃物治理专项规划（2020—2035）》，全面梳理和规划全市固定消纳场、综合利用厂等处置设施的建设场址，尽力提升建筑废物处置能力。

二是统筹推进设施建设。在消纳场方面，共建成 4 处固定消纳场，累计消纳 3500 万 m³ 建筑废物，剩余库容约 790 万 m³，正在推进的固定消纳场共 3 处，设计库容约 1890 万 m³，为市政府重点工程和拆除工程提供建筑废物处置场地；在水运中转设施方面，现已建成 9处水运中转设施，年设计处理能力达 5800 万 m³；正在协调推进 4 处水运中转设施建设工作。在围填海工程方面，统筹海洋新兴产业基地围填海工程处置工程渣土，新增处置能力约 2400 万 m³，累计已处置工程渣土约 1406 万 m³，剩余库容约 1000 万 m³。在工程回填方面，全市现有回填工程 205 个，每年可处置工程渣土约 530 万 m³。

三是加强跨区域平衡处置。积极与周边城市对接，先后与中山翠亨新区管委会、惠州潼湖生态智慧区管委会签订合作协议，新增了几千万立方米的处理能力，探索土方跨区域平衡处置协作监管模式。根据《广东省住房和城乡建设厅关于建筑废弃物跨区域平衡处置协作监管暂行办法（试行）》，多次与惠州、东莞等周边城市建筑废物主管部门进行沟通，协商跨区域平衡处置协作监管相关事宜，目前已与惠州潼湖生态智慧区管委会合作开展土方跨区域平衡处置试点工作，为大湾区首个土方陆路外运协作监管项目。

5. 推行建筑废物信息化融合，强化智慧网络监督管理

一是全力推广应用智慧监管系统。目前，该系统已在全市建筑、市政、交通、水务、园林等建设工程中推广应用，并结合运行情况对系统进行持续化完善。同时，该系统通过了住房和城乡建设部 2018 年科学技术项目计划科技示范工程项目（信息化示范工程）验收，相关成果还先后获得了国家地理信息科技进步奖一等奖、华夏建设科学技术奖三等奖。

二是持续开展排放管理专项整治。为落实建筑废物排放安全管理和环保治理主体责任，深圳市住房和城乡建设局于 2019 年初印发实施《建设工程建筑废弃物排放管理专项整治工作方案》，连续 2 年组织开展专项整治行动，结合智慧监管系统开展专项监管治理。开展专项整治抽查督导 12 次，检查 25 家建设工程排放管理情况，对发现的问题严格督促整改查处；每月通报专项整治工作进展，提出下一步工作要求。通过集中整治，建筑废物排放乱象得到了有力遏制，电子联单平均签认率超过 95％，使用非法车辆运输行为显著减少，排放管理力度大幅增强，成效显著。

6. 取得成效

已形成 1 部政府规章、2 项专项规划、6 个地方标准和 9 个规范性文件，涵盖建筑废物从源头减排、综合利用、末端设施布局规划、消纳处置到激励办法等方面，构建完善建筑废物管理"1＋N"政策体系。

大力发展装配式建筑与绿色建筑，全市新开工装配式建筑面积 1288 万 m^2，新开工总面积占比达到 38％，累计 13 个项目获评广东省级装配式建筑示范项目，占全省总数的30％，位居全省第一。孵化培育了 13 个国家级装配式建筑产业基地、29 个省级基地及 31个市级基地，在全国和省内遥遥领先。新增绿色建筑面积 1699 万 m^2，新建民用建筑绿色建筑达标率 100％。新增 53 个绿色施工示范工程，在建建设工程 100％使用预拌混凝土、预拌砂浆，减少工地建筑废物排放量。

发展综合利用，提高建筑废物资源化利用水平。创新实施房屋拆除与综合利用一体化管理，累计完成 627 个房屋拆除工程建筑废物减排与利用项目，拆除废弃物综合利用量2319 万 t，综合利用率 97％。建成固定式综合利用设施 24 家，设计处理能力已达到 4416万 t/年。建筑废物本地资源化利用率达 13.5％，初步实现建筑废物综合利用产业化、规模化发展，大大降低了建筑废物简单堆填对土地的占用问题。

提升建筑废物综合处置能力。建成 4 处固定消纳场，累计消纳 5250 万 t 建筑废物。统筹围填海工程处置工程渣土 2109 万 t，205 个工程项目回填能力约 795 万 t/年。建成 9处水运中转设施，设计转运能力达 8700 万 t/年，先后与中山翠亨新区管委会、惠州潼湖生态智慧区管委会签订合作协议，建立土方跨区域平衡处置协作监管模式。

推广应用智慧监管系统，加强全过程管理。建筑废物智慧监管系统在全市建筑、市政、交通、水务、园林等建设工程中推广应用，覆盖 2375 个建设工地、14468 台泥头车、383 处消纳场所，日均产生联单 30000 余条，实现建筑废物排放、运输和处置"两点一线"全过程实时监控和电子联单管理。持续开展排放管理专项整治，2020 年对建设工程工地进行监督检查 6887 次，责令整改 1447 家、处罚 33 家，电子联单平均签认率超过 95％。

7. 推广应用条件

该模式适用于发展迅速、可用土地有限、发展过程中面临建筑废物产量大、综合利用能力不足、相关制度体系不健全、管理不规范等突出问题的城市。以限额排放为基础的建筑废物全链条综合利用模式，对于我国处于快速建设期并且土地资源紧张的城市地区具有借鉴意义。

17.3.3　一般工业固体废物——打造绿色制造体系，促进一般工业固体废物园区化利用处置

发展生物医药、新能源汽车、电子信息等新型低碳产业，加强能源梯次利用、资源循环利用、废弃物无害化处理和再生利用，完成深圳市高新技术产业园区、广东福田保税区、深圳前海湾保税港区、深圳盐田综合保税区、广东深圳出口加工区5家国家级园区循环化改造。

清理淘汰1130家无证无照、高排放、高污染的低端落后企业，完成604家企业清洁生产审核。创建45家绿色工厂、7家绿色供应链、2个绿色园区、71个绿色产品、8个绿色制造系统集成项目、2家绿色设计示范企业、4个绿色数据中心，培育11个绿色制造第三方服务机构，促进产业绿色化转型。

推广应用创新替代技术，友联修船基地采用高压水刀替换传统钢砂对船壳进行除锈，每年从源头减排一般工业固体废物10万t。海通科创、康普盾科技、恒创睿能、柘阳科技、格林美、乾泰、泰力等7家企业入选广东省工业和信息化厅新能源汽车动力蓄电池回收利用典型模式。比亚迪以深圳为基地打造全国直营4S店、园区、基地多级回收体系，乾泰工业园区形成120辆/d新能源汽车和50t/d电池包拆解利用能力。

率先开展一般工业固体废物申报登记和电子联单管理，7471家企业在省固体废物管理平台完成申报登记。推进一般工业固体废物集中收运处置试点建设，宏发高新产业园、汉光科技园等率先试点园区固体废物集中管理模式，将管理企业转变为管理园区。

17.3.4　危险废物——深化管理改革，做好危险废物全过程安全管控

出台《深圳市危险废物贮存设施建设技术规范（试行）》，推动危险废物包装容器、贮存车间、运输车辆标准化建设。打造20个危险废物标准化贮存示范项目，实现危险废物车间智能称重、二维码登记、在线实时上传数据，形成一套对危险废物贮存环节"看得到""监测到""管得到"的先进管理模式，构建全程可查询、可追溯的智慧监管体系。

做好广东省危险废物经营许可证审批许可授权委托承接工作，编制《深圳市危险废物集中收集贮存设施布局规划情况（2021—2025年）》，推进危险废物"一证式"管理改革。全市中石化加油站统一招标采购危险废物经营单位进行集中收运处置，创新危险废物"集中采购"委托处置模式，解决小散企业危险废物委托困难问题。

打造危险废物处置交易平台，构建统一开放、竞争有序的危险废物交易线上新体系。以服务企业为导向，直击危险废物市场价格信息不透明、产废单位议价能力弱、经营单位营运成本高等痛点，依托市属国有企业深圳排放权交易所，按照"天猫""美团"的商业模式，设计开发深圳市危险废物处置交易平台，为企业提供签约、检测、支付"一站式"线上服务。

新增8家危险废物收集单位，新增机动车维修行业废矿物油、居民日常生活中产生的废镉镍电池收集能力21.42万t/年。新增3家危险废物利用处置设施，新增利用处置能力18.02万t/年，危险废物利用处置率达到74%。全面开展粤港澳大湾区城市危险废物协同

处置合作，共享危险废物处置设施，焚烧类危险废物处置价格降低至 3000～4500 元/t，重金属污泥处置价格降低至 1300～1800 元/t，处置价格同比下降 50％以上，大幅度降低企业生产成本。

17.3.5 市政污泥——推进能源化掺烧利用，污水处理厂污泥实现百分百资源化利用和零填埋

推进污水处理厂污泥厂内干化减容减重，创新"微波调理＋板框压滤""板框压滤＋低温快速干化""板框压滤＋低温冷凝干化"等 3 种具有代表性的污泥深度脱水技术路线，在上洋、沙井、平湖、罗芳等污水处理厂开展试点应用，污泥可就地减容稳定至含水率 40％以下。全市 37 座污水处理厂共建成投产 18 座污泥深度脱水设施，干化处理能力 5635t/d（按含水率 80％计），大幅度降低运输成本，避免外运中的滴漏和臭气二次污染。

建成投产华润海丰电厂燃煤掺烧污泥耦合发电项目，污泥能源化掺烧利用能力达到 6000t/d（按含水率 80％计），成为全球规模最大的燃煤掺烧污泥耦合发电利用项目，全市 5300t/d 污泥百分百资源化利用和零填埋，真正实现污泥本地资源化、能源化利用。

建设污泥处理及输运调度监管信息化平台，建立资质备案制度、检查考核制度、驻场监管制度、转移联单制度、通报处罚制度等。制定履约评价考核细则，委托第三方巡检机构对污泥处理处置设施进行定期考核检查。实施 24h 驻场监管，监督设施合法合规运输处置污泥。

17.3.6 农业固体废物——推进"美丽田园"建设，强化农业固体废物回收利用和安全处置

推进乡村振兴计划和"美丽田园"建设，建设 1 万亩病虫害统防统治与绿色防控技术集成示范区及核心示范区，实行测土配方施肥，化肥和农药使用量实现零增长。全市规模化养殖场畜禽粪污处理设施装备配套率达 100％，畜禽粪污综合利用率达到 75％。秸秆全部机械粉碎还田利用，建设 31 个农膜回收网点，回收量已达到 114t/年，农膜回收率达 93％。科学设置农药、化肥包装废弃物回收设施，回收废品全部焚烧处置。

第 18 章　工业型城市——徐州市无废城市建设实践方案

18.1　城市概况

18.1.1　社会经济

徐州市地处苏鲁豫皖四省接壤地区，是淮海经济区的中心城市和全国重要的综合交通枢纽，也是汉文化发祥地。北临京津冀、南临长三角、东临沿海开发，西起中原经济区，处于"一带一路"交会点的核心位置，已构建形成铁路、航空、公路、水运、管道"五通汇流"的现代化立体交通体系，素有"五省通衢"之称。徐州市总面积约为 $11258km^2$，下辖 5 个区、3 个县、2 个县级市。2020 年徐州市常住人口约为 908.38 万人，国内生产总值为 7319.77 亿元，经济总量跃居全国地级以上城市第 27 位。

18.1.2　产业发展

目前，徐州市经济运行发展总体平稳，三产结构不断优化，农业形成了以徐州西北部、南部集聚发展的综合性格局，工业形成了不同产业集聚发展态势，服务业以贾汪等物流产业集聚发展态势不断增强（图 18-1）。

图 18-1　徐州市三产占比情况

（1）第一产业

第一产业中，农业为主要产业，已形成了粮食、蔬菜、林果、畜牧四大主导产业和大蒜、食用菌、花卉、银杏、板材、奶牛、山羊、观赏鱼八大特色产业，同时推进农产品加工、休闲农业、互联网农业三大融合产业跨界发展，对徐州市乡村振兴起到了产业支撑作用，基本形成农业"483"产业体系。

（2）第二产业

第二产业中，制造业占 77%，为主导产业。2020 年，工业循环经济体系基本建立，一般工业固体废物综合利用率达到 95%，单位工业增加值能耗降低 18%，单位工业增加值二氧化碳排放量降低19％，绿色发展水平显著提高。对高污染、高耗能、高排放行业加快绿色发展转型升级，重点推进钢铁、焦化、水泥、热电、化工等行业的兼并重组和搬迁整合。以绿色产业发展为核心，积极扶持新能源、新材料等发展。

（3）第三产业

第三产业中，现代物流、现代金融、科技服务三大生产性服务业，商贸文化旅游、房地产、健康养老三大生活性服务业和商务服务、平台经济、软件与服务外包等三大新兴服务业，初步形成了"333"现代服务业体系。

18.1.3 一般工业固体废物管理现状

徐州市一般工业固体废物2018年总产生量为1356万t（含10％非重点行业估算数据），主要集中于煤电能源、冶金和煤盐化工三大传统优势行业，受钢铁、焦化、热电、水泥、化工等传统行业布局优化和转型升级行动的影响，传统产业产能大幅削减，一般工业固体废物较2017年大幅降低（下降23.5％）。

2018年徐州市一般工业固体废物综合利用率约90％，其中大宗工业固体废物综合利用以建材为主，煤矸石、粉煤灰等作为基础原料用于生产空心砖、加气混凝土等产品，利用方式较为低值单一；其他工业固体废物的利用途径包括酒糟制蛋白饲料、工业污泥协同制砖、生物质灰渣制土壤改良剂或灰肥（图18-2）。除产废企业自行消纳和本地建材企业综合利用外，徐州市一般工业固体废物还运往周边城市综合利用。

综上，徐州市一般工业固体废物的主要问题表现为：

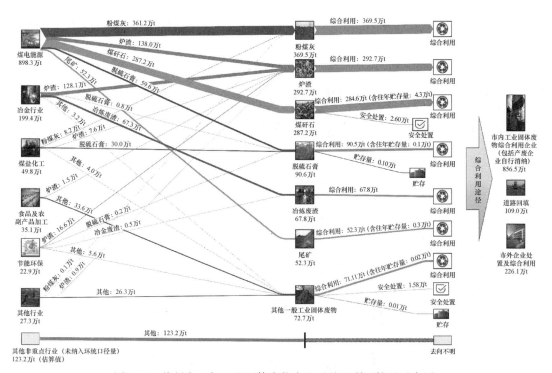

图18-2 徐州市一般工业固体废物产生及处置利用情况示意图

1. 综合管理制度系统性待完善

（1）法规政策的系统性需加强。徐州市尚未制订涵盖各固体废物品种、全处置流程的综合性地方法规，同时部门的配套规范性文件也待出台。

（2）申报、统计等基础工作有待强化。小微企业产生的一般工业固体废物尚未纳入环境统计，待强化相关摸底和调查工作。

（3）考核机制的约束性有待明确。徐州市还未将固体废物处置纳入考核机制，强有力的倒逼机制未建立，导致部分固体废物处置工作推进力度不强。

2. 市场运作水平有待提升

徐州市固体废物市场化水平有待提升，主要表现为区域综合性固体废物处置基地和骨干企业的培育力度需增强，以期依托骨干企业开展技术示范和工程项目建设，形成资源循环利用产业集群，提升徐州市资源循环利用产业发展水平。

18.2　规划方案

18.2.1　总体目标

徐州市依托前期扎实的工作基础和未来经济社会发展需求，延展形成"传统资源枯竭型城市全产业链减废模式""农作物秸秆还田及收储用一体化多元利用模式""再造绿水青山提升综合效益的矿山生态修复模式"三项成熟创新模式，探索形成"工作源危险废物'闭环式'全覆盖监管模式""推进固体废物协同处置壮大新产业，带动高质量绿色发展模式""'以智管废'的智慧平台构建精细化统筹管理模式"三项创新模式，进而形成徐州市"3+3"无废城市建设模式，推动徐州无废城市试点建设达到国内领先水平，为全国无废城市建设提供有益探索和典型示范。

18.2.2　指标体系设计

徐州市无废城市试点指标涵盖固体废物源头减量、资源化利用、最终处置、保障能力、群众获得感和自选指标六大板块。

由于徐州市是工业型城市的典型代表，因此，在指标体系设计方面，主要对与工业相关的指标进行阐述，如表18-1所示。在工业方面的相关指标中，徐州市主要加强清洁生产企业培育以及生态工业园打造，提高工业固体废物综合利用率，降低一般工业固体废物贮存处置量。在自选指标方面，徐州市主要通过增加宕口和矿山修复示范工程数量以及环保设备数量，实现一般工业固体废物的资源循环过程，促进城市固体废物资源循环。

徐州市无废城市建设指标 表 18-1

序号	一级指标	二级指标	三级指标	2018年	2020年	计量单位
1	固体废物源头减量	工业源头减量	工业固体废物产生强度★	0.59	0.54	t/万元
2			实施清洁生产企业占比★	71	85	%
3			开展绿色工厂建设的企业数量	4	6	个
4			开展生态工业园区、循环化改造的工业园区数量★	6	13	个
5			开展绿色矿山建设的矿山数量	12	7	个
6	固体废物资源化利用	工业固体废物资源化	一般工业固体废物综合利用率★	90	95	%
7	固体废物最终处置	一般工业固体废物贮存处置	一般工业固体废物贮存处置量★	0.7	0.6	万t
8	保障能力	制度体系建设	无废城市建设地方性法规或政策性文件制定★	10	12	个
9			无废城市建设协调机制	—	成立各级国家无废城市指挥部等机构	—
10			无废城市建设成效纳入政绩考核情况★	—	纳入对县（市）区和市级部门年度考核	—
11		市场体系建设	固体废物回收利用处置投资占环境污染治理投资总额比重★	4	8	%
12			纳入企业环境信用评价范围的固体废物相关企业数量占比	59	70	%
13			危险废物经营单位环境污染责任保险覆盖率	100	100	%
14			无废城市建设相关项目绿色信贷余额	—	200	亿元
15			固体废物回收利用处置骨干企业数量★	—	40	个
16		技术体系建设	大宗工业固体废物减量化、资源化、无害化技术示范	—	5	项
17		监管体系建设	固体废物监管能力建设	已初步建成固体废物监管工作的制度、技术体系	不断完善、提高	—

序号	一级指标	二级指标	三级指标	2018 年	2020 年	计量单位
18	保障能力	监管体系建设	危险废物规范化管理抽查合格率	81.4	95	%
19			发现、处置、侦破固体废物环境污染刑事案件数量★	6 件	固体废物环境污染刑事案件发现、处置、侦破率 100%	—
20			涉固体废物信访、投诉、举报案件办结率	100	100	%
21	群众获得感	群众获得感	无废城市建设宣传教育培训普及率	—	90	%
22			政府、企事业单位、公众对无废城市建设的参与程度	—	90	%
23			公众对无废城市建设成效的满意程度★	—	90	%
Z1	自选指标		宕口和矿山修复示范工程数量	3	5	个
Z2			工程机械环保装备制造产值	14.5	22	亿元
Z3			固体废物产生量密集型产业产值占比	10.5	10.2	%
Z4			建立危险废物智慧监管平台	—	平台建成投入运行	—
Z5			铅酸蓄电池回收利用率	40	60	%
Z6			美丽宜居乡村建设	212	600	个
Z7			细化一般工业固体废物分类体系	—	建立徐州市一般工业固体废物分类名录	—

注：★为必选指标。

18.2.3 四大体系构建

1. 制度体系

制度体系作为无废城市建设的基础，主要包括地方性法规、地方政府或部门规范性文件、标准规范、专项行动方案及其他 5 个领域，试点期间共部署 29 项任务。其中地方性法规 2 项，地方政府或部门规范性文件 9 项，标准规范 3 项，专项行动方案 4 项，其余领域 11 项。徐州市涉及一般工业固体废物的制度体系建设如表 18-2 所示。

在地方性法规方面，徐州市主要推进工业固体废物源头减量，强化危险废物监管，增加产业结构优化、清洁生产、源头减排等方面的条款，完成立法；在地方政府或部门规范性文件方面，徐州市主要通过健全工业固体废物申报登记制度，依托全国固体废物信息管理系统开展大宗一般工业固体废物网上申报，试点一般工业固体废物细化分类申报；在标准规范方面，徐州市主要通过总结生态修复经验、推广工程机械再制造标准体系，实现生态修复经验向同类地区推广；在其他方面，徐州市主要通过优化产业结构、推进相关专项规划、做好相关企业清洁生产审核、实施园区循环化改造以及开展绿色矿山创建，实现大宗工业固体废物产生量减少及促进企业清洁生产。

徐州市无废城市制度体系构建一览表　　　　　　　　表 18-2

序号	任务清单		主要内容
A1	地方性法规		
A1-1	制订《徐州市工业固体废物管理条例》		推进工业固体废物源头减量，强化危险废物监管，增加产业结构优化、清洁生产、源头减排等方面的条款，完成立法
A2	地方政府或部门规范性文件		
A2-1	健全工业固体废物申报登记制度		依托全国固体废物信息管理系统开展大宗一般工业固体废物网上申报，试点一般工业固体废物细化分类申报
A3	标准规范		
A3-1	总结徐州市生态修复经验，发布采煤沉陷区、采石宕口生态修复技术标准		发布 2 项技术标准，相关经验向同类地区推广
A3-2	进一步完善和推广工程机械再制造标准体系		发布 1～2 项企业标准
A4	其他		
A4-1	优化产业结构	按原计划推进钢铁、焦化、水泥、热电、化工传统行业布局优化和转型升级工作	协同实现大气污染治理与工业固体废物源头减量，冶金渣、粉煤灰、脱硫石膏、炉渣、精（蒸）馏残渣等产生量大幅降低
A4-2		提升高新技术产业、服务业等低产废强度产业占比	2020 年，全市服务业增加值占 GDP 比重完成目标任务，高新技术产业占工业产值比重达 40%
A4-3	推进《徐州市"十三五"能源发展规划》《徐州市削减煤炭消费总量专项行动实施方案》等相关工作		煤炭消费压减完成目标任务，实现大宗工业固体废物源头减量
A4-4	做好相关企业清洁生产审核		实施强制清洁生产审核企业均达到 Ⅱ 级以上清洁生产水平
A4-5	实施园区循环化改造		推进《徐州市"十三五"循环经济发展规划》，13 个国家级/省级园区全部开展循环化改造工作，资源利用效率提升
A4-6	开展绿色矿山创建		建立绿色矿山工作推进机制，引导支持矿山企业主动开展绿色矿山创建，恢复生态环境。提升绿色矿山建设水平，提高煤矸石综合利用率

2. 技术体系

技术体系作为无废城市建设的关键支撑，主要包括固体废物技术示范、固体废物智慧监管平台和新型技术研发试点三个领域，试点期间徐州市共部署 21 项任务。其中，固体废物技术示范体系建设分别涉及 7 项工业领域、5 项农业领域、2 项生活领域，固体废物智慧监管平台涉及 2 项任务，新型技术研发试点涉及 5 项任务。徐州市涉及一般工业固体废物的技术体系建设如表 18-3 所示。

徐州市无废城市技术体系构建一览表　　　　　　　　　　　　表 18-3

序号	任务清单	主要内容
B1-1	利用隧道窑烧结砖生产线协同煤矸石、工业污泥、河道淤泥及污染土壤技术示范	2020 年新增 5 万 t 煤矸石高值化利用能力
B1-2	高掺量污泥、粉煤灰及建筑垃圾制备烧结砖和高效节能隧道窑烧结工艺技术示范	预期增加固体废物掺量 20%，降低能耗 20%
B1-3	利用粉煤灰、脱硫石膏作为替代原料生产水泥、熟料技术示范	创建期继续开展粉煤灰、脱硫石膏综合利用生产水泥和技术示范
B1-4	全废钢连续加料式智能高效炼钢电弧炉关键技术与应用示范	创建期继续开展废钢高效综合利用和技术示范
B1-5	钢渣热闷处理＋金属回收＋回收后产物磨微粉生产水泥替代品技术示范；高炉炉渣细磨后生产水泥替代品和添加剂技术示范	创建期继续开展冶炼渣综合利用和技术示范
B1-6	无污染废铅酸蓄电池破碎分选及环保熔炼技术示范	创建期继续开展废铅酸蓄电池综合利用技术示范
B1-7	整机再制造、零部件再制造等再制造技术示范	创建期继续开展再制造技术体系示范

徐州市作为江苏省唯一同时列入国家振兴老工业基地和资源型城市两个规划的省辖市，近年来统筹推进传统产业改造升级和新兴产业发展壮大，初步形成了以六大传统优势产业和六大战略性新兴产业为主体的"6＋6"现代工业产业体系，如图 18-3 所示。与此同时，徐州市大力推进生态工业园区建设，营造了绿色健康的产业发展环境。

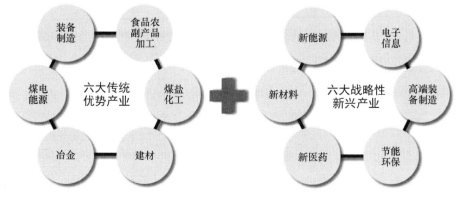

图 18-3　徐州市"6＋6"现代工业产业体系

关于技术体系建设方面，徐州市主要通过建立 7 大技术体系示范，包括隧道窑烧结砖生产线协同煤矸石、工业污泥、河道淤泥及污染土壤技术示范，高掺量污泥、粉煤灰及建筑垃圾制备烧结砖和高效节能隧道窑烧结工艺技术示范，利用粉煤灰、脱硫石膏作为替代原料生产水泥、熟料技术示范，全废钢连续加料式智能高效炼钢电弧炉关键技术示范，钢渣热闷处理＋金属回收＋回收后产物磨微粉生产水泥替代品技术示范，高炉炉渣细磨后生产水泥替代品和添加剂技术示范，无污染废铅酸蓄电池破碎分选及环保熔炼技术示范，整机再制造、零部件再制造等再制造技术示范。

可见，徐州市结合本市产业结构，打造一系列技术示范，促进徐州市在工业领域的技术体系建设。

3. 市场体系

市场体系作为无废城市建设的重要动力，主要包括市场引导手段、金融调控手段、第三方治理模式、绿色采购机制及其他 5 个领域，试点期间共部署 22 项任务。其中，市场引导手段 6 项，金融调控手段 4 项，第三方治理模式 8 项，绿色采购机制 1 项，其他领域 3 项。徐州市涉及一般工业固体废物的市场体系建设主要包括表 18-4 所示的几个方面。

在市场引导手段方面，徐州市主要通过开展企业环保信用评价工作，定期发布企业环保信用等级评定，将等级评定结果和企业电价挂钩，激发企业环保的自觉性和积极性，同时，探索排污许可"一证式"管理，将固体废物纳入排污许可证管理范围，向所有排污企业发放许可证，将工业固体废物排放情况纳入排污监管体系。

在金融调控手段方面，主要通过引导资金向工业固体废物综合利用领域倾斜，提升地方固体废物回收利用处置投资。

在第三方治理模式方面，徐州市主要通过培育骨干企业来加强工业固体废物领域市场主体建设，如培育循环经济类骨干企业和产业带集群、培育蛋类重点品种固体废物综合利用骨干企业、鼓励龙头企业开展自产固体废物高值化综合利用等。

徐州市无废城市市场体系构建一览表

表 18-4

序号	任务清单		主要内容
市场引导手段			
C1-4		开展企业环保信用评价工作，定期发布企业环保信用等级评定，将等级评定结果和企业电价挂钩	激发企业环保的自觉性和积极性
C1-5		探索排污许可"一证式"管理，将固体废物纳入排污许可证管理范围，向所有排污企业发放许可证	将工业固体废物排放情况纳入排污监管体系
金融调控手段			
C2-1		引导徐州市金融机构资金向无废城市建设项目倾斜	支持相关处置项目持续运营
C2-2	加强绿色信贷支持	引导金融机构资金向工业固体废物综合利用领域倾斜，加大绿色信贷支持力度	提升地方固体废物回收利用处置投资，建设固体废物综合利用相关项目绿色信贷

序号	任务清单		主要内容
第三方治理模式			
C3-1	培育骨干企业	培育循环经济类骨干企业和产业集群。依托徐州、新沂两大资源循环利用基地建设,重点培育综合型运营企业新盛绿源公司,以及基地内承担重点品种固体废物处置的协鑫环保能源、光大环保(徐州)、国鼎盛和等项目运营企业	培育骨干企业
C3-2		培育城市矿产综合利用类骨干企业和产业集群。依托邳州再生铅集聚区"城市矿产"示范基地,重点培育废铅酸蓄电池拆解利用企业江苏新春兴,以及产业链下游的西恩迪(蓄电池生产)、金发科技(蓄电池废塑料外壳利用)等企业	
C3-3		培育单类重点品种固体废物综合利用类骨干企业。围绕煤矸石、秸秆、危险废物等重点固体废物品种的处置,培育骨干处置企业	
C3-4		鼓励龙头企业开展自产固体废物高值化综合利用。如徐钢集团继续开展钢渣、水渣制水泥替代品或添加剂等资源化利用,大屯能源将洗煤煤矸石和煤泥用于发电机组掺烧,花厅酒业继续开展酒糟制蛋白饲料等资源化利用	

4. 监管体系

在监管体系方面,徐州市主要通过加强固体废物信息化监管、开展危险废物规范化管理考核评估、严厉打击固体废物污染环境违法行为及做好涉固体废物环境信访、投诉、举报案件办理相关工作,具体内容分别如下:

(1)推进固体废物监管能力建设,加强固体废物信息化监管,形成部门合力,提升固体废物综合治理能力

徐州市通过颁布实施《徐州市工业固体废物管理条例》等地方法律法规和政府规章,印发相关政策性文件,建设完成"以智管废"固体废物管理平台和危险废物环境管理智慧应用平台,推进信息化监管能力建设,逐步实现固体废物全过程动态监管。

(2)做好涉固体废物环境信访、投诉、举报案件办理

颁布实施《徐州市生态环境违法行为举报奖励办法》《徐州市生态环境违法行为举报奖励实施细则》。

18.2.4 重大设施规划

固体废物处理设施建设是无废城市建设的根本保障,主要包括固体废物源头减量类、

固体废物资源化利用类和固体废物最终安全处置类 3 个领域，关于工业固体废物的相关设施规划，主要集中在固体废物资源化利用类和固体废物最终安全处置类 2 个领域，其一般工业固体废物处置相关建设工程如表 18-5 所示。

一般工业固体废物处置相关建设工程一览表 表 18-5

序号	项目名称	建设内容	效益分析
固体废物资源化利用			
1	燕龙基玻璃回收加工再利用生产基地项目	引进德国全自动智能光学加工设备，建成 8 条玻璃光学处理加工分拣线，建设完成后规划实现年生产销售废旧玻璃约 400 万 t	建成投产后，将成为世界上单体废玻璃分拣产能最大、效率最高以及技术工艺、环保处理最先进的废旧玻璃分拣加工生产线，年可实现销售 10 亿元
2	特钢板材减量置换技改配套年加工配送 100 万 t 废钢项目	建设车间 4500m²，通过分选、切割、破拆、打包检验入库等工艺对废钢进行加工处理，实现配送 100 万 t 废钢能力	促进废钢的资源化利用，实现废钢综合利用和资源化利用，年可实现销售收入超 10 亿元
3	骏发活性炭脱附中心项目	项目总占地面积 1000m²，总建筑面积 1350m²，建设活性炭脱附再生生产线及配套设施等，项目完成后可实现脱附再生活性炭 10000m³/年的生产规模	项目建成后，按照活性炭脱附再生次数 6 次/年（重复利用）测算，区域可降低危险废物产生量 50000m³/年（约 25000t/年）；同时按照设计规模，创税 150 余万元，具有良好的经济效益。此外，项目建设符合国家资源再生利用产业政策
4	废岩棉协同处置循环利用项目	年处理废岩棉 1 万 t。新建标准厂房约 4000m²，废岩棉压块生产线一条	每年可处理废岩棉约 1 万 t。项目正常年营业收入 15500 万元。年利润总额 1054.05 万元，其中年净利润 790.55 万元（所得税后）。项目总投资收益率 32.4%，项目资本金净利润率 35.1%。所得税后项目投资回收期 6.9 年（含建设期）
固体废物最终安全处置			
5	徐州美利圆环保科技有限公司工业废物资源化循环回收利用项目（二期）	在原有厂区进行技改扩建，对原有包装车间、仓库、储存区及综合仓库进行改造，技改完成后总建（构）筑物面积 30638.16m²，新增各类反应釜、配料釜、压滤机等设备 60 余台（套）	废硝酸 3000t、表面金属及热处理污泥 3.6 万 t、醋酸 2 万 t、废碱 2 万 t 的年处理能力
6	徐州广达环保科技有限公司废包装桶再生利用项目	建筑物面积 4200m²	项目达产后形成处理年产再生钢桶 30 万只、塑料桶 15 万只、吨桶 15 万只、油漆桶 12000t 的生产能力

序号	项目名称	建设内容	效益分析
7	徐州泽众环境科技有限公司（中联二期）水泥窑协同处置污染土壤项目	通过对徐州中联水泥有限公司 2 号窑高温段进行改造，实现在安全、环保、清洁生产的前提下年处置 14.1 万 t 城市工业搬迁污染地块土壤	可部分替代水泥生产的硅铝质原材料，实现污染土壤资源化和再生化处理，建成后形成年处置 14.1 万 t 污染土壤的处理能力
8	徐州市龙山水泥有限公司二期水泥窑协同处置 10 万 t/年污染土壤项目	占地面积为 4750 亩，通过焚烧将污染土中的挥发性重金属或有机污染物脱除，年处置 10 万 t 污染土壤，最终产品为水泥	预计能形成 10 万 t 污染土壤的处理能力
9	徐州振丰新型墙体材料有限公司工业污泥利用处置工程项目	利用新建的 66 万 t 煤矸石烧结砖隧道窑，在余热发电的同时，协同处置污染土壤 32 万 t、工业污泥 22 万 t	处理利用煤矸石 66 万 t，协同处置污染土壤 32 万 t、工业污泥 22 万 t，并利用余热发电
10	徐州中金阚电燃煤耦合污泥综合利用项目	依托江苏阚山发电有限公司原有发电设备，其容量为 $2\times600MW$ 超临界发电机组，燃煤耦合污泥综合利用，设计规划建成 $3\times150t/d$，生物质污泥年综合利用 16.2 万 t，主要建设 120t 污泥储存仓、污泥输送系统、污泥气味收集处理系统	按照实际处理徐州市含水率 80% 的市政污泥 150t/d 计算，根据市财政补贴 180 元/t，燃煤损耗 120 元/t，需 7 年收回投资成本
11	江苏徐矿综合利用发电有限公司掺烧污泥等一般性固体废物耦合	①在厂内通过建设封闭煤棚进行一般性固体废物掺烧；②对原有湿煤泥泵送系统进行升级改造，将湿煤泥通过泵送系统及密闭管道送入锅炉进行燃烧；③产生炉渣送到水泥厂进行综合利用	年消纳污泥等一般性固体废物 12 万 t 以上
12	沛县浩宇绿色能源科技有限公司工业污泥利用处置工程项目	占地面积 29 亩，建筑面积 1 万 m²，工艺路线为：上料→配料→搅拌→挤压成型→成品	处理农林废弃物 11 万 t/年、干化污泥 7 万 t/年、添加剂 2 万 t/年
13	五山宕口修复工程（五山公园）	三环东路以东，广山周边，拆迁征地，建设山体运动公园及绿色慢行系统；落实"海绵城市"理念的要求，恢复生态，形成特色	处理工程渣土 1000t/年
14	拖龙山山体生态修复	长安路以东、迎宾大道以西、彭祖大道以北，按照"海绵城市"理念，修复采石破损山体，恢复生态多样性	处理工程渣土 22.32 万 t/年

续表

序号	项目名称	建设内容	效益分析
15	卧牛宕口修复工程（卧牛山山体公园）	西至卧牛山小学，东至西三环，北至淮海西路延长段，南至老徐萧公路（不含汉墓保护区域）。实施生态修复区环境改造及建设绿色慢行系统	处理工程渣土 3692.5t/年
16	桃花源采煤沉陷地治理工程一期（桃花源湿地公园）	故黄河南岸三环西路至丁楼闸段，占地约 1500 亩。建设集休闲、健康、生态湿地等于一体的城市湿地公园；建设绿色慢行系统	处理工程渣土 72.38 万 t/年
17	柳泉镇塔山废弃矿山地质环境治理工程	削坡减载、挖高填低、土地平整、植树绿化	将治理项目融入塔山村"一山一湖一古村"全景体验式的乡村旅游，不仅修复了矿山生态环境，还整理出可利用土地近 100 亩，经济、生态效益显著
18	银山 1 号废弃矿山地质环境治理工程	削坡减载、挖高填低、土地平整、植树绿化	整理出近 60 亩土地用于建设，基本实现了地质灾害有效治理，环境显著提升，宕底平整利用
19	银山 2 号废弃矿山地质环境治理工程	削坡减载、挖高填低、土地平整、植树绿化	消除地质灾害隐患，恢复矿山生态，新增绿地面积约 2 万 m^2，改善娇山湖片区人居环境

18.3 创新亮点

18.3.1 以地方立法推进协同治理的工业固体废物管理模式

在国内地级市率先出台《徐州市工业固体废物管理条例》，建立市、县上下协调联动机制，形成以区域会商、信息共享、联合执法等方式为纽带的淮海经济区协同管控模式，加强信息化和物联网的"全过程监控和信息化追溯"智慧监管体系建设，强化对面广量大的工业固体废物的精细化管理。

18.3.2 以工业绿色转型协同削减工业固体废物和大气污染物模式

推进煤炭开采企业绿色转型，推动钢铁、焦化、水泥、热电、化工等传统行业整合优化，淘汰落后产能，打造以"装备与智能制造、新能源、集成电路与 ICT、生物医药与大健康"四大战略性新兴主导产业为重点的绿色高质量发展产业集群，实现工业固体废物源头减量和大气污染物的协同削减。

18.3.3　工业园固体废物产业共生和循环利用模式

围绕空间布局优化、循环产业链构建、废弃物综合利用、公共服务设施建设等方面，突出园区内"物质循环、项目协同、产业共生"，以重点产业项目建设为支撑，充分考虑园区建设项目的技术协同性和规模匹配性，突破各项目独立建设、处置技术单一存在的固有缺陷，实现项目互生、产业共生和资源再生，提升产业园运行效率和循环化水平。

18.3.4　以环保产业培育促进工业固体废物高值利用模式

鼓励支持企业大宗工业固体废物高值化利用新技术的研发，改变过去工业固体废物"低值单一利用"方式，培育利用煤矸石、粉煤灰、脱硫石膏、钢渣等大宗垃圾生产新型建材的企业，提高徐州大宗工业固体废物的综合利用能力和高值化利用水平。以"产业循环共生、能源资源高效利用"为着眼点，依托国家级循环经济产业园，打造固体废物协同共生处理的产业链以及"设备回收—再制造—生产营销"的再制造产业链。

第 19 章 资源型城市——铜陵市
无废城市建设实践方案

19.1 城市概况

19.1.1 区位及自然条件

铜陵市位于安徽省中南部、长江下游，北接合肥，南连池州，东邻芜湖，西临安庆，是长江经济带重要节点城市和皖中南中心城市。1956 年建市，现辖一县三区（枞阳县、铜官区、义安区、郊区）。

铜陵属北亚热带湿润季风气候，四季分明，气候宜人。铜陵因铜得名、以铜而兴，素有"中国古铜都，当代铜基地"之称。采冶铜的历史始于商周，盛于汉唐，已延绵 3500 余年。

铜陵市是长三角城市群西翼新兴增长极，国际铜产业与先进制造业基地，长江中下游重要港口城市，还是皖南国际文化旅游示范区的重要旅游目的地。铜陵市是全国有色金属工业基地，也是重要的硫磷化工基地、国家级电子材料产业基地、长江流域重要的建材生产基地，拥有 1 个国家级开发区、1 个国家级高新区、3 个省级开发区。

19.1.2 固体废物管理情况

1. 工业固体废物

铜陵市工业固体废物主要来源于矿山采选、火电、冶炼、硫磷化工等行业，主要固体废物种类包括尾矿、磷石膏、脱硫石膏、钛石膏、炉渣、冶炼废渣、粉煤灰等。2018 年，一般工业固体废物产生量为 1454.7 万 t，综合利用量为 1221 万 t，综合利用率为 84%，主要用于生产水泥熟料、商品混凝土、纸面石膏板、水泥缓凝剂、新型墙体材料、氧化铁系颜料等。尾矿库尾砂堆存量 6797 万 t，磷石膏堆存量 540 万 t。

在开展无废城市建设试点前存在的主要问题为：工业资源充分回收利用存在短板，尾砂、磷石膏历史堆存量大，规模化、高值化综合利用技术研发及政策激励不足。

2. 农业固体废物

畜禽粪污：2018 年铜陵市规模化养殖场粪污资源化利用率 88.9%；规模以下养殖场畜禽粪污资源化利用率 76.2%；全市畜禽养殖粪污资源化利用率 79.5%。

秸秆：2018 年铜陵市可收集农作物秸秆总量 109 万 t，综合利用率 88.9%，其中肥料化利用 67.62 万 t，基料化利用 3.67 万 t，饲料化利用 6.18 万 t，能源化利用 8.07 万 t，原料化利用 11.41 万 t。

农业投入品废弃物：2018 年产生废弃农膜约 400t，化肥、种子包装袋 177t，农药包装物约 120t，农业固体废物总量约 697t。

在开展无废城市建设试点前存在的主要问题：秸秆、畜禽粪污产业化、资源化利用水平不高，农业投入品废弃物回收处理体系不健全。

3. 生活垃圾

铜陵市是全国生活垃圾分类 46 个重点城市之一，开展了 34 个生活垃圾分类示范小区以及 1 个生活垃圾分类示范片区建设。铜官区、义安区和郊区生活垃圾送铜陵海螺水泥窑协同处置；枞阳县生活垃圾送填埋场填埋处理。2018 年，铜陵市通过水泥窑协同处置生活垃圾 16.9 万 t，填埋处理 8.3 万 t。

（1）餐厨垃圾：铜陵市餐厨垃圾全部由铜陵市餐厨垃圾处理中心进行资源化利用和无害化处理，设计处理能力 100t/d，实际处理量 90t/d。2018 年，1362 家餐饮企业、商户签订了餐厨废弃物收运协议，实现市辖区建成区范围餐厨垃圾收运全覆盖。

（2）再生资源回收：2018 年，铜陵市再生资源集散（分拣）中心 2 个，在城市社区、学校、党政机关、美丽乡村建设标准回收站 100 多个。铜陵市家电定点拆解企业 1 家，拆解能力 200 万台/年；废旧汽车拆解企业 1 家，拆解能力 1000 辆/年；铅酸蓄电池收集企业 2 家，收集能力 2 万 t/年；废电路板处理企业 1 家，经营规模 1 万 t/年；再生资源管理园区 1 个。铜陵市 2018 年综合回收废旧商品近 15 万 t。

（3）绿化垃圾：铜陵市园林废弃物年产生量为 200～300t，园林废弃物目前主要通过破碎制肥进行利用。

在开展无废城市建设试点前存在的主要问题：垃圾分类水平不高，铜陵海螺水泥窑协同处置生活垃圾的水泥窑停机检修期影响市区生活垃圾处理，枞阳县生活垃圾填埋场库容接近饱和；餐厨垃圾资源化利用量已达到设计负荷的 90%，随着餐厨垃圾产生量增长，将不能满足餐厨垃圾处理需求；建筑垃圾综合利用水平不高；再生资源回收规范管理有待加强。

4. 建筑垃圾

2018 年的工程渣土清运量为 481 万 m³，其他建筑垃圾产生量约为 30 万 t，建筑垃圾主要通过堆存填埋处理或建设工地回填、坑洼地块回填、园林绿化用土等方式进行处置。

5. 城镇污泥

铜陵市城镇污泥主要来源为生活污水处理污泥，年产生量 1 万～2 万 t，主要通过水泥窑协同处置。

6. 危险废物

（1）工业危险废物：2018 年工业危险废物产生量为 31.96 万 t，主要危险废物种类为废酸、无机氰化物废物、精（蒸）馏残渣、有色金属冶炼废物、含有机卤化物废物、含铜废物等。

（2）医疗废物：2018 年铜陵市医疗卫生机构产生医疗废物 619.25t。

（3）社会源危险废物：2018 年铜陵市机动车维修保养业产生危险废物 127.81t，科研院校、检测监测机构实验室产生危险废物 1.61t。

铜陵市持有危险废物经营许可证企业 10 家，其中收集经营许可证持证企业 4 家，综合经营许可证持证企业 6 家，经营总规模达 11.7 万 t/年。经营范围涵盖了废酸、有色金属冶炼废物、含铜废物等工业危险废物，废矿物油、废铅蓄电池等社会源危险废物以及医疗废物。其中铜陵市危险废物集中处置中心负责处置铜陵及周边地区危险废物和铜陵市医疗废物。

在开展无废城市建设试点前存在的主要问题：中小微工业企业、机动车维修保养企业和科研院校、检测监测机构实验室废物存在收集难、收运不及时等问题。危险废物全过程、可追溯信息化监管能力亟待加强。

19.2　规划方案

19.2.1　总体思路

以源头大幅减量、资源高效利用、废物安全处置、管理精细到位、机制科学长效为总体目标，围绕"长江经济带、资源型城市、铜工业基地"试点城市定位，依托"铜冶炼、硫磷化工、建材"三大资源循环产业链，针对工业、农业、生活、危险废物、监管体系、无废文化六大领域，实施重点任务及具体项目，形成"资源化利用行业标准、技术示范基地、高效监管体系、铜产业无废文化"四大亮点。通过组织、制度、技术、市场、监管、宣传保障，将铜陵市打造为理念先进、亮点突出、管理高效、全民参与的无废城市建设典范。

19.2.2　规划目标

以推动铜陵市高标准站位、高质量发展、高品质生活为引领，紧紧围绕铜产业和建材循环产业链条，提升工业固体废物"资源化"利用、农业固体废物"全量化"循环、生活垃圾"链条化"管理、危险废物"零风险"管控、固体废物管理"制度化"协同、"无废铜陵"建设"全民化"参与的能力和水平。2020 年，资源消耗与产废强度开始下降，收运和处置能力大幅提升，信息化监管平台开始运行，绿色生产和生活方式蔚然成风，以"无废铜陵"建设为引领的现代化环境治理体系初步建成，无废城市建设理念和实践初见成效；到 2025 年，固体废物源头大幅减量，有价资源充分利用，有害废物安全处置，固体废物环境风险全面管控，"无废文化"理念深入人心，无废城市建设目标基本实现。

围绕"长江经济带、资源型城市、铜工业基地"试点城市定位，铜陵市坚持企业主导、市场引领、政府推动、全城发动，联动推进国家产业转型升级示范区、工业资源综合利用基地、生活垃圾分类、餐厨垃圾资源利用和无害化处理、园区循环化改造等试点示范工作。通过构建无废城市建设制度体系、市场体系、技术体系、监管体系，建设一批无废城市建设重点项目，广泛开展"无废文化"宣传培训，创建无废城市细胞工程，城市生活垃圾、市政污泥、工业固体废物、危险废物、农业固体废物处置利用能力大幅提高，固体废物综合管理水平明显提升，无废城市理念和实践取得明显成效，为"十四五"深入推进无废城市建设奠定了基础。

在总体目标的基础上，铜陵市的实施方案中提出了一系列的具体目标，包含减量化、资源化、无害化、信息化和精细化等多个维度。

19.2.3　指标体系设计

根据生态环境部的要求，铜陵市无废城市建设实施方案中设置了 46 项指标。由于铜陵市是资源型城市的典型代表，本节主要对工业相关的指标进行阐述，如表 19-1 所示，可以看出，指标体系中强调了对矿山及尾矿的治理。

铜陵市无废城市建设实施方案指标体系（节选）　　　　　　　　表 19-1

序号	一级指标	二级指标	三级指标	2018 年	2020 年	指标单位
1	固体废物源头减量	工业源头减量	工业固体废物产生强度	2.3	1.9	t/万元
2			实施清洁生产工业企业占比	50	54	%
3			开展绿色工厂建设的企业数量	11	17	个
4			开展生态工业园区建设、循环化改造的工业园区数量	2	5	个
5			绿色矿山创建率	55.9	81	%
6	固体废物资源化利用	一般工业固体废物资源化利用	一般工业固体废物综合利用率	83.4	84.4	%
7			矿山尾矿处置利用率	79	83	%
8		危险废物资源化利用	工业危险废物综合利用率	51.95	69.97	%
9	固体废物最终处置	一般工业固体废物贮存处置	一般工业固体废物贮存处置量	234	145	万 t
10			一般工业固体废物历史贮存量	7454	6700	万 t
11			开展综合整治的尾矿库数量占比	22	36	%
12		危险废物安全处置	工业危险废物安全处置量	14.87	10.61	万 t
13			医疗废物收集处置体系覆盖率	100	100	%
14			社会源危险废物收集处置体系覆盖率	85	90	%

序号	一级指标	二级指标	三级指标	2018 年	2020 年	指标单位
15	保障能力	制度体系建设	无废城市建设地方性法规或政策性文件制定	18 项	完成	定性
16			无废城市建设协调机构	0	建立	定性
17			无废城市建设成效纳入政绩考核情况	暂无	纳入	定性
18		市场体系建设	固体废物回收利用处置骨干企业数量	23	30	个
19			资源循环利用产业工业增加值占区域比重	4.9	5.12	%
20		技术体系建设	一般工业固体废物减量化、资源化、无害化技术	—	5	项
21			危险废物全面安全管控技术示范	依托危险废物信息管理系统,危险废物管理计划、台账、转移等网上申报、审核	完成"互联网＋危险废物"平台、"物联网＋废矿油"平台开发、试运行,并逐步完善平台功能,增加终端设备	定性
22			固体废物回收利用处置关键技术工艺、设备研发及应用示范	3	7	个
23		监管体系建设	涉固体废物环境污染刑事案件办结率	100	100	%
24			危险废物规范化管理抽查合格率	78.89	92.5	%
25			固体废物相关环境污染事件处置率	100	100	%
26			涉固体废物信访、投诉、举报案件办结率	100	100	%
27	群众获得感	群众获得感	无废城市建设宣传教育培训普及率	—	80	%
28			政府、企事业单位、公众对无废城市建设的参与程度	—	70	%
29			公众对无废城市建设成效的满意程度	—	70	%

19.2.4　四大体系构建

铜陵市无废城市建设试点实施方案中四大体系需完成的任务如表 19-2 所示，可以看出：制度体系、技术体系中需要完成的任务主要聚焦于实现工业固体废物的高水平综合利用。

铜陵市四大体系构建一览表　　　　　　　　　　　　　　表 19-2

体系	任务
制度体系	1.《铜陵市生活垃圾分类管理条例》。 2.《铜陵市城市生活垃圾处理费收费标准调整方案》。 3.《铜陵市餐厨垃圾管理办法》。 4.《铜陵市建筑垃圾管理办法》。 5.《铜陵市生活垃圾分类投放指南（2019 版）》。 6.《铜陵市战略性新兴产业发展引导资金管理暂行办法（2020 年修订）》《铜陵市工业转型升级资金管理暂行办法（2020 年修订）》《铜陵市创新创业专项资金管理暂行办法（2020 年修订）》《铜陵市现代服务业专项资金管理暂行办法（2020 年修订）》《铜陵市现代农业专项资金管理暂行办法（2020 年修订）》。 7.制定了铜冶炼相关企业产品标准，对铜冶炼烟尘提炼稀贵金属具体指标进行了规范，并在全国统一的企业产品和服务标准信息公共服务平台进行声明公开 8.参与制定 1 项国家标准《磷石膏》GB/T 23456—2018。 9.《铜陵市文明行为促进条例》。 新增完成： 1.《铜陵市工业固体废物资源综合利用产品推广应用意见（征求意见稿）》。 2.印发《铜陵市再生资源回收管理办法》。 3.参与制定《冶炼副产品石膏》团体标准，已通过全国有色金属标准化委员会审定
技术体系	1.依托铜陵有色金属集团控股有限公司，构建以集团技术中心为核心、成员企业技术研发力量为基础、科技项目为纽带、产学研相结合的技术创新体系。铜陵有色金属集团控股有限公司与北京科技大学合作，开展尾砂固体废物资源化再利用研究——高硫尾矿制备复合掺合料用于混凝土的关键技术研究；与矿冶科技集团有限公司、重庆大学合作，开展铜尾矿在道路（及混凝土地面）基层中的运用研究；与武汉理工大学合作，开展沙溪铜矿资源综合利用科研及产业化项目研究。 2.磷石膏水洗压滤净化工艺技术（替代二水-半水石膏技术）。 3.铜冶炼烟灰和铅滤饼中有价金属回收和处理处置技术。 4.阳极泥中稀贵金属回收技术。 5.年替代 5 万 t 水泥低能耗充填胶凝材料矿山应用技术。 6.冬瓜山铜矿尾矿资源综合利用基础研究。 7.安庆铜矿废石尾砂胶结充填技术研究。 8.水木冲尾矿减量化利用技术研究
市场体系	1.再生资源物联平台建设。 2.可回收医疗废物处置体系。 3.医疗废物收集体系建设。 4.工业资源综合利用平台和基金建设。 5.生活垃圾和建筑垃圾处置与资源化利用市场体系建设。 6.小微量危险废物收集体系（完成中转库建设）
监管体系	1.铜陵市生活垃圾网格化监管体系。 2.垃圾分类三级监管。 3.23 家企业投保环境污染责任险。 4.环保管家服务。 5.环境综合执法机构

19.3 创新亮点

铜陵市是依托铜、硫、石灰石三大资源发展起来的资源型城市，是中国铜工业基地，也是全国重要的硫磷化工基地和长江流域重要的建材生产基地。2018年，铜陵市一般工业固体废物产生量1454.7万t，大宗工业固体废物主要来源于矿山开采、铜冶炼、硫磷化工等行业，特别是尾砂、磷石膏历史堆存量大，分别达到6797万t、540万t，规模化、高值化利用成为资源型城市共性难题。因此，本节主要讨论铜陵市自无废城市建设试点以来，提高工业固体废物综合利用水平，推动工业固体废物贮存量趋零增长的经验和做法。

19.3.1 强化政策支持，推动工业固体废物综合利用产业发展

铜陵市政府制定印发了一系列政策，支持工业固体废物资源化利用产业发展，对相关建设项目设备投资、企业购买工业固体废物利用与处置先进技术，并在本地转化、产学研联合技术研发等给予财政资金补助。

同时，明确了综合利用产品质量监管、工业资源综合利用技术推广、示范项目引领等重点工作任务，细化了奖补、税收优惠、政府采购、宣传推广等激励措施，例如对生产利用金属尾矿，工业副产石膏含量超过50%的墙体、装饰材料，以及利用金属尾矿生产胶凝材料项目，按照建成后尾矿、工业副产石膏年利用量，每吨给予5元奖励；对利用金属尾矿、工业副产石膏生产水稳等基层材料的项目，按照建成后年尾矿、工业副产石膏处理量，每吨给予1元奖励。

明确政府采购"强制或优先采购节能绿色、环保产品和固体废物综合利用产品、再生资源产品"等要求。铜陵市税务局与铜陵市生态环境局建立涉税信息共享平台和税务环保协同工作机制，依法依规免征固体废物综合利用环境保护税，落实固体废物综合利用企业所得税、增值税优惠政策。

19.3.2 坚持科技引领，为"产学研用"协同创新提供动能

2019年，铜陵市政府、科技日报社共同主办了长三角（铜陵）高质量发展院士论坛暨大院大所科技成果对接会，"武汉理工大学铜陵技术转移中心""矿冶科技集团有限公司（铜陵）国家技术转移中心""吉林大学（铜陵）国家技术转移中心""长江经济带磷资源高效利用创新平台"揭牌。矿冶科技集团针对尾砂综合利用行业共性难题，与铜陵有色金属集团控股有限公司、中交第三公路工程局有限公司、铜陵市建设投资控股有限公司、安徽铜陵海螺水泥有限公司签署了联合推进铜陵地区尾矿资源综合利用产学研合作意向书，拟通过跨行业产学研深度融合，开展尾矿综合利用关键技术研究和工程示范，形成尾矿增值消纳整体解决方案。武汉理工大学与泰山石膏（铜陵）有限公司围绕磷石膏、脱硫石膏开展制备板材和砂浆等新产品、新技术提升研究；铜陵市政府与阿里云合作，引入工业—环境大脑项目，开展重点企业能源、资源消耗在线检测和大数据分析，探索节能降耗、工

业固体废物源头减量新路径。

19.3.3 延伸产业链条，构建三大产业协同减废模式

1. 铜产业

采用尾砂胶结充填技术，从源头减少选矿尾砂堆存量；铜矿井下矸石综合利用生产建筑材料；充分回收铜冶炼阳极泥、烟灰、铅滤饼、铜砷滤饼、冶炼渣、铜延伸加工废渣金属资源。

2. 硫磷化工

硫铁矿开采矸石综合利用，选矿尾砂胶结充填采空区，硫酸烧渣全部用于钢铁（球团）企业生产原料；钛白粉行业产生的废酸浓缩回用，副产硫酸亚铁废渣综合利用生产氧化铁黑（黄、红）、磷酸铁、净水剂等产品，硫铁矿制酸焙烧渣全部送钢铁（球团）企业综合利用；通过实施磷酸工艺升级改造，提升了磷石膏品质，扩大了磷石膏综合利用规模，结合磷石膏"以用定产"、生态化利用，在实现磷石膏"当年产生，当年用尽"的同时，磷石膏历史堆存量由 540 万 t 下降至 80 万 t。

3. 水泥建材

污染土、无机污泥、危险废物、生活垃圾、飞灰通过水泥窑协同处置；磷石膏、钛石膏、脱硫石膏、冶炼废渣、粉煤灰、废水处理中和渣（石膏渣）、铜冶炼渣选矿尾砂等工业固体废物综合利用产品结构日趋多元化，形成纸面石膏板、水泥缓凝剂、矿山尾砂井下充填新型胶凝材料、蒸压加气混凝土板材（砌块）、建筑砂浆、粉煤灰砖等系列产品。实施钛石膏等工业副产石膏用于废弃露天石料矿坑修复工程，探索工业固体废物生态化利用新路径。

第 20 章　滨海型城市——三亚市
无废城市建设实践方案

三亚市作为滨海旅游城市，其无废城市建设试点工作中对于海洋业和旅游业颇有侧重。本章主要介绍其无废城市的建设目标、建设任务、四大体系构建等，并总结了这个滨海旅游城市的无废城市建设创新亮点。

20.1　城市概况

三亚市是海南省地级市，地处海南岛的最南端。三亚市是具有热带海滨风景特色的国际旅游城市，又被称为"东方夏威夷"。2016 年 6 月，中国科学院对外发布《中国宜居城市研究报告》，三亚宜居指数在全国 40 个城市中位居第 3。2016 年 9 月，三亚入选"中国地级市民生发展 100 强"。2017 年 2 月，三亚入选第三批国家低碳城市试点之一。三亚同时入选中国特色魅力城市 200 强及世界特色魅力城市 200 强。2017 年中国地级市全面小康指数排名第 50。2018 年 12 月，入选 2018 中国最佳旅游目的地城市第 15 名。2018 年 12 月，入选中国特色农产品优势区名单。2019 年 10 月，被确定为"第三批城市黑臭水体治理示范城市"。

2020 年，三亚市实现地区生产总值（GDP）695.41 亿元，按可比价格计算，比 2019 年增长 3.1%。其中，第一产业增加值 79.16 亿元，增长 2.2%；第二产业增加值 113.30 亿元，增长 3.0%；第三产业增加值 502.95 亿元，增长 3.2%。

2019 年 4 月，生态环境部发布了全国首批 11 个无废城市建设试点城市名单，三亚市是海南省唯一入选城市。

三亚立足本市固体废物产生和管理现状，坚持人与自然和谐共生基本方针，以无废城市建设试点为抓手，构建政府主导、部门协同、企业主体、公众参与的多元共治格局，围绕"世界一流滨海旅游城市"的发展目标，推动形成针对旅游和常住人口的绿色生活和消费方式，促进城市生活垃圾源头减量，构建生态文明的旅游文化，打造成为无废城市建设的宣传窗口城市。

20.2　规划实施方案

无废城市是指推动绿色发展方式和生活方式，从而实现固体废物产生量最小、资源化利用充分、处置安全、环境影响最低的一种城市发展模式。

无废城市是以创新、协调、绿色、开放、共享的新发展理念为引领，通过推动形成绿色发展方式和生活方式，持续推进固体废物源头减量和资源化利用，最大限度减少填埋量，将固体废物环境影响降至最低的城市发展模式。

20.2.1　无废城市目标

三亚市将无废城市建设划分为3个目标阶段，即启动建设阶段、持续推进阶段和全面提升阶段。2020年底，无废城市相关制度体系初步建立，市场体系和技术体系建设工作启动，生活垃圾分类、"无废"理念得到普遍推行；到2025年，相关工作持续推进，无废城市相关制度体系更加完善，市场体系和技术体系建设工作取得初步成效；到2030年，固体废物管理制度更加完善，污染治理体系和能力现代化水平明显提高。

20.2.2　无废城市建设的五大任务

围绕支撑国家生态文明试验区（海南）建设、打造国际化全域旅游城市的发展目标，三亚将重点推进白色污染综合治理、循环经济产业园建设、固体废物智慧监管、国际交流平台构建等任务，力争形成可复制、可借鉴的滨海旅游城市可持续发展经验。具体而言，有五大任务：

（1）以流动人口为重点，以宣传教育为抓手，做好生活垃圾减量。

广泛开展"无废机场""无废酒店""无废景区"、绿色商场等细胞工程建设，落实企业主体责任；全面部署推进生活垃圾分类，推进快递绿色包装应用。

（2）以白色污染综合治理为重点，以生态海岸为抓手，建设"无废生态岛屿"。

深入推进实施禁塑工作，鼓励宾馆、酒店等经营主体和大型航空集团开展减少一次性塑料制品使用的可行举措；探索对一次性塑料标准包装物推行押金制度，引导驱动包装废物回收；建立海洋垃圾监测、入海管控和治理机制；以滨海景区、邮轮、海岛为基础单元，探索形成"无废生态岛屿"建设模式。

（3）以园区建设为重点，以工业旅游为抓手，推动高质量循环利用。

加快推进循环园区建设，统筹规划废物协同处置，保障各类固体废物处理能力，重点强化建筑垃圾一体化管理、餐饮垃圾收集处理、危险废物暂存和转运中心建设。因地制宜开展工业旅游示范，提高公众对无废城市建设的关注度和支持度。

（4）以生态农业为重点，以美丽乡村为抓手，加大农业污染治理。

充分发挥绿色防控区和"田洋"示范带头作用，减少农药和化肥使用；建立农作物秸秆资源台账制度，加强农业固体废物清理回收。加强美丽乡村环境整治，推进农村生活垃圾分类，发展休闲农业，构建生态农业旅游项目。

（5）以"无废文化"为重点，以国际平台为抓手，打造无废城市窗口。

加强"无废文化"宣传引导，纳入党政机关、国民教育、干部学习和旅行社行业培训体系，融入酒店、景区、学校等准则规范。建设三亚市固体废物智慧管理平台，实现城市固体废物精细、动态管理。组织开展"无废"主题国际赛事活动，建设国际交流合作平台，展示无废城市建设。

20.2.3 四大体系构建

根据生态环境部公布的信息，三亚市无废城市建设试点"四大体系"任务完成情况良好，除监管体系无相关任务外，其他三大体系建设皆卓有成效。

1. 制度体系

三亚市无废城市制度体系建设试点任务共 23 项，正在开展 1 项，已完成 22 项。

2. 技术体系

三亚市无废城市技术体系建设试点任务共 5 项，正在开展 0 项，已完成 5 项，总结如下：

三亚市在建设无废城市试点期间构建了循环经济产业园固体废物协同处置技术示范，形成园区内资源共享、副产品互换的共生组合；加强了生活垃圾减量化和资源化技术研究，例如餐厨垃圾油脂用于制备生物质柴油，固体用于焚烧发电，生活垃圾焚烧炉渣用于制备建材产品，市政污泥用于蚯蚓养殖等；实施农作物病虫害绿色防控技术示范，减少了农药和化肥使用量；构建建筑垃圾一体化处理模式，建筑垃圾经分类后，依托建筑垃圾综合利用厂制备建筑材料，实现资源化利用；进行入海垃圾特征研究，对海洋塑料、漂浮物等进行分析，摸清三亚海域海岸带海洋垃圾的来源、种类、数量、分布特点等。

3. 市场体系

三亚市无废城市市场体系建设试点任务共 18 项，正在开展 6 项，已完成 12 项，总结如下：

创建了"无废酒店"、绿色商场、"无废旅游景区""无废岛屿""无废机场""无废机关"、绿色校园等众多"无废"场所，引导了绿色建筑和装配式建筑的建设。

在危险废物和医疗废物的处理方面，形成了废铅酸蓄电池收集、暂存、转运回收体系；培育骨干企业，推进医疗废物协同处置项目，提升医疗废物规范化收集、贮存和处置能力，保障琼南 9 市县医疗废物的安全处置与处置过程废物的达标排放。

在垃圾分类方面，搭建了智慧垃圾分类系统，对接生活垃圾分类各试点数据，形成市区两级数据共享的业务监管中心和服务于广大市民的生活垃圾分类互动中心。

在开展旅游业方面，积极开展工业旅游，在循环经济产业园创建工业旅游示范园区，生活垃圾焚烧发电厂于每月第二周的周六正常开展对外开放和参观活动；同时开展休闲农业旅游，以大茅远洋生态村项目为蓝本，在主要休闲农业旅游区修建农业生产展览馆廊，展现生态农业概念，推广绿色生活理念，提高公众参与度。

20.2.4 重大设施规划

在无废城市建设试点期间，三亚市完成了生活垃圾焚烧发电厂（扩建项目）建设，生活垃圾焚烧处置能力达到 2250t/d，实现三亚原生生活垃圾零填埋，并且依托生活垃圾焚烧厂建设了生活垃圾环保教育基地；建成畜禽废弃物综合利用处理中心 1 个，国家级、省级标准化健康养殖示范场（小区）10 个，病死畜禽无害化处理场 1 个；完成田洋农资废物收集点改造；建设农作物病虫害绿色防控示范区 650 亩，示范全生物降解农膜面积累计约 3000 亩；开展了医疗废物集中处置中心设施升级改造工作；在崖州区、吉阳区大东海、海棠区蜈支洲岛等建设海洋垃圾环保教育基地。

20.2.5　保障措施

1. 加强组织领导

市委、市政府将无废城市建设列为年度重点工作任务，统一部署，纳入政绩考核评分机制。无废城市建设领导小组各有关部门充分认识协同推进建设工作的重要性，加强沟通和协调配合，突出问题导向，紧紧围绕固体废物减量化、资源化和无害化，细化建设目标和任务清单，切实采取有效措施推进落实，确保完成各项工作任务。

2. 强化总结评估

领导小组办公室可从相关部门抽调专人集中办公，加强监督检查和情况通报，汇编和分享无废城市典型模式和案例，总结部署阶段性工作任务，组织第三方开展方案中期评估并更新调整。各部门加强对重点任务的跟踪分析、督促检查和效果评估，及时总结凝练经验模式；对实施过程中发现的问题，及时上报领导小组进行研究和调整。

3. 加大要素投入

加强法治保障，制定完善绿色低碳"无废"相关地方性法规和标准体系。加大资金支持，各级政府要落实无废城市建设工作经费保障，纳入年度预算；加强政、银、企信息对接，鼓励银行业金融机构与相关部门建立绿色项目认证和共享，引导和鼓励社会资本加大对固体废物处理设施投入力度。开展"产学研政"技术创新和应用推广，重视发挥"候鸟人才""银发精英"等专家智库作用。

4. 强化宣传引导

将无废城市建设内容纳入领导干部培训、市民教育和旅游行业宣贯体系，面向党政机关、学校、社区、家庭、企业开展分批次宣传活动。大力发展"无废细胞"建设，打造"无废"示范基地，引导居民和游客多维度广泛参与，持续营造良好舆论氛围。依法加强固体废物产生、利用与处置信息公开，发挥社会组织和公众监督作用。

20.3　创新亮点

三亚市是典型的滨海型旅游城市，其创新亮点主要有以下几个方面。

20.3.1　制度引领＋源头减量＋陆海统筹＋公众参与＋国际合作的白色污染综合治理模式

在制度引领方面，强化顶层设计，成立"禁塑工作领导小组"，细化"禁塑"工作任务，强化责任落实，建立协调机制，高位推进"禁塑"工作。在源头减量方面，实施重点行业和场所"禁塑"；以"无废细胞"建设为抓手，鼓励可重复利用的替代品的使用；推广绿色农业防控技术和生物降解农膜，促进农业塑料废物源头减量；规划建设全生物降解塑料制品厂，解决不可降解塑料制品的替代产品供应问题。在陆海统筹方面，强化塑料垃垃收集回收体系建设；全面启动海上环卫工作；借力河长制、湖长制，加强河道垃圾排查整治，防止河道垃圾进入海域。在公众意识提升方面，加强宣传引导，建立海洋环保宣传教育基地，为公众搭建常态化、社会化的海洋环保科普平台。在国际合作方面，加入WWF"净塑"城市倡议，开展国际"净塑"项目合作和经验分享，提升三亚在塑料污染防控方面的国际影响力。

20.3.2 基于全方位"无废细胞"建设的旅游行业绿色转型升级及"无废"理念传播模式

基于三亚市生态环境和旅游产业优势，努力打造从入岛到离岛的无废城市建设全方位宣传和意识提升，打造以旅游行业为基础的全方位"无废文化"传播模式；通过开展"无废机场""无废酒店""无废旅游景区""无废岛屿""无废赛事""无废会展"、绿色商场、绿色机关、绿色社区等"无废细胞"建设，实施固体废物减量化、资源化、无害化处理举措，落实企业主体责任和公众个人意识，开展多种形式的宣传教育，借助文旅产业传播生态文明的旅游文化和无废城市理念，基本形成了基于绿色生活、绿色消费模式的从机场—酒店—旅游景区—商场到海岛的全链条精品绿色旅游品牌，推动旅游产业绿色发展，打造旅游行业绿色品牌形象，建立基于生态环境改善的旅游产业经济效益提升战略。

20.3.3 破解"邻避效应"，解决废物协同共治、区域共治的循环经济产业园建设模式

明确以固体废物处理和资源化利用为主要产业的园区定位，将生活垃圾焚烧发电、建筑垃圾综合利用、餐厨垃圾处理、危险废物预处理和转运中心、再生资源集散中心等固体废物处理设施规划入园，为城市发展提供基础保障设施，有效解决"邻避效应"；创新性利用生活垃圾焚烧厂配套医疗废物处置设施建设，解决区域医疗废物处置难题，提升医疗废物处置能力，防范重大疫情可能带来的环境风险；将生活垃圾、餐厨垃圾、建筑垃圾等处理设施向公众开放，开展工业旅游示范，提升公众的参与感及获得感。

第 21 章　农业型城市——瑞金市
无废城市建设实践方案

21.1　城市概况

瑞金市位于江西省南部，赣州地区东部，武夷山脉南段西麓，赣江东源，贡水上游。

瑞金市区位突出，地扼赣闽咽喉，素为赣闽粤三省通衢，是"一带一路"的重要腹地和长江经济带的规划范围。同时，瑞金市位于赣江源头，生态环境优越，是中国绿色名县。农业物产富饶，盛产脐橙、油茶、蔬菜、白莲、烟叶、鳗鱼、蜂蜜等，是国家农业产业化示范基地、国家有机产品认证示范区、中国优质脐橙生产基地、全国重要的烤鳗出口基地、全省现代农业工作先进县（市）。

21.1.1　瑞金市产业特色

瑞金市形成了旅游业带动第三产业、主导行业提升第二产业、特色农产品引领第一产业的发展格局。2020 年全市地区生产总值（GDP）一季度负增长 2.5%，上半年恢复增长 1.8%，前三季度加快恢复 2.6%，最终以实现 174.7 亿元、增长 3.7% 收官。其中第一产业增加值 27.4 亿元，增长 2.7%；第二产业增加值 62.9 亿元，增长 3.2%；第三产业增加值 84.4 亿元，增长 4.3%。三产结构比 15.7∶36∶48.3。由此可知，农业增值在三产中占比最小。

瑞金市 2020 年粮食产量 2163.9 万 t，比上年增长 0.3%。油料产量 122.7 万 t，增长 1.6%。蔬菜及食用菌产量 1642.7 万 t，增长 3.8%。棉花产量 5.3 万 t，下降 19.5%。甘蔗产量 61.2 万 t，下降 2.0%。烟叶产量 2.7 万 t，增长 18.6%。茶叶产量 7.2 万 t，增长 7.2%。园林水果产量 493.2 万 t，增长 4.0%（表 21-1）。

猪牛羊禽肉产量 283.0 万 t，比上年下降 5.1%。其中，猪肉产量 180.7 万 t，下降 12.6%；牛肉产量 15.2 万 t，增长 15.7%；羊肉产量 2.6 万 t，增长 11.7%；禽肉产量 84.5 万 t，增长 11.3%。禽蛋产量 61.2 万 t，增长 7.1%。牛奶产量 9.1 万 t，增长 25.1%。水产品产量 262.7 万 t，增长 1.5%。年末生猪存栏 1569.9 万头，比上年末增长 56.0%；生猪出栏 2218.3 万头，下降 12.9%。

2020 年全市主要农产品产量一览表　　　　　　　　　　　　　　　表 21-1

主要农产品名称	产量（万 t）	比上年增长（%）
粮食	2163.9	0.3
油料	122.7	1.6

续表

主要农产品名称	产量（万 t）	比上年增长（％）
蔬菜及食用菌	1642.7	3.8
棉花	5.3	−19.5
甘蔗	61.2	−2.0
烟叶	2.7	18.6
茶叶	7.2	7.2
园林水果	493.2	4.0
猪牛羊禽肉	283.0	−5.1
水产品	262.7	1.5

21.1.2 农业固体废物产量

1. 畜禽粪污

2020 年，全市畜禽粪污产生总量约 85.13 万 t，资源化利用量 82.83 万 t。其中，规模养殖场粪污产生量 22.67 万 t，综合利用量 19.08 万 t，畜禽粪污综合利用率达 96.15％。规模养殖场粪污处理设施装备配套率 100％。全市规模养殖场畜禽粪污主要是通过"与周边农户签订协议就近消纳、种养一体就地循环利用、有机肥厂收集加工销售"三种模式进行利用，规模以下畜禽养殖场全部为种养一体就地循环利用模式，依托粮食播种面积 53.1 万亩，以水稻、蔬菜、白莲为主的经济作物种植面积 37.3 万亩，以脐橙、油茶等为主的林果种植面积 30 多万亩。

2. 秸秆

瑞金市秸秆综合利用方式以肥料化为主，包括还田利用、堆肥及生物腐化利用等，少量用于饲养家禽和作为燃料利用。2020 年，全市农作物秸秆总产量约 18.80 万 t，可收集量为 14.53 万 t，综合利用量为 13.98 万 t，综合利用率达 96.2％。其中，秸秆还田量 12.40 万 t、堆肥量 0.50 万 t、生物腐化利用及覆盖 0.08 万 t、用作饲料 0.65 万 t、用作燃料 0.36 万 t。

3. 废旧农膜、农药包装废弃物

2020 年，瑞金市农膜总覆膜面积 4.96 万亩，农膜使用量为 223t；农膜回收面积 4.2 万亩，回收量 190t，回收率达 85.2％。其中主要覆膜作物是烟叶，全市烟叶育苗覆膜 12500 亩，用量大约为 61.9t，烟叶覆膜回收率达 99％，其中公司回收 98.87％，烟农回收 0.13％。2020 年，瑞金市农药零增长治理工作主要围绕瑞金市、赣州市及江西省工作要求，通过做好农作物病虫监测预警、统防统治、绿色防控、安全科学用药等措施减少农药使用量。实现农药使用量逐年减少，2019 年农药使用量为 397.89t，2020 年农药使用量为 395.10t。农药经销点数量约 300 家，分布在全市各个乡镇。农药包装废弃物重量与农药总重量的比例按 10％计，经估算，全市农药废弃物量约 39.51t。2020 年，农药包装废弃物回收处置量为 15t。

21.1.3　固体废物管理，促进制度实施

1. 制定了畜禽粪污、农药包装废弃物和废旧农膜管理制度

加强农业面源污染治理，促进农业绿色发展。在畜禽养殖方面，制定了各种相关文件，在全市开展畜禽养殖污染治理专项行动，大力支持规模养殖场升级改造。在废旧农膜、农药包装废弃物方面，推进废旧农膜与农药包装废弃物回收处置工作，减少环境污染。

2. 完善固体废物统计制度

完善农业固体废物统计方法。针对养殖场畜禽粪污，由农业农村局组织养殖场（小区）定期填报，统计畜禽规模养殖场粪污综合利用设施配套率、养殖场畜禽粪污产生量、资源化利用量、综合利用率等指标数据；针对废旧农膜，由农业农村局牵头，开展废旧农膜生产使用和回收利用普查，汇总农膜销售量、使用年限、回收量等数据，核算农膜（地膜）产生和回收利用量；针对农药包装废弃物，由农业农村局牵头，协调生态环境局、供销社及当地农资经销商、零售商共同参与，掌握区域农药使用种类、使用量、回收处置等信息，核算瑞金市农药包装废弃物产生量及回收处置情况。

21.2　规划方案

21.2.1　总体目标

深入贯彻落实习近平总书记视察江西和赣州重要讲话精神，聚焦"在加快革命老区高质量发展上作示范、在推动中部地区崛起上勇争先"的目标定位，深入实施"创新引领、改革攻坚、开放提升、绿色崛起、担当实干、兴赣富民"工作方针，充分利用赣南等原中央苏区振兴发展的重大机遇，以"不忘初心、牢记使命"主题教育为契机，充分发挥红色旅游优势，推动瑞金形成"红色旅游引领绿色生活、生态农业引领绿色生产"理念宣传高地，建立以减量化、资源化为主的无废城市建设管理机制和保障体系，补齐固体废物资源化、无害化处置短板，使无废城市建设理念深入人心，形成可复制、可推广的无废城市建设瑞金经验。

21.2.2　指标体系设计

瑞金市无废城市农业建设试点指标涵盖固体废物源头减量、资源化利用、最终处置、保障能力四个方面，关于农业总共 10 个指标，具体详见表 21-2。

瑞金市无废城市农业建设试点指标　　　　　　　表 21-2

序号	一级指标	二级指标	三级指标	现状产值（2020 年）	单位
1	固体废物源头减量	农业源头减量	开展生态农业示范县、种养结合循环农业示范县建设数量	1	个

序号	一级指标	二级指标	三级指标	现状产值（2020 年）	单位
2	固体废物源头减量	农业源头减量	农药使用量	395.10	t
3			化肥使用量	11009	t
4			绿色食品、有机农产品种植推广面积占比	3.8	%
5	固体废物资源化利用	农业固体废物资源化利用	农业固体废物收储运体系覆盖率	32	%
6			规模养殖场畜禽粪污综合利用率	96.15	%
7			农膜回收率	85.2	%
8	固体废物最终处置	农业固体废物处置	病死猪集中专业无害化处理率	100	%
9			农药包装废弃物回收处置量	15	t
10	保障能力	技术体系建设	农业固体废物全量利用技术示范	6	个

21.2.3 四大体系构建

瑞金市无废城市建设试点"四大体系"完成情况如表 21-3 所示。

瑞金市无废城市建设试点"四大体系"完成情况　　　　表 21-3

制度体系	1. 建立无废城市建设工作领导小组； 2. 建立无废城市建设政绩考核体系，制定各部门任务清单及考核指标； 3. 明确各部门职责，建立固体废物管理分工协作、信息共享、齐抓共管、闭环协调等监管机制； 4. 完善农业固体废物统计制度，针对废旧农膜、农药包装废弃物建立产生、处置和资源化利用量统计方法，完善生活垃圾统计制度； 5. 建立瑞金市固体废物污染防治信息发布及信息公开制度； 6. 建立瑞金市建筑垃圾再生利用管理制度，规范建筑垃圾运输、中转、回填、消纳、利用等行为，明确部门职责； 7. 制定出台瑞金市生活垃圾分类管理办法，制定星级饭店不免费提供一次性用品的规定； 8. 制定瑞金市中心城区生活垃圾分类工作考核和奖惩办法，采取明察暗访、定期和不定期检查相结合的方式，对垃圾分类各项任务落实情况进行督导、考评； 9. 制定废弃农药包装物回收和无害化处置管理办法，明确各部门职责分工，探索建立农药包装废弃物回收奖励或使用者押金返还制度； 10. 制定废旧农膜回收和处理管理办法，明确责任主体和回收机制； 11. 建立无废城市满意度、普及率调查评价体系
技术体系	1. 实施种养结合循环农业示范工程，探索建立"有机废物循环养地利用—培育健康土壤—优质有机农产品生产"的全链条闭环的有机废物资源化与面源污染控制产业化模式； 2. 水产加工废弃物生产新型水溶性肥，在脐橙生产基地开展新型肥料推广示范； 3. 推广测土配方施肥技术，推进畜禽粪便生产有机肥还田利用，引导和鼓励农民应用缓释肥料、水溶肥料、生物有机肥等高效、新型肥料； 4. 推进农作物病虫害专业化统防统治与绿色防控融合以及柑橘病虫全程绿色防控技术，加大现代高效植保机械和生物农药、高效低残留农药安全科学使用推广应用力度； 5. 因地制宜建立农村分类垃圾就地资源化技术模式

市场体系	1. 建设瑞金市再生资源回收体系，构建完善的塑料、废纸、废铁、废弃电器电子产品、报废汽车等固体废物回收利用体系； 2. 联合有机肥料企业、畜禽养殖企业（合作社）和绿色有机种植企业（合作社、大户）成立瑞金市有机废弃物资源化利用联盟
监管体系	无
项目工程	1. 环卫智能管理系统； 2. 景区、星级旅游酒店、红色培训基地生活垃圾分类配套基础设施建设，小区生活垃圾分类配套基础设施建设，政府机关、事业单位等党政机关完善分类配套基础设施，学校等教育机构完善生活垃圾分类配套基础设施，农村垃圾分类配套基础设施建设及就地资源化利用示范； 3. 生活垃圾焚烧炉渣综合利用项目； 4. 建筑垃圾综合回收利用生产线； 5. 农业有机废弃物资源化利用中心和配肥中心； 6. 推广有机肥资源化利用，实施万亩脐橙基地耕地质量提升示范工程，打造提质增值的健康脐橙示范园； 7. 利用沙洲坝镇昌隆采石场、金源采石场两家废弃矿山矿坑和采场，建设红色实景演艺项目，发展红色教育培训和无废城市建设宣传教育基地

21.2.4　主要实施措施

1. 推动特色农业绿色发展与废弃物资源化利用

（1）推进畜禽粪便资源化利用

全面推进种养平衡生态养殖模式，推行"以种定养、以养定种、种养平衡、生态循环"绿色发展模式，坚持畜禽粪污就地消纳利用和异地处理相结合，大力推进农牧结合、异位生物发酵床、集中制有机肥等畜禽粪污资源化利用模式。严格落实畜禽养殖"三区"规划，防止禁养区内已关闭或搬迁的畜禽养殖场复养。加快畜禽养殖场标准化改造力度，完善限养区和可养区内畜禽养殖场粪污处理设施配套建设。推进规模养殖场"二分三改＋三池＋综合利用"生态养殖模式，推行大型养殖场链接有机肥厂、链接蚯蚓养殖等模式来实现循环生态现代农业。大力推广畜禽粪便堆肥、蚯蚓养殖生产有机肥技术，鼓励发展水产品废弃物制水溶性肥料、生物肥料利用技术，促进畜禽粪污和水产加工废弃物高值化利用。科学规划合理布局养殖业和蔬菜、水果种植业，大力推行"畜-沼-果（菜）"种养平衡生态循环发展模式，支持规模化养殖企业利用畜禽粪便生产有机肥。

（2）以绿色经济推动有机肥生产使用与土壤质量提升

大力推广畜禽粪便堆肥、蚯蚓养殖生产有机肥技术，鼓励发展水产品废弃物制水溶性肥料、生物肥料利用技术，促进畜禽粪便和水产加工废弃物高值化利用。鼓励支持在种植、养殖密集区域建立有机肥生产中心、配肥中心和畜禽粪便收集体系，统筹秸秆、畜禽粪便、蔬菜等多元有机废弃物协同处理生产有机肥，推动粪污集中处置和资源综合利用。支持专业化、社会化、环农一体化服务组织发展，建立"有机废物循环养地利用—培育健康土壤—生产优质农产品"的绿色生态循环发展模式。加强农业面源污染防治，加大有机肥利用推广力度，推广精准测土配肥，持续推动化肥减量使用，探索区域养分管理、养地还田，实施土壤质量提升工程，开展蔬菜、脐橙等特色产业绿色生态有机种植示范，打造绿色有机农产品示范基地、农业可持续发展试验示范区。加快农产品标准化及可追溯体系建设，积极培育绿色品牌，推进"三品一标"农产品认证。

（3）秸秆综合利用

使用机械将秸秆打碎，耕作时深翻掩埋，利用土壤中的微生物将秸秆腐化分解，或将秸秆粉碎后，掺进适量石灰和人畜粪便，让其发酵，在半氧化半还原的环境里变质腐烂，再取出作为肥田使用；将秸秆粉碎后，与其他配料科学配比作食用菌栽培基料，可培育木耳、蘑菇、银耳等食用菌，育菌后的基料经处理后，仍可作为家畜饲料或肥料还田；将秸秆回收用作造纸的原料、压制纤维木材等。

2. 源头减少废旧农膜产生，提升废旧农膜资源化利用水平

（1）推动废旧农膜源头减量化

贯彻执行国家强制性农膜标准，推进农膜使用源头减量。禁止生产和使用厚度低于0.01mm的农膜，逐步淘汰厚度不符合国家标准的超薄农膜，示范推广加厚农膜和全生物降解膜，鼓励农户使用可降解农膜。调整种植业生产方式与配套关键技术，推广一膜多用、行间覆盖等技术。积极引进试验、示范推广加厚农膜和全生物降解膜。

（2）建立废旧农膜回收体系

制定废旧农膜回收管理办法，强化农膜使用、回收环节监管。积极构建由政府、农户、企业、社会共同参与的废旧农膜回收体系，建立使用者收集、分类处理、政府扶持与市场化运作相结合的长效机制，完善废旧农膜回收体系。依托农村生活垃圾收集点布局废旧农膜回收网点，在烟叶、蔬菜种植等农膜集中使用区域开展废旧农膜回收示范。引导种植大户、农民合作社、龙头企业等新型经营主体开展农膜回收。推进生产者责任延伸制，充分运用供销社网络体系建立废旧农膜逆向收集体系，建立健全废旧农膜回收储运和综合利用网络。

3. 推进农药包装废弃物回收处置工作，强化环境风险防控

（1）建立农药包装废弃物回收管理体系

制定瑞金市农药包装废弃物回收处理实施细则，明确农药生产者、销售者和使用者农药包装废弃物回收主体责任，健全完善回收处理激励引导机制。建立农药包装废弃物回收处置体系，探索构建"市场主体回收、专业机构处置、公共财政扶持"的回收和集中处置机制，以农药经营者为主体，以押金制、有偿回收等方式回收农药包装废弃物。建立农药包装废弃物定期转运和集中处置制度。强化宣传农药包装废弃物危害，提升使用者对农药包装废弃物回收的认知水平，加强农户对农药包装废弃物的回收意识。

（2）扎实推进农药减量增效源头，减少包装废弃物产生

大力推广农药减量增效技术措施，有效减少农药使用量，推进农药使用量零增长，从源头减少农药包装废弃物产生。加强农作物重大病虫害监测预警，科学指导病虫害防治。持续推进农作物病虫害专业化统防统治与绿色防控融合以及柑橘病虫全程绿色防控试点，大力推广理化诱控、生态调控、生物防治等病虫害防治技术，加大现代高效植保机械和生

物农药、高效低残留农药安全科学使用推广应用力度，加强农药使用管理和技术指导，推进农药减量控害提质增效。

21.3　创新亮点

根据城市发展定位，结合本地实际情况，江西省瑞金市充分发挥生态农业产业优势，以农业固体废物无废化处理为重点，稳步推进瑞金市固体废物减量化、资源化和安全处置，引领绿色生活、生态农业、绿色生产的发展模式。创新"无废＋农业"模式，促进农业产业升级与污染防治"双赢"。围绕脐橙、生猪、鳗鱼等特色种养殖业，开展种养循环农业示范，大力推行种养平衡、绿色生态的发展模式。

1. 创建有机肥利用示范基地

举办农业种植管理技术培训活动，通过专家在课上传授理论知识和果园实地指导相结合的方式，提高种植户管理水平和增施有机肥认知水平。建立示范基地，将农业固体废物变"金肥料"，引进生物科技有机肥和杰仕柏蚯蚓养殖等项目，通过对植物残枝败叶、动物内脏、秸秆等有机物再加工，制成"金肥料"进行资源化利用投放到脐橙种植基地，减少化肥使用，提高脐橙品质，有效解决畜禽养殖污染问题。

2. 建立病死畜禽无害化收集处理体系

推进病死畜禽无害化处理中心建设。已建立病死畜禽无害化收集处理体系，制定瑞金市病死畜禽无害化处理管理办法。形成"农户送交，镇设站点，流动收集，集中处理"相结合的无害化处理体系，采用高温干化处理工艺生成生物柴油和有机肥，实现大规模处理病死畜禽，推动病死畜禽无害化处理及综合利用。

3. 运用高床全自动清粪节水减污技术

建设了日发电量150度的沼气发电设备。采用种养结合、资源循环利用、生态环保养猪模式，建立集养殖环保、粪污处理、资源循环利用为一体的综合系统。沼气用于发电，沼液和有机肥用于种植施肥，使养殖粪污变为资源循环再利用，资源利用率达100％。饲养过程免冲洗，采用机械刮粪处理可节水和减少污水排放量70％以上。

4. 优化耕作技术，减少农膜用量

围绕种植业结构调整，推进适度规模经营，改进耕作制度、经营模式，科学减少农膜使用量。积极开展相关农业项目，结合"科技下乡""新型职业农民培训""精准扶贫"等活动，推广秸秆覆盖、适时揭膜、果园生草覆盖等农膜减量化生产新技术新模式，尽量减少农膜使用。

5. 培育农业产业化联合体

引进一批现代农业龙头企业，发挥企业在资金、技术、产品、品牌、市场等方面优势，通过劳动务工等措施，示范带动全市各乡镇发展。向新型经营主体集中，通过政府政策支持引导、项目支持、财政补助等方式，引导新型农业经营主体与农户建立联动发展的利益联结机制，带动农户土地、劳力等要素合作，着力提高农户参与产业发展的组织化程度，切实增强产业带动农户增加收益的持续性和稳定性。

第 22 章　"无废细胞"——深圳市福田深港创新合作区"无废园区"建设方案

前文阐述了"无废细胞"的概念与含义，是无废城市最小空间形态和最基本功能单元，同时也是公众和社会参与最直接最频繁的一端。本章以深圳市福田深港创新合作区为例，阐述"无废园区"这类"无废细胞"的规划方法与实施经验。

22.1　区域概况

深圳市福田深港创新合作区作为福田区构建"一轴两翼"的南轴中央创新区，以科技创新为主轴、以制度创新为核心、以国际合作为特色、以深港协同为抓手，打造深港科技创新开放合作先导区、国际先进创新规则试验区、粤港澳大湾区中试转化集聚区。福田保税区，位于深港科技创新合作区的西翼，是最核心部分，北离福田中心区仅 3km，东临皇岗口岸，南靠深圳河，紧靠香港米埔红树林自然保护区，西邻深圳红树林自然保护区，是深圳七个保税区中区位条件最好的区域。

福田保税区围网范围约 1.35km²，大部分为工业用地和仓储用地，配有少量的商业服务业设施用地和绿地，用地性质较为单一，主要产业是电子信息制造和物流仓储业；此外，福田保税区设有管委会（园区办），并接受福田区福保街道管辖，管理较为独立，有明确的责任主体。因此，福田保税区适宜开展"无废园区"的试点建设。

根据百度慧眼大数据分析，园区内工作人口约 4.8 万人，即人口密度约 3.56 万人/km²，工作日日均客流为 18 万人次，周末日均客流为 8 万人次，在深圳市属于中度人口密度区域。园内目前约有 200 栋建筑，总建筑面积约 240 万 m²，总体容积率约为 1.8，属于中低建筑密度区域。

经调研分析，园区内主要产生的固体废物种类为生活垃圾，同时存在少量的危险废物。与此同时，园区内仅有前端收集和中端转运站设施，无资源化处理设施。统计得出园区内产生的垃圾主要为生活垃圾，其中其他垃圾 40t/d，厨余垃圾（餐厅、食堂）9t/d，可回收物 9t/d，废旧家具 1t/d，绿化垃圾 1.5t/d，危险废物 0.7t/d。同时园区内有 1 座生活垃圾转运站，43 个垃圾收集点。

景观风貌方面，园区西、南两面紧靠已被列为拉姆萨尔国际重要湿地的我国香港米埔自然保护区，园区绿化环绕，街头口袋公园点缀其中，满眼苍翠欲滴，建筑高度较低，建筑物总体与景观和谐相处，区域生态宜人。与之形成强烈对比的是现状环卫设施风貌，存在垃圾外溢、臭味较重的现象（图 22-1）。因此，在现状生态景观和建筑风貌具有突出优势的条件下，更需注重在减量化、资源化过程中保护本底生态环境，提升"无废"基础设施品质，将其有机融入景观环境中。

(a)   (b)

图 22-1 园区环卫设施外观与其他建筑风貌的强烈反差
(a) 传统垃圾转运站；(b) 景观化建筑

22.2 规划方案

22.2.1 总体目标

将福田保税区的优势与无废城市建设目标相结合，打造出一系列标杆项目，塑造成环卫创新平台，成为福田区和深圳市"无废园区"的创新示范案例，并形成可复制可推广的"无废园区"经验模式。

总体目标包括其中子目标：塑造为深圳市"无废细胞"标杆，垃圾分类治理的典范案例，智慧城市与高品质市政基础设施的创新场景应用高地。

22.2.2 规划指标

由于园区边界范围不大，产废类型较为简单，管理模式单一，产业形态和用地性质也较为简单，因此，对此类"无废细胞"的规划指标，不需套用城市级别的规划指标体系，即可以针对"细胞"实际情况，设置因地制宜的规划指标，注重针对性和有效性，而无须特别注重"大而全"。

由于福田保税区产生的固体废物大部分为生活垃圾和一般工业固体废物，而一般工业固体废物大部分在各厂区内进行收集循环利用或自行联系服务商外运，故本园区主要对生活垃圾的规划指标进行考虑和设计。鉴于园区已有较好的收集设施，同时实行封闭式管理，有较为明确的园区独立主体，因此，在部分指标设置时，可考虑较为先进的取值，如生活垃圾分类覆盖率、餐厨垃圾园内回收利用率等在 2025 年之前实现 100%。福田保税区"无废园区"规划指标如表 22-1 所示。

福田保税区"无废园区"规划指标			表 22-1
规划指标类型	目标指标值（2025 年）	规划指标类型	目标指标值（2025 年）
生活垃圾分类覆盖率	100%	园区环卫设施景观化提升度	100%
餐厨垃圾园内回收利用率	100%	园区垃圾回收利用率	50%
绿化垃圾园内回收利用率	100%	园区垃圾减量率	30%

值得说明的是，此处的回收利用率，并不等同于最终资源化处理，换言之，只要在"无废细胞"范围内对固体废物进行了预处理和初步的资源化，产生了对外输出的二次副产品/原材料，均可理解为已实现回收利用。

22.2.3 规划主要内容

1. 分类体系构建

根据《深圳市生活垃圾分类管理条例》，并结合园区固体废物情况，形成"1＋4"垃圾分类体系，"1"为建筑垃圾，主要指园区个体户日常小规模装修产生的垃圾，"4"为生活垃圾四个类别，根据组分特性和后端资源化处理工艺可行性，梳理园内固体废物的一次物流、二次物流，并设计不同固体废物类别协同增效资源化处理的方式，具体如图 22-2 所示。

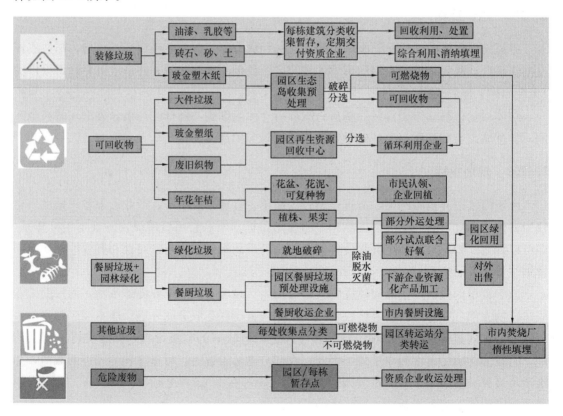

图 22-2 "无废园区"分类体系图

根据现状要素评估的结论，结合区域综合规划、产业发展规划、福田区及深圳市环卫专项规划等相关规划数据，采用线性回归和人均指标法，预测 2035 年园区的固体废物产生规模，并形成各类别的细分产生规模，如图 22-3 所示。

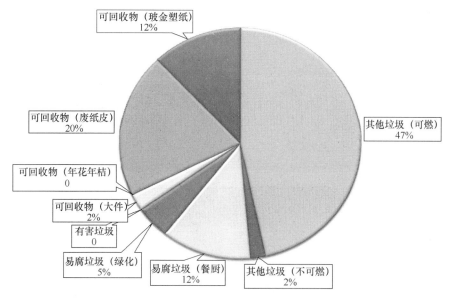

图 22-3 "无废园区"分类预测图

2. 设施体系规划

从各空间单元出发，识别园区主要产废源和空间类别，构建"建筑单元＋员工食堂＋生态岛＋废品回收站＋主干道路"的设施布局空间等级。

（1）在各地块单元的室外空间，采用景观地埋分类收集点替代传统垃圾桶收集点（图 22-4）。景观地埋垃圾分类收集点，是通过电动升降式设备，在非清运状态下，将收集容器置于地面以下，投放口露出地面，在清运工作状态下，通过控制开关将地下的容器抬升，完成收集清运工作。其优势是密闭化、智能化程度高，能有效防止蚊虫进入垃圾

图 22-4 地块单元景观地埋分类收集点

桶，地面平整美观，无视觉、臭气污染，配合周边的景观美化设计，改变传统环卫收集作业脏、乱、臭的现象。

（2）在各地块单元的室内空间，应根据楼宇里产废数量和时序规律，设置有害垃圾、建筑垃圾和危险废物的暂存场所（图 22-5），设置空间不低于 $30m^2$。

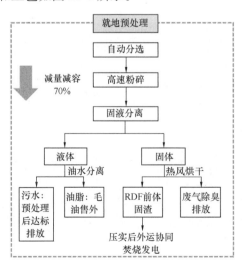

图 22-5　地块室内暂存场所

（3）选取园区内的较大规模食堂，试点采用小型机，就地将餐厅、食堂所产生的餐厨垃圾资源化处理，可减量 70％；得到的副产物可做成土壤改良剂，用于回育绿化。具体形态和工艺如图 22-6 所示。

图 22-6　园区食堂餐厨垃圾预处理设施

（4）参照雄安经验，以"地埋式垃圾转运＋原位资源循环"为核心，在园区南部设立保税区生态岛，为园区固体废物中转和园林绿化处理提供场所，并为公众提供环境优美的休闲和科普展示区（图 22-7）。生态岛最大转运能力达 48t/d，采用地埋式垃圾转运站，设置双工位，该设施相较传统转运站用地更集约，且常态下密闭存放在地面以下，防止了臭气逸散；转运区西侧为资源循环作业区，近期为园区大件垃圾收集点，远期预留为大件垃圾破碎分选预处理场所。资源循环作业区西侧为生态岛环保宣教区，为游客提供休憩空

图 22-7 园区生态岛规划示意图

间、湿地观鸟台和"无废园区"科普宣传展示栏。同时，对生态岛东侧的废品收购站进行联合整体改造，增加垂直绿化，改善景观性，扩大可回收物和再生资源收集规模，升级为园区再生资源回收中心。

（5）在园区主干道上，用智能果皮箱替代传统果皮箱，实现智能密闭收集，增加街头科技感。规划选取 12 处人流量较大的道路交叉节点，设置智能果皮箱（图 22-8）。

图 22-8 智能果皮箱

最终形成 15 座景观地埋分类收集点，2 处餐厨垃圾原位资源化站点，1 处生态岛，12 座智能果皮箱的"无废园区"设施体系。

22.2.4 主要实施措施

1. 智慧管理模式

（1）由园区管委会作为管理主体，制定园区固体废物分类治理实施细则，明确不同层级主体、不同园区伙伴的责任职责，定期提供员工培训，并进行抽查监督；设立设施提升专项资金和奖励制度，可采用租金、物管费优惠等经济形式作为激励政策（图 22-9）。

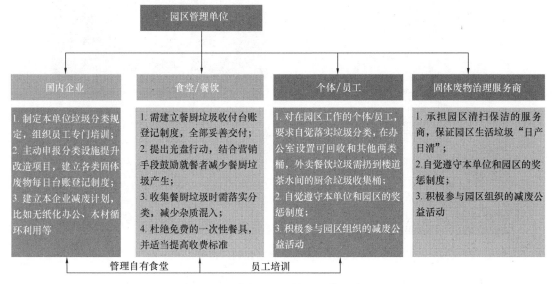

图 22-9　"无废园区"管理职权示意图

（2）打造保税区固体废物智慧监管平台，一个中枢，两大场站，多个点位，在线监管，将数据实时纳入园区智慧管理大数据平台，再上传至市固体废物智慧监管平台，实现在线监管、预警和应急（图 22-10）。

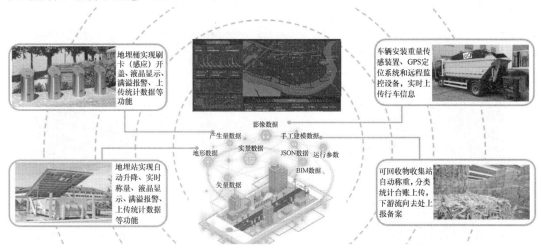

图 22-10　"无废园区"智慧监管示意图

（3）建立长期技术服务机制。由于保税区内仍存在较多难以统计的细分数据，需要定期通过人力进行动态调研追踪，并录入园区智慧管理平台，优化修正"无废园区"体系，因此，需要通过长期的技术追踪不断完善数据库，设置专项资金，联合机构长期研究。

2. 社区共享共治

（1）在园区引入"社区花园"制度，将"无废园区"的资源循环理念与社区营造共融（图 22-11）。厨余垃圾和绿化垃圾原位资源化处理后，产生土壤改良剂和炭基肥，可回用于绿化养护和植物栽培。通过腾出园区部分公共绿地，让市民共同打造社区花园，实现循环利用。此外，部分土壤改良剂和炭基肥可用于园区绿化培育，也可定期免费馈赠给有需要的居民，用于家庭植物栽培。

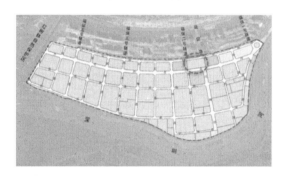

图 22-11　"无废园区"共享共治示意图

（2）开展普及低碳可持续生活方式的公益活动。利用园区的公园、广场、草坪、展厅，不定期举办"物-物交换""图书漂流"、露天环保工作坊等公益活动，吸引市民周末参与低碳可持续生活方式的体验，提倡和普及"无废文化"。

22.3　创新亮点

22.3.1　更注重整体统筹力度，涵盖固体废物类别更广

传统环卫的边界往往是满足城市管理部门管辖的范围即可，一般是生活垃圾、餐厨垃圾、废旧家具、果蔬垃圾、绿化垃圾等，而本次"无废园区"还包括建筑废物、危险废物、再生资源（废品）等不属于城市管理部门管辖的类别，由区城市管理部门指导、街道

主导规划、园区承担建设，从规划到实施责任明确，实现范围内各类固体废物统筹协调。

"无废细胞"打破单一主管部门的管辖范围，需要多部门协同，在具体方案设计时，也需横向协调多个部门。以本项目来说，城市管理局是牵头部门，但需要协同生态环境部门、住房和城乡建设部门、商务部门、海关、福保街道、园区科创公司、各宗地物权所属者等多个责任主体，才能实现多类别协同统筹。

22.3.2　更突显资源循环利用，积极引入社区参与

传统环卫规划很大程度上回答"有或无"设施、设施是否足够的需求，而"无废细胞"更突出资源循环利用，因此在设施规划上，试点可在原位进行资源化处理的设施，如餐厨、绿化等，减量处理后制成土壤改良剂或炭基肥，回用于绿化养护、社区花园营造，还可以回馈给需要种花的市民，体现循环利用的可持续发展理念。

本项目更带动社会广泛参与。之所以增加社区花园营造、公益活动、科普宣教设施，旨在向公众传达这样的绿色发展方式和生活方式，让这种可持续发展的理念根植于心，通过大人带小孩参与，小孩影响大人，形成一种代代相传的社会共识，这样才能做好减量化和资源化，才能走向低碳发展和循环经济的正道上。

22.3.3　更重视空间品质的提升，塑造宜业宜游环境

环卫规划更注重用地集约性和功能满足上，"无废细胞"则注重设施与周边环境的融合，所以更注重密闭化、景观化和生态化，让大家看不见脏乱垃圾，闻不到恶臭味道，同时还可以欣赏外观漂亮优美的建筑，凸显出设施的空间品质价值。

附录

基本概念及术语

在以往的相关文件以及成果中，会出现一些专业术语不一致、概念混淆的情况，为了方便读者理解，附表1、附表2中对本书涉及的专业术语进行了统一定义，对部分用词进行了规范。

本书专业术语定义一览表   附表1

术语	定义及说明
固体废物	在生产、生活和其他活动中产生的丧失原有利用价值或者虽未丧失利用价值但被抛弃或者放弃的固态、半固态和置于容器中的气态的物品、物质以及法律、行政法规规定纳入固体废物管理的物品、物质
生活垃圾	亦可称为"生活源废弃资源"，是指城市市民在生活中产生的垃圾，是城市综合固体废物的重要组成部分。按产生地点的不同，可分为居住区垃圾、商业区垃圾、办公区垃圾、集贸市场垃圾、交通运输垃圾、道路清扫垃圾。按组成特征的不同，可分为餐厨垃圾、园林绿化垃圾、果蔬垃圾、大件垃圾、有害垃圾和其他垃圾等
工业固体废物	亦可称为"工业源废弃资源"，是指工业企业因生产活动产生的垃圾，是城市综合固体废物的重要组成部分。工业固体废物依城市产业类型的差异其组分将截然不同
农业固体废物	是指整个农林作物收获和加工过程中被丢弃的有机和无机成分物质，主要包括动物残余废物、秸秆果蔬废物、畜禽粪渣、农膜、农药包装物等
建筑废物	是指建设、施工单位或个人对各类建筑物、构筑物、管网等进行建设、铺设或拆除、修缮过程中所产生的渣土、弃土、弃料、淤泥及其他废弃物，亦可称为"建设源废弃资源"。主要包括施工建筑废物、拆除建筑废物、装修建筑废物、泥浆、工程渣土等五大类
城市污泥	亦可称为"水务源废弃资源"，是指在城市生活和与城市生活活动相关的城市市政设施运行与维护过程中产生的固体沉淀物质。主要包括污水处理厂污泥、给水厂污泥、排水管道污泥、疏浚淤泥等四大类
危险废物	亦可称为"有害类废弃资源"，是指城市综合固体废物中列入国家危险废物名录或根据国家规定的危险废物鉴别标准和鉴别方法认定的具有危险性的固体废物。主要包括工业源危险废物、生活源危险废物、社会源危险废物、医疗废物等四大类
医疗废物	是指医疗卫生机构在医疗、预防、保健以及其他相关活动中产生的具有直接或者间接感染性、毒性以及其他危害性的废物
再生资源	亦可称为"高价值废弃资源"，是指直接具有回收利用经济价值的固体废物。主要指废纸、废金属、废橡塑、废玻璃
厨余垃圾	是指容易腐烂的食物残渣、瓜皮果核等含有有机质的垃圾，包括家庭厨余垃圾、餐厨垃圾、其他厨余垃圾等
餐厨垃圾	指餐饮业、机关及企事业单位食堂产生的易腐性垃圾，包括废弃食物、食品加工废料、废弃食用油脂等
家庭厨余垃圾	是指居民家庭生活中因烹饪产生的菜叶、果皮和剩饭剩菜等容易被微生物降解的固体废物
果蔬垃圾	是指农贸市场、农产品批发市场、大型超市等废弃的蔬菜、瓜果、皮核等

术语	定义及说明
绿化垃圾	是指公园绿化修剪、城市绿地维护、行道树修剪以及园林树木自然掉落所形成的固体废物
废旧家具	是指居民家庭、企事业单位办公场地所废弃的家具用品等
有害垃圾	亦可称为"生活源危险废物"，是指生活垃圾中属于危险废物的部分，包括废弃药品、荧光灯管、含镉电池等
其他垃圾	是指除可回收物、有害垃圾、厨余垃圾外的回收利用价值较低的其他生活垃圾，即现有环卫体系主要收集和处理的垃圾。目前其他垃圾主流处理方式为填埋或焚烧
可回收物	是指适宜回收和资源化利用的垃圾，包括废弃的玻璃、金属、塑料、纸类、织物、家具、电器电子产品等
原生垃圾	亦可称为"原生固体废物"，是指产生后未经任何预处理和处理的原状态固体废物，一般强调其仍然具有较高的可生物降解性
无废细胞	是指社会生活的各个组成单元，包括机关、企事业单位、饭店、商场、集贸市场、社区、村镇、家庭等，是无废城市最小空间形态和最基本功能单元
环境园	是指将垃圾焚烧发电、卫生填埋、生化处理、渣土消纳、粪渣处理、分选回收、渗滤液处理等工艺中的部分或全部集于一身的环境友好型环卫综合基地
生态环保产业园	是指聚集工业生产制造、城市固体废物处理以及由其衍生的环保产业功能的园区，与环境园相比，生态环保产业园多了产业共生的内容

用词规范界定表　　　　　　　　　　　　　　　　　附表 2

名词	名词界定
固体废物产生量 （废弃资源产生量）	固体废物处理量＋固体废物处置量＋再生资源回收量－进入填埋场的灰渣及飞灰
固体废物清运量 （废弃资源清运量）	进入资源循环集运设施的固体废物量，一般与固体废物处理量相等
固体废物处理量 （废弃资源处理量）	进入资源循环工程设施（填埋场除外）的固体废物量＋进入填埋场的原生垃圾量
固体废物处置量 （废弃资源处置量）	进入填埋场的固体废物量－进入填埋场的原生垃圾量
再生资源回收量 （高价值废弃资源回收量）	进入商务部门回收系统的废弃资源量＋进入环卫部门回收系统的废弃资源量
设施处理能力	设施设计、建设时所拟定的固体废物处理规模
设施处理规模	一定时间周期内进入处理设施处理的固体废物的实际规模

参 考 文 献

［1］ 卡特琳·德·西尔法. 人类与垃圾的历史［M］. 刘跃进，魏红荣，译. 天津：百花文艺出版社，2005.

［2］ Cook E，Velis，C A. Global Review on Safer End of Engineered Life［R］. London：Royal Academy of Engineering，2021.

［3］ 栗战书. 在固体废物污染环境防治法执法检查座谈会上的讲话［EB/OL］. ［2021-4-21］. 中国人大网.

［4］ Khan Shamshad，Anjum Raheel，Raza Syed Turab，et al. Technologies for Municipal Solid Waste Management：Current Status Challenges and Future Perspectives［J］. Chemosphere，2022：288.

［5］ 杨丽杰. 恩格斯自然界报复思想对新冠肺炎疫情防控的启示［J］. 中学政治教学参考，2021(4)：81-85.

［6］ 张勇. 试论我国自然资源的开发与利用［D］. 重庆：西南大学，2005.

［7］ 高吉喜，侯鹏，翟俊，等. 以实现"双碳目标"和提升双循环为契机，大力推动我国经济高质量发展［J］. 中国发展，2021，21(S1)：47-52.

［8］ 陈武强，高君智. 明代甘肃瘟疫的流行与防治［J］. 天水师范学院学报，2021，41(2)：34-41.

［9］ 吕曦桐. 明代北直隶瘟疫研究［D］. 沈阳：辽宁师范大学，2021.

［10］ 王燕. 疫情期间医疗废物应急处置技术研究［J］. 低碳世界，2021，11(9)：239-240.

［11］ Singh Ekta，Kumar Aman，Mishra Rahul，et al. Solid Waste Management during COVID-19 Pandemic：Recovery Techniques and Responses［J］. Chemosphere，2022：288.

［12］ 王学军. 加快构建循环型产业体系 推动经济社会高质量发展［J］. 中国经贸导刊，2021(15)：33-34.

［13］ 刘晓龙，姜玲玲，葛琴，等. "十四五"时期"无废城市"试点建设宏观研究［J］. 环境保护，2021，49(1)：37-41.

［14］ 韩艳丽，芦枭. "瑞典式"生活垃圾分类管理经验对我国的启示［J］. 河北环境工程学院学报，2021，31(1)：87-90.

［15］ 郭燕. 瑞典生活垃圾处理方式及效果分析［J］. 再生资源与循环经济，2020，13(2)：4.

［16］ 黄波. 日本的固体废物处理政策及垃圾分类实施借鉴［J］. 中咨研究，2019.

［17］ 国际经验. 赴日本执行"无废城市"建设经验交流任务的调研报告［EB/OL］. ［2020-03-13］. 中华人民共和国生态环境部，https://www.mee.gov.cn/home/ztbd/2020/wfcsjssdgz/bczc/wfcsgjjy/202003/t20200324_770338.shtml.

［18］ 胡澎. 从"垃圾战"到"多元协作"——日本垃圾治理的路径与经验［J］. 日本问题研究，2019，6(33)：5-5.

［19］ 陈祥. 日本制定"塑料资源循环战略"的原因及影响［J］. 日本问题研究，2019，6(33)：35-35.

［20］ 環境省. プラスチックを取り巻く国内外の状況（第 2 回資料集）［EB/OL］. ［2019-10-2］. https://www.env.go.jp/council/03recycle/y0312-02b.html.

［21］ 徐国祥. 统计预测和决策［M］. 4 版. 上海：上海财经大学出版社，2012.

[22] 武萍，吴贤毅. 回归分析[M]. 北京：清华大学出版社，2016.

[23] 路玉龙，韩靖，余思婧，等. BP神经网络组合预测在城市生活垃圾产量预测中应用[J]. 环境科学与技术，2010，5(33)：186-190.

[24] 吴善苟，曾黎，何为. 面向空间治理现代化的城市体检评估探索——以成都市为例[J]. 四川建筑，2021，41(6)：7-10，13.

[25] 张文忠，何炬，谌丽. 面向高质量发展的中国城市体检方法体系探讨[J]. 地理科学，2021，41(1)：1-12.

[26] 向雨，张鸿辉，刘小平. 多源数据融合的城市体检评估——以长沙市为例[J]. 热带地理，2021，41(2)：277-289.

[27] 关键，唐圣钧，丁年. 高品质生活垃圾收集设施规划探析[C]//面向高质量发展的空间治理——2020中国城市规划年会论文集（03城市工程规划），2021：313-328. DOI：10.26914/c. cnkihy. 2021：029349.

[28] 深圳市城市规划设计研究院. 城乡规划编制技术手册[M]. 北京：中国建筑工业出版社，2015.

[29] 深圳市城市规划设计研究院. 城市综合环卫设施规划方法创新与实践[M]. 北京：中国建筑工业出版社，2020.

[30] 贾帆帆. 东莞城市生活固体废物物流问题与对策[J]. 绿色科技，2020(6)：116-118.

[31] 何民强. 论逆向物流的结构和内容[J]. 物流工程与管理，2018，40(4)：20-21.

[32] 中华人民共和国国家标准. 物流术语 GB/T 18354—2021[S]. 北京：中国标准出版社，2021.

[33] 韩蕙，刘艳菊，余蔚青. 新加坡固体废物收运系统[J]. 世界环境，2018(5)：51-54.

[34] 朱东风. 城市建筑垃圾处理研究[D]. 广东：华南理工大学，2010.

[35] 陈彦，胡晓军，卢川，等. 基于混合整数规划模型的垃圾收运线路优化[J]. 交通科技与经济，2019，1(21)：31-35.

[36] 秦延福，姚俊红，秦世玉，等. 基于物联网的垃圾收集与调度系统设计[J]. 内燃机与配件，2020(4)：2.

[37] Dantzig G，Ramser J. The Truck Dispatching Problem[J]. Management Science，1959(6)：80-91.

[38] 郇鹏. 城市垃圾收运系统选址和选线优化研究[D]. 北京：北京化工大学，2011.

[39] 项阳. 成都市城市生活垃圾收运路线优化研究[D]. 成都：西南交通大学，2012.

[40] Benitez-Bravo R，Ricardo Gomez-González，Pasiano Rivas-García，et al. Optimization of Municipal Solid Waste Collection Routes in a Latin-American Context[J]. Journal of the Air & Waste Management Association，2021.

[41] 程梦玲. 基于智慧化配送体系的运输成本优化策略[J]. 商业经济研究，2021(13)：103-106.

[42] 高飞，尤建祥. 车辆监控系统在智慧物流运输体系中的应用[J]. 智能城市，2021，7(7)：2.

[43] 张波，杨志清，郝郯波. 浅析城市固体废物循环经济产业园的建设与发展[J]. 环境卫生工程，2018，26(2)：87-90.

[44] 梁甜甜. 多元环境治理体系中政府和企业的主体定位及其功能[J]. 当代法学，2018(5).

[45] D. Nakou，Andreas Benardos，Dimitris Kaliampakos. Assessing the Financial and Environmental Performance of Underground Automated Vacuum Waste Collection[J]. Tunnelling and Underground Space Technology，2014，41(3)：263-271.

[46] 王俊豪. 中国特色政府监管理论体系：需求分析、构建导向与整体框架[J]. 管理世界，2021(2)：

151-155.

［47］ 盛广耀. 以责任原则建立"无废城市"全过程综合管理机制［J］. 区域经济评论，2019(3)：88-89.

［48］ 深圳市生态环境局. 2020 年度深圳市固体废物污染环境防治信息公告［EB/OL］．［2021-06-03］．
http：//meeb. sz. gov. cn/gkmlpt/content/8/8824/post_8824501. html♯3767.

［49］ 深圳市生态环境局. 2019 年度深圳市固体废物污染环境防治信息公告［EB/OL］．［2020-06-05］．
http：//meeb. sz. gov. cn/gkmlpt/content/7/7756/post_7756051. html? jump＝false♯3767.

［50］ 中华人民共和国生态环境部. "无废城市"巡礼(57)"海洋固体废物"海陆统筹综合管控威海模式
［EB/OL］．［2021-02-11］．https：//www. mee. gov. cn/home/ztbd/2020/wfcsjssdgz/wfcsxwbd/wf-
csmtbd/202102/t20210215_821407. shtml.

［51］ 上海市生态环境局. 2020 年上海市固体废物污染环境防治信息公告［EB/OL］．［2021-06-25］．
https：//sthj. sh. gov. cn/hbzhywpt1103/hbzhywpt1112/20210705/277f4b4a36ea48be8e0381beb 3b6ab1d.
html.

［52］ Frosch R A，Gallopoulos N E. Strategies for Manufacturing［J］. Scientific American，1989(3)：
144-152.

［53］ Kim Bolton，Kamran Rousta. Chapter 4-Solid Waste Management toward Zero Landfill：a Swedish
Model［J］. Sustainable Resource Recovery and Zero Waste Approaches，2019：53-63.

［54］ 关键，唐圣钧. 垃圾真空管道收集系统规划与工程应用研究［C］//中国城市规划学会工程规划学
术委员会. 城市基础设施高质量发展——2019 年工程规划学术研讨会论文集(下册). 北京：中国
城市出版社，2019：286-299.

结 语 及 展 望

1. 助力"双循环"建设

加快形成以国内大循环为主体、国内国际双循环相互促进的新发展格局，是党中央应对当前复杂严峻经济形势和着眼解决我国经济中长期问题的重大战略部署。面对贸易战四起、单边保护主义抬头、逆全球化趋势加重等国际局势，我国将更重视在原材料开采、供应链配置、工业制造和物质循环等环节的扶持与发展。

无废城市建设作为国内物质循环和能源高效利用的重要领域，承担着加快形成我国"双循环"体系的重任。未来，随着无废城市的加快推进，物资原材料的循环再利用效率和成本将随技术和市场制度的愈发成熟而大幅降低，从而促进工业制造、生活生产等领域的内部循环。因此，无废城市规划将得到极大的外延式发展和内涵式提升。

通过无废城市构建，能加大对城市矿山、城市资源的循环利用，尤其是一些长期需要且需尽快解决的原材料和物资，在复杂国际形势下，可能面临被卡脖子的困境。因此，无废城市建设未来将在某种程度上帮助我国逐步摆脱卡脖子现象。

2. 实现协同减碳增效

"碳达峰、碳中和"战略是长期而坚定要推行的政策，城市固体废物治理占全社会总碳排放量的比例虽然不是很多，但具有十分重要的意义。如绿色工厂、生态工业区、"无废细胞"的建设能行之有效，在全社会大规模复制推广，则需要把相通的经验做法迁移应用到生产生活的方方面面，通过推行无废城市建设，带动全社会实施碳减排，有助于我国早日实现"双碳"目标。

3. 迈向循环型"无废社会"

由于目前国内经济活动主要发生场所、国内生产总值比重在城市，因此，无废城市是探索资源循环的重要环节，其终极目标是构建"无废社会"，因此是第一阶段。

城市仅是社会的部分空间组织形态，城市外还有广阔的城乡腹地。未来，通过在城市先行先试"无废"经验做法，形成可复制可推广的经验，进而覆盖到全社会领域，最终迈入资源循环型的"无废社会"，这是无废城市的终极目标。